CHANGE!

geschehen lassen

Weitere Mitwirkende:
Tim Schuster, Illustrator

Verlag: YessYess Verlag
20sec UG (haftungsbeschränkt)
www.twentyseconds.de
Roschdohler Weg 93 - 24536 Neumünster

ISBN Softcover 978-3-98631-050-9
ISBN Hardcover 978-3-98631-051-6

Druck und Distribution im Auftrag des Verlags:

YessYess Verlagsagentur – 20sec UG (haftungsbeschränkt), Roschdohler Weg 93, 24536 Neumünster

Herstellung: BoD – Books on Demand, Norderstedt

Bibliografische Information der Deutschen Nationalbibliothek:
Die Deutsche Nationalbibliothek verzeichnet diese Publikation in der Deutschen Nationalbibliografie; detaillierte bibliografische Daten sind im Internet über http://dnb.d-nb.de abrufbar.

Inhalt

Vorwort

Eigentlich wollte ich dieses Buch nie schreiben. Dann wurde ich jedoch darum gebeten und dachte: Warum eigentlich nicht? Meine Zusage war eine sehr gute Entscheidung, denn ich schrieb das Buch, welches ich selbst immer gerne gelesen hätte, doch nirgends finden konnte.

Durch das Schreiben sind mir viele Zusammenhänge noch bewusster geworden. Einige waren schon klar und andere haben sich vom impliziten Wissen durch den Schreibprozess nach außen bewegt und ihren Weg ins Buch gefunden.

Durch meine Tätigkeit als Coach, Trainerin und Beraterin bin ich bei meinen Kunden und Klienten immer wieder auf das Bedürfnis nach Veränderung gestoßen, wurde jedoch auch mit den Schwierigkeiten bei der Umsetzung und der Integration in den Alltag konfrontiert. Selbstverständlich kenne ich das auch aus eigener Erfahrung, da es ein zutiefst menschliches Verhalten ist.

Gemeinsam entdeckten meine Klienten und ich immer wieder wirksame Lösungen, die individualisiert, auf das jeweilige Unternehmen zugeschnitten und für den jeweiligen Moment, funktionierten.

Veränderung ist ein natürlicher Vorgang und fließt permanent durch unser Leben oder durch die Entwicklungsphasen von Unternehmen. Dennoch finden wir selten einen angemessenen Umgang mit der Veränderung.

In Unternehmen finden wir ein breites Spektrum an Mitarbeitern mit verschiedenen Einstellungen zu Veränderungen. Die einen haben die Nase voll und reagieren allergisch auf den nächsten, x-ten Change-Prozess. Die anderen suchen ihr Heil in der ständigen Veränderung und sind dem Optimierungswahn verfallen.

Dieses Buch zeigt diese extremen Ausprägungen mit den anfallenden Kosten und Risiken auf und macht Optionen sichtbar, die helfen, im mittleren, harmonischen Bereich dieser beiden Polaritäten zu bleiben und sich dadurch dem Fluss der Veränderung anvertrauen zu können.

Um in unsicheren Zeiten dynamisch-robust zu agieren, braucht es keine „One fits all"-Programme, sondern individuelle Lösungen für Menschen und einzig-artige Lösungen für die jeweiligen Unternehmen und Organisationen.

Unbewusste Veränderungen sind Teil unserer menschlichen Daseinsform und notwendig, um die zu bleiben, die wir sind. Jedes System will sich selbst erhalten und nimmt deshalb permanent Anpassungen vor.

Wer Veränderung steuern möchte, muss sich auf einen Bewusstseinsprozess einlassen.

Menschen und Organisationen können erst etwas verändern, wenn sie Gewohnheiten entlarven und bewusst damit umgehen. Bei Menschen sind es Gewohnheiten im Bewegen, Denken, Fühlen und Handeln, die hinterfragt werden dürfen. Ein besonderes Augenmerk wird in diesem Buch auf die Kraft des Embodiments gelegt. Denn eine Integration von Veränderung ohne die körperliche Komponente wird nicht funktionieren.

In Organisationen gilt es, Kulturmuster und gewohnte Problemlösungsstrategien zu betrachten und in Frage zu stellen. Hier geht es nicht um oberflächliche Schönheitsveränderungen, die nur zu Problemverschiebungen führen, sondern um strukturelle Veränderungen, die neue Rahmenbedingungen schaffen, in denen Menschen dann anders agieren können.

Was für Menschen die körperliche Integration ist, stellt für Organisationen die strukturelle Gestaltungsbereitschaft dar. Sowohl organisational als auch individuell ist es die indirekte Vorgehensweise, die nachhaltig wirkt und in diesem Buch aufgezeigt wird. Es geht darum, Systeme zu irritieren, Veränderung zu initiieren und dann zurückzutreten, zu beobachten und zu vertrauen. Dies bezieht sich auf gesamtheitliche menschliche Systeme ebenso, wie auf organisationale Systeme.

Wer in die Umsetzung gehen möchte, findet im 4. Kapitel viele praktische Impulse und Interventionen zum Ausprobieren und Selbstcoaching. Mitarbeiter können Praktiken für ihr Unternehmen anwenden, um beispielsweise sofort positiv auf das Arbeitsklima und das eigene Wohlbefinden einzuwirken. Führungskräfte erhalten Anregungen für konstruktive Teamarbeit. Geschäftsführende oder Firmeninhaber haben die Möglichkeit, Denkanstöße für die Gestaltung der eigenen Firmenstruktur mitzunehmen.

Die Absicht ist, Bewegung in Bestehendes zu bringen und neue Erfahrungsräume zu schaffen. Der Kreisel auf dem Titelbild steht für diese Notwendigkeit, Bewegung immer wieder neu anzustoßen. Veränderungen sind nie abgeschlossen. Durch dieses immer wieder neu in Gang setzen, werden kontinuierliche Verbesserungsprozesse unterstützt, um persönliches Wachstum, sowie geschäftlichen Erfolg mit einer nachhaltigen Wirkung in der Gesellschaft zu fördern.

Im Buch sind viele Querverweise zu finden. Im theoretischen Textteil wird auf die dazu passenden Impulse im 4. Kapitel verwiesen und im praktischen Teil auf theoretische Zusammenhänge im Textteil. Das Hin- und Her blättern im Buch, bringt auch hier Bewegung ins System.

Nachdem ich einige Monate an den Inhalten gearbeitet hatte, konnte ich den Illustrator Tim Schuster für eine Zusammenarbeit gewinnen. Gemeinsam haben wir Personas entwickelt die den Leser durchs Buch begleiten.

Aus Vereinfachungsgründen habe ich auf das Gendern verzichtet und möchte an dieser Stelle alle Menschen, ganz gleich zu welcher geschlechtlichen Identität sie sich zugehörig fühlen, einladen, sich hier in diesem Buch angesprochen zu fühlen.

Diese Personen begleiten den Leser durch das Buch

Sabine
Ich bin Lehrerin, freiberufliche Beraterin und Managerin eines kleinen, modernen Familienunternehmens mit zwei Kindern, Mann und Hund. 😊

Wie ich alles unter einen Hut kriege, weiß ich manchmal selbst nicht. Leider verzettele ich mich ab und an. Ich möchte eben alles richtig machen und niemanden vor den Kopf stoßen.

Thomas
Ich bin da, wenn man mich braucht!

Schon lange arbeite ich als Teamleiter in einem Pharma-Konzern. Ich unterstütze Mitarbeiter, Kollegen, Freunde und Familie, wo ich nur kann. Statt „Nein" zu sagen, rufe ich „Hier". All die Aufgaben überfordern mich, sodass ich Rücken habe und oft nachts wach liege …

Soziales Engagement ist mir auch wichtig. Ich setze mich für die Umwelt, die Natur und meine Mitmenschen ein.

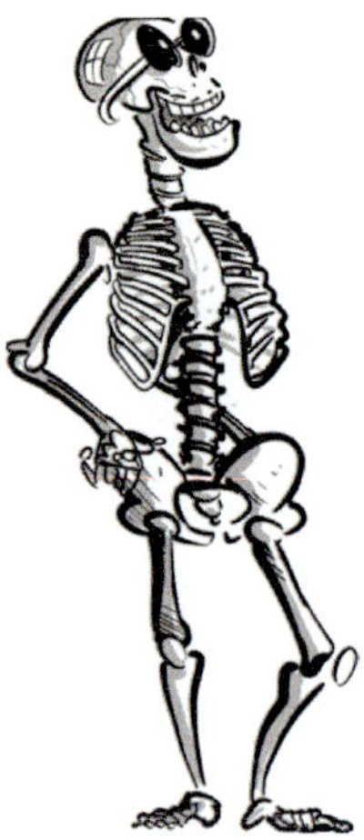

Das coole Skelett
Ich hänge in Biologieräumen oder bei Therapeuten herum. Die Leute schauen mich gerne an und das ist auch kein Wunder, denn ich bin ein ausgesprochen schönes Vorzeigemodell.

Hier liege ich zwischen den Buchseiten herum und gebe meine Kommentare ab.

Mark

Jung, dynamisch, erfolgreich, gutaussehend. 😊

Dieses Jahr bin ich wieder beim Ironman dabei. Wenn nur nicht mein Knie ab und an spinnen würde …

Fürs Unternehmen habe ich als Geschäftsführer viele Ideen. Die Mitarbeiter einbeziehen? Nicht so leicht! Ich erwarte oft, dass sie genauso leistungsbereit sind wie ich. Dadurch werde ich schnell enttäuscht.

Elly

Tiefgründig, einzigartig, individuell. Ich bin genderfluide und möchte so angenommen werden. Freies Sein, ohne Kategorisierungen – das ist mir wichtig. Ich möchte aktiv daran mitgestalten, dass die Welt ein besserer Ort wird.

Im Job helfe ich Menschen, was mich mit Sinnhaftigkeit erfüllt. Ich habe jedoch oft Stress aufgrund meiner eigenen Ansprüche, dann verspannt sich mein Nacken und meine Stimme bricht weg. Das macht mir etwas Sorgen.

Kapitel 1 – Stopp die Veränderung

Wenn wir uns aktiv um Veränderung bemühen, haben wir oft den Eindruck, Energie zu vergeuden. Veränderung brauchen wir jedoch nicht extra zu machen. Sie ist immer da, als das einzig Konstante in unserem Leben.

Veränderung geschieht.

Statt extremen Formen oder Trends zu folgen, gilt es, Vertrauen in die Veränderungskonstante, in die Wechselwirkung von Systemen und Prozessen sowie in indirekte Vorgehensweisen zu entwickeln. Hierfür lohnt es sich, eigene Lebens-

modelle zu hinterfragen, um nicht Opfer unseres eigenen Optimierungswahns zu werden.
Im 1. Kapitel erfährst du, was Veränderungen mit Entscheidungen zu tun haben, welche Grenzen des Veränderbaren existieren und was es mit der Kunst des Annehmens auf sich hat.

Es geht um Veränderungsprozesse bei Menschen und in Organisationen und warum diese so oft nicht funktionieren. Du findest heraus, wie du über das Erforschen deiner intrinsischen Motivation zu einer ausgewogenen Balance zwischen dem Hinterfragen im Inneren und dem Handeln im Außen kommst. Du erarbeitest dir in diesem Kapitel außerdem einen konstruktiven Umgang mit Beharrungstendenzen und wie das Auftreten von Symptomen gut und gewinnbringend in den Lebensalltag integriert werden kann.

1.1 Veränderung – eine ewige Konstante

Die wenigsten Menschen mögen Veränderungen. Veränderungen machen uns erst einmal Sorgen, denn wir haben uns bequem und gemütlich in einem bestimmten, uns vertrauten Zustand zurechtgefunden. Erst einmal gibt es keinen ersichtlichen Grund, diesen zu verlassen.

Auch ist der individuelle Veränderungswille in den einzelnen Lebensbereichen unterschiedlich stark ausgeprägt. So ist es bspw. möglich, dass eine Person im beruflichen Bereich besonders innovativ ist und eine große Freude an Veränderung und Entwicklung hat. So bildet sie sich gerne weiter, möchte vieles Unbekannte ausprobieren und folgt immer wieder neuen Impulsen, während sie im privaten Bereich auf Beständigkeit und Verlässlichkeit ausgerichtet ist. Das zeigt sich, indem der Mensch ein Haus baut oder aber einen festen, sicheren Wohnort bevorzugt, anstatt vollkommen ortsunabhängig in einem Wohnwagen oder Wohnmobil zu leben. Wäre ein Mensch in beiden Bereichen so veränderungswillig, spräche das für eine ungewöhnlich große innere Flexibilität.

Dieses Vergleichen in den einzelnen Lebensbereichen lässt sich beliebig fortsetzen. Manche Menschen zeigen eine große Veränderungsfreude, indem sie sich jedes Jahr das neueste Auto zulegen. Andere wollen ihr Auto so lange fahren, bis es nicht mehr geht. Diese Besitzer bauen eine emotionale Beziehung zu ihrem Auto auf. Sie haben dann, wenn die Notwendigkeit eintritt, große Probleme, ihren lieb gewonnenen fahrbaren Untersatz loszulassen und sich das nächste Auto zuzulegen. Auch ein Blick auf das Reiseverhalten zeigt, wie unterschiedlich beweglich Menschen sind. So genießt es der eine, seit Jahren immer wieder ins gleiche Urlaubsgebiet und Hotel zu fahren, dort die Gegebenheiten und Örtlichkeiten zu kennen und sich gleich vertraut und zu Hause zu fühlen. Der andere liebt es, jedes Mal neue und spannende Reiseziele und Unterkünfte zu entdecken.

Diese unterschiedlichen Verhaltensweisen lassen sich auf zwei menschliche Grundbedürfnisse zurückführen, die bereits von Geburt an in jedem von uns verankert sind. Dies sind die wechselnden Grundbedürfnisse nach Sicherheit und Geborgenheit auf der einen und nach Weiterentwicklung und Evolution auf der anderen Seite. Bereits als Babys leben und bewegen wir uns in diesem Spannungsfeld und brauchen auch beide Aspekte für unsere Entwicklung und Formung.

Notwendig und wichtig ist diese Bewegung in dem genannten Spannungsfeld nicht nur für das Individuum an sich, sondern auch für Organisationen im Allgemeinen. So gibt es im Unternehmen Bereiche, Strukturen, Aspekte, die beständig sind, aber gleichzeitig auch welche, die einem fortwährenden Wandlungsprozess unterliegen. Nur durch das Bewegen in diesem Spannungsfeld arbeitet eine Organisation wirtschaftlich und trägt zur Wertschöpfung bei.

Ein junges, dynamisches Unternehmen, welches am Markt seine Dienstleistung einführt, hat erst einmal keinen Grund, diese zu verändern, solange ein steigender Absatz bemerkbar ist. Auch Standort und Auftritt in der Öffentlichkeit brauchen vorerst nicht verändert zu werden. Anders verhält es sich mit dem Team. Gerade bei einem Start-up kommt es in den ersten Jahren häufig zu Fluktuation. Die passenden Mitarbeiter müssen erst gefunden werden, denn auch die Organisation selbst ist noch in der Findung. Das Führungsteam des Unternehmens lässt am besten den natürlichen Fluss des vorübergehenden Kommens und Gehens des Personals zu. Sei dies aus Sicht des Unternehmens oder des Mitarbeiters notwendig. Mit der Zeit finden sich die passenden Konstellationen mit Menschen, die hervorragend in die Organisation passen und ihr unterschiedliches Können und Wissen dort einfließen lassen.

Die Spannbreite der unterschiedlichen Menschen mit ihrem unterschiedlich ausgeprägten Veränderungswillen ist sehr groß und kann durch zwei Typen gut eingerahmt werden. Die Extremform zeigt sich auf der einen Seite durch einen Menschen, der bestimmten inneren Konzepten und Überzeugungen folgt, aber damit Veränderungen verhindert. Das Pendant auf der anderen Seite ist ein Mensch mit einem überaus ausgeprägten menschlichen Ego und extrem starker Willenskraft, was dazu führt, dass Veränderungen gepusht oder sogar selbst gewaltsam herbeigeführt werden. Beides ist nicht förderlich oder gesund. Jede der beiden Verhaltensweisen führt dazu, dass das System ins Stocken gerät, der natürliche Lebens- und Entwicklungsfluss entweder durch Festhalten oder durch Antreiben verhindert wird.

Die Lösung ist einfach. Wir dürfen uns dieser einen Konstante, dem ewigen natürlichen Fluss des Lebens, anvertrauen. Dieses Fließen der permanenten Entwicklung ist immer da. Anstatt diesen Fluss auf die eine Weise der Verweigerung oder durch die andere Weise des Erzwingens zu behindern, stellen wir uns ihm nicht in den Weg, sondern fließen mit ihm mit. Durch Zeiten der Beständigkeit und der Ruhe. Durch Zeiten des Wandels und der Entwicklung.

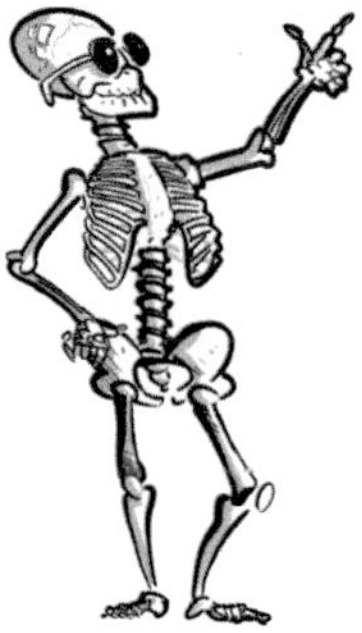

Das Schlüsselwort ist hier das Vertrauen. Vertrauen in einen Prozess. Vertrauen in ein menschliches System. Oder aber auch Vertrauen in ein organisationales System.

Wissenspart – Identitätsparadoxon

Jeder Mensch hat verschiedene Identitäten, Persönlichkeiten oder Seiten, die ihn als Individuum ausmachen. Wir werden uns selbst als Menschen nicht gerecht, wenn wir diese verschiedenen Anteile nicht anerkennen. Der erste Schritt, um glücklich mit uns selbst zusammenzuleben, ist, dass wir uns als Vielheit begreifen. Wir sind eingeladen, die diversen Teile unserer eigenen Persönlichkeit kennenzulernen und mit ihnen ein gutes multidimensionales Team zu bilden. Um die mannigfaltige Persönlichkeit zu bleiben, die wir sind, braucht es den permanenten Prozess des Veränderns. Ansonsten behindert sich der Mensch selbst. Permanente Veränderung geschieht sowieso. Unsere Aufgabe ist es, sich diesem Prozess des Zulassens und Loslassens, des Einatmens und Ausatmens anzuvertrauen. Das Paradoxe daran ist, dass wir nur bleiben, wer wir sind, wenn wir uns verändern.

In uns Menschen können unwillkürliche Prozesse ablaufen, wie zum Beispiel Körperreaktionen, die so urplötzlich auftauchen, dass wir im Nachhinein aufhorchen und uns hinterfragen: „Was war das eigentlich gerade?" Diese Prozesse beruhen häufig auf frühkindlicher Prägung oder sind in unserem Generationengedächtnis gespeichert. Für unsere Entwicklung ist es wichtig, diese unbewussten und unwillkürlichen Reaktionen erst einmal wahrzunehmen und immer mehr kennenzulernen, auch zu hinterfragen. So kann sich unser menschliches System in seiner Vielheit und Vielfältigkeit erkennen und weiterentwickeln. Dadurch werden uns unbewusste Ressourcen bewusst gemacht und dürfen in unser Leben und Handeln bereichernd integriert werden. Wir können diese nicht bewusst steuern, jedoch gemeinsam mit ihnen agieren.

Bei bewussten Prozessen verhält es sich anders. Diese können auf eine indirekte Art beeinflusst werden. Das heißt, dass es uns möglich ist einzugreifen, jedoch nicht im Sinne einer kompletten Steuerung, sondern mit Hilfe von Impulsen, die wir in das System hineingeben. Impulse in Form von Gedanken, Aussagen oder Handlungen bringen ein System, sowohl ein menschliches als auch ein organisationales, in ein Ungleichgewicht. Dieses zeigt sich in einer Art fühlbaren Durcheinanders, in einer spürbaren Unwucht. Durch das Verlassen des eingeschliffenen Zustands reagiert das System aus seiner eigenen Kraft heraus. Dieses Reagieren kann von uns betrachtet werden, durch einen von außen zugeschalteten Beobachter oder durch eine innere Beobachtungsinstanz.

So gesehen, ist das Beeinflussen von bewussten Prozessen ein indirektes Führen, da wir zwar den Impuls direkt in das System hineingeben, aber nicht ganz und gar voraussehen können, wie das System darauf reagiert. Es reagiert systemimmanent, das heißt in der Art und Weise, wie es eben für dieses System größtmöglichen Sinn ergibt. Wir, mit unseren eigenen Konzepten und Überzeugungen, verstehen oft nicht, was für das System wirklich Sinn ergibt. Das System selbst jedoch kennt den besten Weg, der nicht mit unseren eigenen gedanklichen Überzeugungen übereinstimmen muss. Im Gegenteil. Oft reagiert das System anders als von uns angenommen, was zu Überraschungen führen kann. Das Erlernen des Vertrauens in ein System, ob in unser gesamtheitliches menschliches System oder in ein organisationales System, ergibt von daher Sinn, da sich ein System immer selbst erhalten möchte.

Ein von außen gesetzter Impuls, der einer Erschütterung gleicht, wie beispielsweise der Tod eines uns nahestehenden Menschen, wirbelt unser System komplett durcheinander. Dies gilt auch für uns selbst, wenn wir eine schwere Erkrankung erleiden. Unser System möchte sich erhalten. Dies ist in uns so angelegt. Erlischt der Selbsterhaltungstrieb des gesamtheitlichen menschlichen Systems, stirbt der Mensch.

Wir können darauf vertrauen, dass in jedem System eine immanente Kraft liegt, die zum Fortbestand beiträgt. Die Verinnerlichung dieses Wissens erlaubt uns zu vertrauen.

Unternehmen sind komplexer zu betrachten und fordern zum Balanceakt heraus. Denn genau diese immanente Kraft des Selbsterhaltungstriebs, der auch in Unternehmen besteht, führt zu Verkrustungen, erschwert oder verunmöglicht Entwicklung und macht dynamisches Agieren in unsicheren Situationen schwierig. Aus diesem Grund beschäftigen sich größere oder schon länger bestehende Unternehmen beispielsweise oft mit der Verwaltung und Administration anstatt mit Kunden, Produkten oder Dienstleistungen. Wenn der Systemerhalt größer als die Flexibilität wird, kann das Unternehmen früher oder später nicht mehr zur Wertschöpfung beitragen und stirbt.

Auch hier ist Vertrauen die Basis für Veränderung, gepaart mit dem Mut, Ungewöhnliches zu wagen, und der Bereitschaft, mit den Konsequenzen umzugehen.

1.2 Selbstheilungskräfte aktivieren oder dem Optimierungswahn hinterherrennen

Wir Menschen unterliegen oft einem Optimierungswahn. Wir meinen, ständig irgendetwas verändern, verbessern oder eben optimieren zu müssen. Dabei fühlen wir uns oft angetrieben von äußeren Impulsen, die bei näherer Betrachtung vielleicht gar nicht aus uns selbst entspringen. Wir denken jedoch, es wäre so, und können nicht immer klar und genau unterscheiden: Ist das jetzt unser tatsächlicher Weg, unser Anliegen, unsere Intention oder die der anderen?

„Die anderen" können unsere Herkunftsfamilie sein oder die Kirche oder die Medien oder das Gesellschaftssystem und noch viele weitere Instanzen. Wir unterliegen diesen Prägungen und Formungen viel mehr, als es uns bewusst ist. So leben wir bspw. ein Leben, das den Vorstellungen und Wünschen unserer Herkunftsfamilie entspricht, wissen aber gar nicht, was denn unsere eigenen Vorstellungen von einer Familie sind. Oder wir meinen, nach den Vorbildern aus der Werbung auch immer höher, schneller und weiter kommen zu müssen. Wir jagen dem Erfolg hinterher oder dem Geld oder der Anerkennung.

Ideale, die von außen in uns hineingeprägt werden, sind dann falsche Ideale, da es nicht unsere eigenen sind! So ist es wichtig, sich im Laufe des Lebens dieser beeinflussenden Faktoren bewusst zu werden und sich und seine Handlungen immer wieder zu hinterfragen, um wirklich seinen eigenen Weg gehen zu können und seine eigenen Ziele zu verfolgen. Ansonsten führt man ein fremdbestimmtes Leben.

Außerdem führt das Erreichen dieser Ziele nur zu einer kurzfristigen Befriedigung. Das Belohnungssystem wird kurz angeregt, aber genauso schnell treten Erschöpfung und Überforderung ein. Eine echte Befriedigung und das Empfinden von Glück können nur eintreten, wenn unsere erreichten Ziele tatsächlich unseren Idealen, Wertvorstellungen und Wünschen entsprechen.

Wie können wir herausfinden, ob es nun unsere Ziele oder die der anderen sind?

Manch eine Idee kommt so schön verpackt und schillernd daher, dass es teilweise schwierig ist, sie einzuordnen. So kann es in der Wirtschaft passieren, dass man dort einem Hype aufsitzt, der dem Unternehmen aber letztendlich schadet. Und im Privatbereich erliegt man einem vermeintlichen Ziel, das doch gar nicht das eigene war und uns vom eigenen Weg eher abgebracht hat. Alle möglichen Trends und Modeerscheinungen führen dazu, dass wir unglaublich beschäftigt und abgelenkt sind. Mit Sinnerfüllung und Selbstverwirklichung hat das allerdings sehr wenig zu tun.

Es ist ein Hinterherrennen, bei dem kein Ende in Sicht ist. Das eigentlich Schmerzhafte oder Tragische, neben Erschöpfung und Überforderung, ist das verrinnende Leben, das nicht selbst gelebt wird. Wir sollten uns daher die Fragen stellen:

Bin ich die Autorin meines Lebens? Bin ich die Regisseurin im Film meines Lebens?

Oder folge ich nur den vielen bunten Impulsen der anderen im Außen?

Um nicht in die Optimierungsfalle hineinzutreten und ein fremdbestimmtes Leben zu führen, geht es erst einmal darum, innezuhalten, zurückzutreten und grundsätzliche Überlegungen anzustellen. Am hilfreichsten erscheint es, sich selbst zu fragen, was man denn eigentlich in diesem irdischen, zeitlich begrenzten Leben möchte. Was sind die eigenen Wünsche, Ziele, Ideale? Wo findet man sich wieder, ist ganz authentisch und ganz im Sein? Man kann sich in den bestimmten Situationen auch selbst beobachten und kritisch betrachten, um herauszufinden, wer oder welche Vorstellung da aus einem heraus handelt. Dieses Wechselspiel aus Beobachten, Erkennen und Bewusstwerdung ist die Voraussetzung für ein wachsend selbstbestimmtes Leben. Erst die Erkenntnis schafft die Möglichkeit der Veränderung.

Der nächste Schritt ist, Voraussetzungen zu schaffen, um das System flexibel und beweglich agieren lassen zu können. Das System, in dem wir uns bewegen, sei es das soziale System, das berufliche System oder aber das organisationale System, sollte so gestaltet werden, dass es dynamisch-robust reagieren und agieren kann. Um dies zu erreichen, ist es sinnvoll, übergeordneten Prinzipien zu folgen, die zu einer guten Koordination des Gesamtsystems beitragen. Ein solches Prinzip für eine Organisation ist beispielsweise: „Wir möchten langfristig erfolgreich sein." Es gilt zu schauen, welche Prozesse im Unternehmen der Wertschöpfung dienen und nicht nur Selbstzweck sind. Ein Beispiel für diesen Selbstzweck sind übergroße Personalabteilungen, die sich mit unsinnigen Praktiken selbst am Laufen halten, oder aufgeblähte Verwaltungsapparate. Zur Wertschöpfungskette können viele Bereiche des Unternehmens zählen, die in einen finanziellen Gewinn münden. Was von Wert ist, entscheidet letztendlich der Kunde, indem er sich für dieses oder jenes Produkt entscheidet. Als Wertschöpfung kann aber auch ein ökologisch nachhaltiger, ein qualitativer oder sozialer Gewinn gesehen werden. Je nachdem, was das Unternehmen als Wert definiert und der Kunde durch seinen Kauf ebenso als wertvoll bestätigt. Damit Menschen in Organisationen der Wertschöpfung dienen können, sind folgende Prinzipien aus dem Future Leadership von Intrinsify hilfreich.

Den Blick nach außen richten

Die Ausrichtung zum Markt hin führt dazu, dass die Probleme der Kunden gelöst werden. Diese sind im Gegenzug bereit, mehr zu zahlen, als was die Problemlösung das Unternehmen gekostet hat. Mit der Zeit können jedoch interne Prozesse wie Prozessanweisungen, Methoden, Checklisten und Richtlinien entstehen, die dazu führen, dass der Blick auf den Kunden und die eigentliche, die problemlösende Aufgabe des Unternehmens verloren gehen. Das Unternehmen agiert dann an seinen Kunden und deren Bedürfnissen vorbei. Die Aufgabe heißt dann, den Blick wieder nach außen zu öffnen und in den Markt, seine Gegebenheiten, seine Ausrichtung und die Bedürfnisse der Kunden einzutauchen, um am Zahn der Zeit zu operieren.

Teams, die wie Mannschaften agieren

Unternehmen haben die Aufgabe, Teams zusammenzustellen, in denen alle nötigen Rollen und Kompetenzen zur Bearbeitung eines Wertschöpfungszyklus abgedeckt sind. Dies führt in größeren Organisationen zwar zu Redundanzen, ermöglicht es aber dem Team, selbstständig und schnell im Sinne des Marktes zu handeln. Daraus entwickelt sich eine Organisationsform mit vielen kleinen Mannschaften, die nah im Kontakt mit den Kunden stehen und von einem organisatorischen Zentrum unterstützt werden, so dass sie flexibel und zeitnah agieren können.

Führung wechseln

Um auf einem dynamischen Markt Probleme zu lösen, braucht es Teams, deren selbstorganisierte Arbeitsform auf einer organischen Hierarchie basiert. Dies bedeutet, dass freiwillig einem Führenden gefolgt wird, da man ihm die nötige Kompetenz zuschreibt, um das Problem am schnellsten und leichtesten zu lösen. Diese Führungsperson kann je nach Themengebiet und erforderlicher Kompetenz wechseln.

Teamleistung

Durch eine enge Zusammenarbeit mit sozialer Zugewandtheit und einer spürbaren Verflechtung der Teammitglieder steht die gemeinsam erbrachte Leistung eines Teams im Mittelpunkt. Herkömmliche monetäre Anreizsysteme, wie individuelle Zielvereinbarungen und Boni, verlieren ihre Sinnhaftigkeit und wirken kontraproduktiv.

Wissen zugänglich machen

Um komplexe Aufgaben lösen und adäquate Entscheidungen treffen zu können, brauchen Mitarbeiter uneingeschränkten Zugang zu vorhandenen Informationen. Deshalb gilt es, das vorhandene Wissen transparent zu halten und allen zugänglich zu machen.

Szenarien trainieren

Statt Pläne zu machen und an deren Umsetzung festzuhalten, ist es in einem dynamischen, unvorhersehbaren Umfeld sinnvoller, sich auf verschiedene Szenarien vorzubereiten und diese durchzuspielen – im Sinne von trainieren – und so einen Puffer zu schaffen, um für Überraschungen gewappnet zu sein.

Beim Menschen sind die besten Voraussetzungen dafür, dass das gesamtheitliche menschliche System gut funktioniert, die einfachen Basics. Eine gesunde Ernährung, Bewegung, frische Luft, ausreichend Schlaf und Regeneration, soziale Kontakte und klare Gedanken schaffen eine gute Ausgangsbasis für aus sich selbst heraus entstehende Veränderungsprozesse. Unsere Gedanken dürfen in die Weite, in die Offenheit, in die Beweglichkeit führen. Die Möglichkeit dafür schafft ein freier Geist, der sich nicht an Gedankenkonstrukten und mentalen Begrenzungen festhält, sondern Raum für neues Denken zulässt. Freies Denken und freies, tiefes Atmen gehen Hand in Hand miteinander. Dies wiederum verstärkt das freiheitliche, flexible Agieren des menschlichen Systems. Es kommen Fluss, Bewegung, Geschmeidigkeit, Anpassungs- und Reaktionsfähigkeit in unser System. Natürlicherweise reagieren wir in dieser Ausdehnung und Weite ganz anders als in einem zusammengezogenen, begrenzten Zustand, bei dem wir mit Tunnelblick in einer Situation feststecken.

So sind das Innehalten, Heraustreten, Beobachten, Überblickverschaffen und Bewusstwerden die Bestandteile des ersten Schritts, um herauszufinden, inwieweit ein angestrebter Veränderungsprozess aus uns selbst herauskommt.

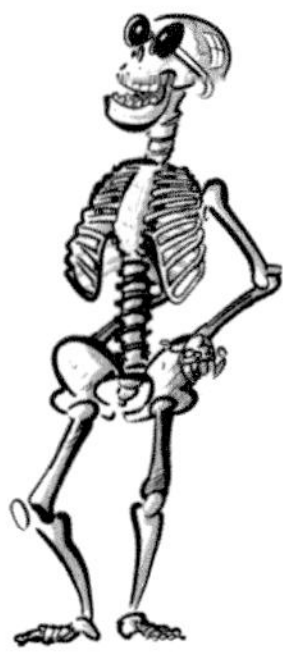

1.3 Veränderung ist Entscheidung – Entscheidung ist Veränderung

Jede Entscheidung, die wir für eine Sache treffen, beinhaltet gleichzeitig eine Entscheidung gegen etwas. Nicht entscheiden geht nicht, denn selbst wenn wir in unserem Sinne keine Entscheidung treffen, entscheiden wir uns in diesem Moment für das Verharren in der entsprechenden Situation.

Es gehört zu den Eigenarten des menschlichen Wesens, sehr gut zu wissen, was wir nicht möchten – und wir sind viel schlechter darin, uns gewahr zu werden, was wir denn wollen. Wir schimpfen auf den Chef, den wir nicht mehr haben wollen, oder auf die Gegend, in der wir wohnen, da es dort viel zu laut und zu teuer ist. Wir wissen, dass der Job keinen Spaß mehr macht oder dass die Waage zu viele Pfunde anzeigt. Jedoch die Entscheidung zu treffen, etwas aktiv an diesen verschiedenen Ärgernissen zu ändern, ist meist noch in weiter Ferne.

Sich auf die aktive Wohnungssuche zu machen oder einen neuen Ernährungs- und Bewegungsplan aufzustellen, würde uns aus der Komfortzone der Bequemlichkeit herausholen. Etwas Altes müsste losgelassen werden, um etwas Neuem Platz zu machen. Der Gedanke an einen Jobwechsel birgt eventuell viele Unsicherheiten, Einschränkungen oder Konsequenzen, die noch nicht absehbar sind. Daher schrecken wir oft davor zurück, uns für eine Sache zu entscheiden. Wir müssten dann die Konsequenzen tragen. Dabei liegt unsere größte Angst meist nicht in der Unüberschaubarkeit aller Konsequenzen, sondern darin, Fehlentscheidungen zu treffen. Viele Menschen meinen, wenn sie sich einmal für etwas entschieden hätten, wäre diese Entscheidung dann in Stein gemeißelt. So treffen sie lieber keine Entscheidung als eine vermeintlich falsche.

Doch jede Entscheidung ist eine Momentaufnahme. Entscheidungen können jederzeit verändert oder korrigiert werden. Denn das Gute ist: Wir dürfen uns auch wieder umentscheiden!

Da Entscheidungen Momentaufnahmen sind, können wir sie nur aufgrund der bisher uns zur Verfügung stehenden Informationen treffen. Wenn sich im Laufe der Zeit die Informationen verändern, können wir neue Entscheidungen treffen. Waren die Informationen während unseres Entscheidungsprozesses zu dürftig, ist es uns möglich, unsere Entscheidungen zu revidieren. Das ganze Leben ist Veränderung.

Change it, love it, that's it!

Die Angst vor Konsequenzen sowie der Umstand, dass uns oft nicht genügend bzw. alle nötigen Informationen zur Verfügung stehen, machen Entscheidungen schwieriger. Ein hilfloses Gefühl macht sich in uns breit und wir haben das Gefühl, gar nicht entscheiden zu können. Diese Angst lähmt uns, fesselt uns und lässt uns stagnieren. Wir dürfen uns von dieser Angst befreien, ganz im Hier und Jetzt ankommen und auf den guten Rat lauschen:

„Du musst dein Ändern leben."

~Rainer Maria Rilke

Rilke empfiehlt uns damit nichts anderes, als in die Veränderung hineinzuleben. Letztlich regt auch dies an, im Fluss des Lebens mitzufließen und offen und weit für dessen verschiedene Abzweigungen, Strudel oder Strömungen zu sein. Anstehende Veränderungsprozesse machen sich sehr deutlich sicht- und auch spürbar. Indem wir im Inneren den Raum für Fragen zu unseren einzelnen Lebensbereichen und Wirkstätten öffnen, öffnen wir ihn gleichermaßen für Veränderungen. Fragen stoßen Prozesse an und angestoßene Prozesse eröffnen uns neue Möglichkeiten. Sie geben uns Antworten.

„Leben Sie jetzt die Fragen. Vielleicht leben Sie dann allmählich, ohne es zu merken, eines fernen Tages in die Antwort hinein."

~Rainer Maria Rilke, Briefe

Entscheidungsdruck verhindert Entscheidungsfindung.

Wenn wir das Gefühl haben, entscheiden zu müssen, aber es nicht zu können, besteht der 1. Schritt darin, diesen Zustand erst einmal anzunehmen. Wir können uns bewusst machen, dass wir gerade inmitten eines Entscheidungsprozesses stecken, und dieser braucht Zeit. Eventuell brauchen wir noch weitere Informationen und auch dafür dürfen wir uns Zeit lassen. Der Entschluss, zu akzeptieren, dass man erstmal nichts entscheidet – der ja auch wiederum eine Entscheidung darstellt –, führt zu einer Erleichterung in der anstrengenden Situation.

Der beste Ratgeber für Entscheidungen ist unser Körper, denn er kennt bereits die Antworten, während unser kleiner Verstand sich noch im Kreis dreht und sich von vielen Optionen ablenken lässt. Wir dürfen lernen, unseren Körper zu befragen, und seine Art und Weise des Antwortens für uns entdecken.

Für besonders klare Entscheidungsfragen, wie:

→ **Ist die Wohnung die richtige für mich?**

→ **In welche Stadt soll ich ziehen?**

→ **Passt das Jobangebot zu meinen Vorstellungen?**

→ **u. v. m.,**

bietet sich eine einfache Körperübung mit dem Namen **Soll ich dies oder soll ich das?** aus Kapitel 4.1.5 an.

Die beste Voraussetzung, um sich dynamisch und robust entscheiden zu können, ist unsere eigene innere Verfassung. Wie schon beschrieben, können wir uns ganz bewusst dafür entscheiden, einen Raum in uns zu schaffen, der grundsätzlich das Leben mit all seinen Variationen und Möglichkeiten offen begrüßt. Wir erlauben uns eine innere Flexibilität, Beweglichkeit und eine Weite, die alle Antwortmöglichkeiten zulässt und die Energie frei fließen lässt, anstatt uns von vornherein zu begrenzen. Dies gilt für das gesamtheitliche menschliche System ebenso wie für das organisationale System. Eine innere Verdichtung und Verhärtung baut von Anfang an Begrenzungen in Form von mentalen Gitterstäben auf, die uns kleinhalten und uns verwehren, aus der Fülle aller Möglichkeiten zu schöpfen. Teilweise verhindert dies eine Entscheidungsfindung oder das Einnehmen einer Entscheidungsposition.

Enge und Starrheit begrenzen uns und wirken entscheidungshemmend. Weite und Flexibilität öffnen uns und wirken entscheidungsfördernd. Ganz unabhängig davon, wie unsere Entscheidung letztendlich ausfällt, ist es besser, eine Entscheidung zu treffen ... anstatt keine. Bei manchen Fragestellungen gibt es kein Richtig und kein Falsch. Hier ist vielleicht der Entscheidungsprozess selbst das Ziel.

Wir können diesen nützlichen, unterstützenden Zustand von Offenheit und Beweglichkeit in uns selbst herbeiführen, indem wir ihn denken. Unsere geistigen Impulse spiegeln sich im Körper durch eine physische Flexibilität und Elastizität wider, was wir als Resilienz bezeichnen.

Wissenspart – Entscheidbare und nicht entscheidbare Entscheidungen

Die Systemtheorie (nach Niklas Luhmann) unterscheidet zwischen entscheidbaren und unentscheidbaren Entscheidungen. Entscheidbare Entscheidungen sind zum Beispiel, was wir heute essen, welche Berufswahl wir treffen, welche Bücher wir lesen. Unternehmen können sich für eine Kleidervorschrift entscheiden oder welches Entgeltsystem sie verwenden möchten. Hingegen nicht entscheiden kann eine Organisation über die Haltung, die Denkmuster, die Einstellungen, die Werte oder die Motive ihrer Mitarbeiter, welche die Kultur des Unternehmens beschreiben. Diese Kulturmuster können beobachtet werden.

Einzelpersonen können sich auf einer bewussten Ebene entscheiden, welche Körperhaltung sie einnehmen, mit welcher Qualität sie sich bewegen, was und wie sie denken, welchen Gefühlen sie mehr Raum geben und welchen weniger.

Auf einer unbewussten Ebene unterliegen sie jedoch auch ihren Prägungen aus frühester Kindheit, Erlebnissen im Laufe ihres Lebens und den daraus resultierenden unwillkürlichen Reaktionen. Auch diese können nach dem Erscheinen beobachtet werden. Sie sind oft so blitzschnell, dass wir sie nicht komplett unterbinden können. Bestimmte Übungen helfen uns jedoch, sie frühzeitig zu erkennen.

Wenn wir uns dieser Unterschiede bewusst sind, können wir einschätzen, wie hoch die Handlungsfähigkeit und Einflussnahme jedes Einzelnen und eines Unternehmens ist. Liegt diese nicht bei 100 %, ist die Umsetzung einer Entscheidung schwierig.

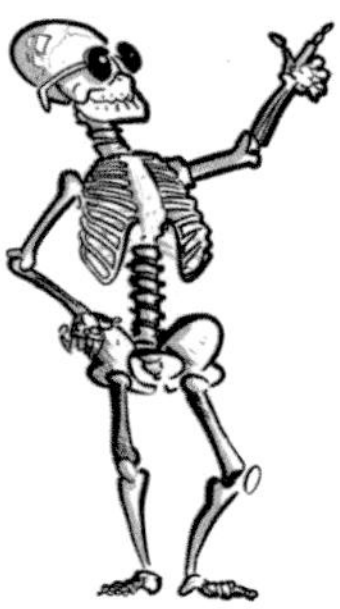

Organisationen können Kulturmuster beobachten, aber nicht direkt beeinflussen. Individuen können unwillkürliche Muster beobachten und einen bewussten Umgang damit erlernen.

1.4 Nicht alles ist veränderbar

So sehr wir es uns auch wünschen, manche Dinge sind nicht veränderbar. Es existieren gewisse Strukturen und Rahmenbedingungen in Unternehmen, die unumgänglich eingehalten werden müssen. Sei es die korrekte Kassenbuchführung, die Abführung der Umsatzsteuer, die Einhaltung von Kündigungsfristen oder die Pflicht, einen Jahresabschluss durchzuführen. Unabhängig davon, wie sinnvoll oder unnütz wir diese Auflagen finden, führt doch kein Weg daran vorbei. Ebenso wenig können wir das Wetter an unsere Wünsche anpassen, um den Windpark rentabel zu machen, die Sonnenkollektoren auszulasten oder die Ernte einzuholen. Auch politische Gegebenheiten nehmen unabänderlichen Einfluss auf die Organisation. Besteht plötzlich ein Handelsembargo oder eine Ausfuhrsperre, ist das Unternehmen diesen Prozessen quasi ausgeliefert und kann zuerst einmal recht wenig tun – zumindest im Äußeren –, um die Situation zu ändern.

Auch intern gewünschte Veränderungen sind nicht einfach durch neue Leitbilder oder Appelle zu bewirken. Ein neu vorgesetzter, schick formulierter Slogan mag noch so griffig klingen und kann doch nicht eine bestehende, lange eingefahrene Unternehmenskultur umdrehen. Ein solcher Prozess darf durch bestimmte kleine Teilschritte aus dem Inneren der Organisation heraus langsam heranwachsen und sich entfalten.

Die Beschränkungen der Veränderungsmöglichkeiten gelten ebenso für den menschlichen Organismus. Trotz verschiedener Möglichkeiten, ihn noch leistungsfähiger, noch schlanker, noch gesünder, noch attraktiver zu machen, sind auch dem Grenzen gesetzt. Selbst bei Schönheitsoperationen, sofern wir uns für diesen Weg entscheiden, gibt es nicht unbegrenzte Möglichkeiten. Es gibt Menschen, die sich für die körperliche Veränderung bspw. die Beine brechen lassen, um größer zu werden. Andere lassen sich Po- und Brustimplantate einsetzen, um beworbenen Schönheitsidealen zu entsprechen. Aber auch hier lassen sich Beine nicht unbegrenzt oft brechen oder Brüste nicht unendlich oft vergrößern. Denn jeder Körper ist nur bedingt änderbar.

Die Grenzen der Änderbarkeit existieren nicht nur im Außen, sondern auch in den Persönlichkeitsstrukturen, Charaktereigenschaften und Verhaltensmustern. Beispielsweise führt eine frühkindliche Prägung zu bestimmten Verhaltensweisen, an denen man zwar arbeiten, die man jedoch nicht ungeschehen machen kann. Oft bleiben uns die entsprechenden Triggerpunkte ein Leben lang erhalten.

Hemmende Faktoren, die durchaus änderbar wären, sind einschränkende Glaubenssätze, die unser eigenes Wachstum verunmöglichen oder die uns daran hindern, dass wir uns auf Entwicklungsprozesse einlassen. Sehr häufig schauen wir lieber nach außen auf all die Dinge, deren Veränderung nicht in unserem Machtbereich liegt, statt dorthin, wo Veränderung möglich, aber auch am schwierigsten ist: in unser Inneres. Beginnen wir, uns im Inneren zu ändern bzw. zu entwickeln, verändern wir automatisch auch die Dinge im Außen.

Sind wir gewissen Strukturen und Rahmenbedingungen ausgeliefert, die wir nicht verändern können, ist der erste notwendige Schritt deren Annahme.

Es ist, wie es ist. Und wie es ist, ist es.

Der Akt des Annehmens einer Situation oder eines Umstands hat oft zur Folge, dass schon durch die bewusste Annahme etwas in Bewegung kommen kann. Ein Stocken, eine Stagnation darf sich lösen durch die vollkommene Akzeptanz. Selbstverständlich ist eine solche Haltung des Beobachtens und Begleitens eines für uns unabänderlichen Prozesses teilweise sehr schwer anzunehmen oder anzusehen. Dann kann es sein, dass unsere größte Leistung tatsächlich darin liegt, genau dies zu tun. Es bleibt uns im Grunde und bei ehrlicher Betrachtung auch nichts anderes übrig. So verhält es sich beispielsweise mit der Pubertät, die wir für unseren Entwicklungsprozess einfach durchleben müssen. Ebenso bei schweren oder chronischen Erkrankungen, die uns ereilen. Oder aber bei uns nahestehenden Menschen, die ihre Probleme ganz anders lösen, als wir dies tun würden. Wir stehen dann daneben und können auch hier nichts tun, außer deren individuellen Weg zu akzeptieren.

So genannte Macher dürfen an dieser Stelle lernen, loszulassen. Sie dürfen den Veränderungswahn loslassen oder die Kontrollversuche, mit denen sie glauben, Veränderungen erzwingen zu können. Mit Vehemenz und Durchsetzungskraft versuchen diese Menschen oft, die gewünschte Veränderung herbeizuführen, und stoßen in ihrem Umfeld auf Abwehr und Widerstand. Sie dürfen nun lernen, anzunehmen und zu vertrauen.

Dinge, die nicht veränderbar sind, werden auch als Restriktionen bezeichnet. Anstatt dass wir unsere Energie daran verschwenden, diese verändern zu wollen, können wir versuchen, einen Umgang mit ihnen zu finden. Das Finden eines neuen Umgangs birgt im Kern bereits die Lösung. Siehe dazu auch Kapitel 4.3.6 **Umgang mit Restriktionen.**

Ein zu diesem Thema passender, immer wieder inspirierender Quell ist das bekannte Zitat von Franz von Assisi:

Herr, gib mir die Kraft, die Dinge zu ändern, die ich ändern kann,
die Gelassenheit, das Unabänderliche zu ertragen,
und die Weisheit, zwischen diesen beiden Dingen
die rechte Unterscheidung zu treffen.

Diese von Assisi genannte Gelassenheit ist die beschriebene Akzeptanz – die vollkommene Annahme dessen, was ist und worüber wir keine Kontrolle haben.

1.5 Menschen und Organisationen verändern sich, wenn sie durch Schmerz dazu gezwungen werden

Meistens muss erst ein Schmerzerlebnis auf den Menschen oder die Organisation einwirken, bevor sich ein Wille oder überhaupt die bewusste Wahrnehmung der Notwendigkeit zur Veränderung einstellt. Bis zu diesem Zeitpunkt ist oft die Gewohnheit und Bequemlichkeit, aber natürlich auch die Funktionalität eine Begründung dafür, alles bereits Vorhandene so weiterlaufen zu lassen wie bisher.

„Never change a running system!"

„Es kommt jedoch auch vor, dass sich bereits kleine Hinweise auf eine anstehende Veränderung zeigen, diese jedoch noch nicht wahrgenommen werden wollen oder können. Solange das System läuft, sei es der Mensch oder die Organisation, besteht vordergründig keine Handlungsaufforderung. Oft sind es schleichende Prozesse, die den Körper oder das Unternehmen überkommen. Kleinere Wehwehchen können eine ganze Zeit lang leichtfertig übersehen oder auch symptombezogen kaschiert werden. Erst wenn ein tatsächliches Schmerzerlebnis zugrunde liegt, neigen Menschen dazu, der Aufforderung zur Veränderung nachzukommen. Dies können starke Rückenschmerzen im menschlichen Organismus oder Umsatzeinbußen im Unternehmen sein. In Organisationen führt ein Ausruhen auf bereits Erreichtem zu Stillstand und Verlust der Wettbewerbsfähigkeit. Produkte oder Dienstleistungen sollten sich am Markt orientiert weiterentwickeln und bewegen, um mit dem entsprechenden Zeitgeist zu korrelieren und dadurch interessant genug für ihre Kunden zu bleiben. Dies kann sowohl durch eine Weiterentwicklung des Produkts als auch durch eine neue Außendarstellung gewährleistet werden. Je nachdem, was hier nötig ist.

Eine weitere Komponente, die uns davon abhält, schmerzende Situationen zu verändern, ist die fehlende Vorstellungskraft darüber, dass sich die Dinge auch leichter und einfacher gestalten lassen würden. Der Mensch neigt dazu, sich nicht darauf einlassen zu können, einen verbesserten Ausgang zu erwarten. Erst durch das tatsächliche Ausprobieren von neuen Gewohnheiten und Techniken merkt der Mensch, dass eine Verbesserung für ihn tatsächlich möglich ist. Wurde eine Verbesserung dann erreicht, fragt sich der Betroffene oft, warum er nicht schon viel eher etwas verändert hat.

Durch die Linderung oder gar Eliminierung von Schmerzen bejaht der Körper deutlich, dass er mit den neuen Verhaltensweisen zufriedener ist. Das neue dynamische Sitzen oder das abwechslungsreiche Sitzen tun ihm gut, wodurch der Schmerz nachlässt oder gar verschwindet. Der Schmerz hat nun also den Menschen oder die Organisation zur Veränderung gezwungen. Da jedoch das alte System so viele Jahre auf eine bestimmte Art und Weise funktioniert hat, kommt es häufig vor, dass sich, nachdem der Schmerz erst einmal verschwunden ist, alte Verhaltensmuster wieder über die neu erworbenen Herangehensweisen legen. Dieser Umstand ist vollkommen normal. Schließlich hat der Mensch oder die Organisation jahrelang in altbekannter Weise agiert. Die alte Verhaltensspur ist breiter ausgetreten und somit leichter begehbar als der eben frisch entstandene neue Trampelpfad. So kann es vorkommen, dass sich beim Menschen plötzlich die alte Sitz- und Körperhaltung wieder einschleicht. Im Unternehmen könnten Schmerzindikatoren die stagnierenden Zahlen sein. Dieser Schmerz zeigt, dass hier noch nicht tiefgreifend verändert wurde. Der Erfolg eines Change-Prozesses wird nur möglich, wenn man auf struktureller Ebene eine Transformation bewirken möchte. Auf Langfristigkeit formulierte Motivationen unterstützen die Wahrhaftigkeit und Durchsetzungsfähigkeit dieser Change-Prozesse. Diese sollten in die Zukunft formuliert werden, bspw. so: „Unser Ziel ist es, langfristig am Markt zu bestehen."

Ein wichtiges Stichwort dazu ist die Exzellenz, die für Spitzenleistung oder Vortrefflichkeit steht und ein außergewöhnliches Verhalten beschreibt.

Zum Erreichen von Exzellenz beim Menschen und in Organisationen benötigt es Weiterentwicklung. Exzellenz ist nur durch Bewegung und somit Entwicklung möglich. Hinter dem Wunsch nach Exzellenz können verschiedene Ziele stehen, wie der Wunsch nach körperlicher Fitness, Reisefähigkeit, Belastbarkeit oder Leistungsfähigkeit in verschiedenen persönlichen und beruflichen Bereichen. Auf Organisationen bezogen, könnten dies bspw. Wettbewerbsfähigkeit, Umsatzwachstum, nachhaltiges Wirtschaften, Mitarbeiterzufriedenheit etc. sein. Nur die Besten entwickeln sich immer weiter!

1.6 Veränderungsaufforderung von außen führt zu Widerstand

Wenn Veränderungswünsche oder -aufforderungen von wohlmeinenden Mitmenschen an uns herangetragen werden, beinhalten diese immer die Kernaussage, dass etwas an uns nicht stimmt. Dass unser Verhalten nicht in Ordnung ist oder nicht mit dem sozialen System kompatibel oder für uns selbst bzw. auch andere schädlich ist. Dahinter steckt immer die Aufforderung, irgendetwas tun zu müssen, um uns oder unser Verhalten zu korrigieren. Selbstverständlich ruft dies zumeist inneren Widerstand hervor.

Eine gute Freundin oder unser Hausarzt schlägt uns bspw. vor, dass wir endlich abnehmen sollten. Schließlich gibt es da diese Knieschmerzen, den belasteten Rücken, die Unbeweglichkeit und weitere gesundheitliche Probleme, die wir doch endlich in den Griff bekommen sollen. Solche an uns herangetragenen Veränderungsimpulse wirken meist nicht dauerhaft. Wir wissen schließlich um all die Dinge, Einschränkungen und Konsequenzen. Wenn die Sachlage so einfach wäre, hätten wir bereits etwas verändert.

Ein identisches Phänomen gibt es in Unternehmen, wenn der Geschäftsführer oder die Führungsetage beschließt, dass etwas verändert werden muss, weil beispielsweise die Konkurrenz das jetzt auch so macht oder weil wir sonst nicht länger marktfähig bleiben. Die Veränderung heißt dann zum Beispiel agiles Arbeiten zum inneren System, zur inneren Referenz des Unternehmens hin.

Agiles Arbeiten beinhaltet die Ausrichtung auf die Dezentralität, um mehr im Kontakt zum Kunden und zum Markt hin geöffnet zu sein. Um dieses agile Arbeiten zu erreichen, benötigt es jedoch viele Einzelschritte, die oft am Anfang des Prozesses nicht ganz berücksichtigt oder einbezogen werden. Wird dieser Veränderungswunsch in Form von Aufrufen und Appellen dann einfach so in das Unternehmen hineingebracht, erzeugt dies in der Mitarbeiterschaft vor allem Widerstand. Natürlich gibt es auch einen kleinen Anteil des Personalstammes, der begeistert und motiviert auf solche flotten Ansagen reagiert. In ihren Augen hätte schon lange etwas passieren müssen. Aber dieser Anteil des Personals ist sehr gering. Die meisten Angestellten haben keine Lust auf Veränderung und möchten einfach weitermachen wie bisher. Schließlich lief es lange Zeit gut, so wie es war, und es wurden auch Erfolge eingefahren, sonst würde das Unternehmen nicht an dem heutigen Punkt stehen. Auch spielt die Bequemlichkeit eine Rolle und das von den meisten Menschen erfahrene grundsätzliche Erleben von Bedrohung, wenn eine Veränderung ansteht.

Der entstehende Widerstand gegen Veränderungsaufforderungen von außen ist eine Immunabwehrreaktion des organisationalen oder des gesamtheitlichen menschlichen Systems. Von dieser Warte aus betrachtet erscheint die Reaktion als gesund, denn das System möchte sich immer selbst erhalten und bestehen bleiben.

Widerstand gegen Veränderungsaufforderungen ist auch ein Zeichen für fehlende Informationen, die ein Gelingen der Veränderung bekräftigen könnten.

Außerdem ist solch ein Widerstand auch eine sehr loyale Leistung an das bisherige System, welches als hochkompetentes Verhalten anzuerkennen ist. Daraus leitet sich die Frage ab, was wir von dem bewährten Verhalten beibehalten möchten und was sich davon verändern darf, so dass es für unser Ziel sinnvoll ist.

Wenn wir jetzt auf das Beispiel mit der Abnehm-Aufforderung zurückkommen, geht es nun vorerst darum, das Bisherige wertzuschätzen und anzuerkennen; die kompetente Leistung der Person, die ihren Körper dahin gebracht hat, wo er jetzt ist, zu würdigen. Sei es, dass sie so viel essen kann, um körperliche Leistung zu erbringen oder Kraft aufzubauen. Dass sie die Fähigkeit hat, zu genießen, und mit Hingabe und Liebe isst. Dass sie vielleicht gerne Feste feiert, Menschen um sich herum hat, diese bewirtet und bekocht. Dass sie eine Person ist, die das soziale Miteinander von innen heraus zelebriert. All die genannten Aspekte sind hochattraktive Verhaltensweisen im Gegensatz zu einer Schar von mageren Salatblattessern, die keinen Spaß haben. Das Ganze ist also vielschichtig zu betrachten und abhängig vom jeweiligen Kontext.

Die meisten Menschen empfinden eine natürliche Abwehr, wenn sie das Gefühl haben, dass sie jemand von außen beeinflussen oder fremdsteuern möchte. Solange es um das Abarbeiten von Aufgaben geht, mögen Menschen Pläne oder Listen oder abzuarbeitende To-dos. Hier entscheiden wir uns bewusst für eine Zuhilfenahme der genannten Arbeitsmittel, die uns eine dritte Person zur Verfügung gestellt hat. Geht es jedoch um dynamischere Themen, wie beispielsweise einen Entscheidungsfindungsprozess zu einem bestimmten Thema, möchten die Menschen einbezogen werden, Einfluss haben und mitbestimmen können und auch den Prozess miterleben, anstatt die fertige Entscheidung auferlegt zu bekommen. Das Ausbleiben des Einladens, Einbeziehens und Beteiligens der Mitarbeiter an diesen Entscheidungsfindungen ist ein Grund, warum Change-Prozesse oft nach den ersten ein bis zwei Schritten nicht mehr bis zum Ende gut funktionieren.

1.7 Veränderung von innen bedeutet intrinsische Motivation

Jeder besitzt von Geburt an das Geschenk der intrinsischen Motivation. Es kann sein, dass dieser Teil von uns durch bestimmte Ereignisse und Erfahrungen verschüttet wurde. Besonders die ersten Lebensjahre sind entscheidend für den Zugang zur intrinsischen Motivation. Bei jedem Menschen ist sie dadurch unterschiedlich ausgeprägt. Der eine kann vollkommen aus seiner intrinsischen Motivation schöpfen, dem anderen ist dieser Part seiner selbst unbekannt. Dann wäre es eine wichtige Aufgabe, diesen Teil wieder freizulegen, denn die intrinsische Motivation ist der Motor, der uns antreibt, um unsere Ziele zu erreichen. Wer diesen Antrieb hat, geht leichter durchs Leben. Wenn wir das Geschenk der intrinsischen Motivation nicht annehmen, führt dies unweigerlich zu Komplikationen.

Es gibt Menschen, deren intrinsische Motivation durch extrinsische Überzeugungen überlagert wurde. Glaubenssätze wie „Erst die Arbeit, dann das Vergnügen" oder „Es muss anstrengend sein, sonst ist es nichts wert" sind Beispiele für extrinsische Motivation, die wir meistens von Eltern, Lehrern oder anderen Autoritätspersonen übernommen haben. Wenn wir diese Lehren mit eigenen Überzeugungen verwechseln, wird dadurch das Leben unnötig schwer. Wir kämpfen unbewusst gegen die eigene Verwirklichung, gegen die Leichtigkeit und gegen das Sein.

Eine wunderbare Arbeit an sich selbst ist das Herausfinden unserer eigenen Prinzipien und Mottoziele. Dazu bedarf es einer intensiven Auseinandersetzung mit uns selbst sowie den eigenen Bedürfnissen und Motiven.

Unsere selbst erarbeiteten Prinzipien und Mottoziele zeigen uns den richtigen Weg zu unseren Lösungen. Lösungen, die ganz aus uns entspringen und ganz zu uns gehören. Ihre Integration führt zu einer leichteren Herangehensweise und Umsetzung bei dynamischen Prozessen. Prinzipien und Mottoziele unterstützen uns bei kreativen Leistungen.

Wenn wir uns der eigenen Motive bewusst sind, diesen folgen und in Übereinstimmung damit handeln, entspricht dies ganz und gar unserer Lebensabsicht. Es beflügelt uns, lässt uns wachsen und glücklich sein. Um die eigene intrinsische Motivation zu erkennen, werden im Internet diverse Tests angeboten, die online durchgeführt werden und uns sofort einen Überblick über unsere ganz eigene intrinsische Motivation geben. Dieser externe Blick kann dabei unterstützen, uns selbst noch besser zu erkennen und blinde Flecken aufzudecken, die beispielsweise durch fremde Überzeugungen – die extrinsische Motivation – entstanden sind.

Wie kann die intrinsische Motivation in Unternehmen genutzt werden?

Intrinsische Motivation kann funktionieren, wenn der Arbeitsplatz beziehungsweise die Arbeitsbedingungen bestimmte Qualitäten aufweisen, so dass Mitarbeiter die Möglichkeit zu konzentriertem Arbeiten ohne ständige Unterbrechungen haben und daraus ein Flow-Erleben entstehen kann, das dazu führt, dass sie ihren Tätigkeiten mit Leidenschaft und Lust nachgehen. Freude am Arbeitsplatz und Begeisterung für die eigene Tätigkeit in Kombination mit einer ausgewogenen Work-Life-Balance: Dies führt zu einem selbstbestimmten Leben, zu Zufriedenheit und treibt den Mitarbeiter auf gesunde Art an.

Faktoren, die Mitarbeiter intrinsisch motivieren können, sind abwechslungsreiche Tätigkeiten, Aufgaben, die herausfordern, aber nicht überfordern, und eine Unternehmenskultur, die dem Arbeitnehmer Freiraum schenkt und Vertrauen entgegenbringt, so dass er wichtige Entscheidungen selbst treffen darf. Wenn der Mitarbeiter außerdem das Gefühl hat, sein Aufgabengebiet zu beherrschen, Erfolg zu haben und dafür wertgeschätzt zu werden, verleiht ihm dies noch mehr Motivation, seiner Aufgabe im Unternehmen bestmöglich nachzukommen. Es ist hilfreich, mit Problemen konfrontiert zu werden, die man eigenständig lösen darf, statt bei Beschäftigungsaufgaben zu ermüden. Auch das Empfinden von Sinnhaftigkeit – etwas zum Großen und Ganzen beizutragen – unterstützt die intrinsische Motivation der Mitarbeiter.

Wenn wir uns der eigenen Motive bewusst werden und daraus Mottoziele und Prinzipien ableiten, trägt uns dies durch das ganze Leben. Sie zu identifizieren und sich mit ihnen zu beschäftigen, verschafft uns Klarheit über uns selbst und darüber, was uns ausmacht. Wir lernen genau zu unterscheiden, welche Überzeugungen aus uns selbst herauskommen und welche wir von anderen übernommen haben. Dies führt uns auf einen Weg zu Autonomie und persönlicher Freiheit.

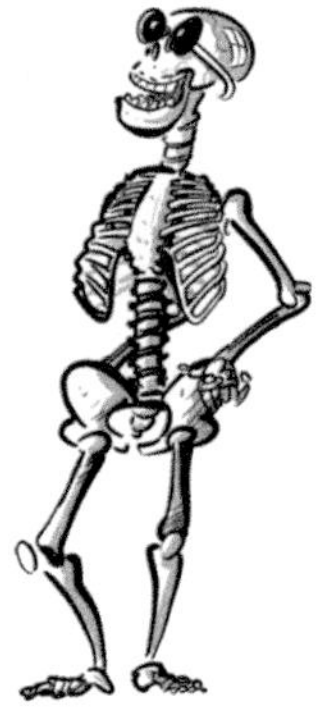

Wissenspart – Intrinsische Motivation, MPA, Flow und das Mottoziel

Intrinsische Motivation ist der eigene Antrieb – aus unserem Inneren kommend –, der uns inspiriert, unseren eigenen Weg zu gehen und unsere Aufgaben auf unsere Weise zu erledigen.

Extrinsische Überzeugungen sind Auffassungen, die von außen in uns hineingegeben werden und evtl. so starken Einfluss nehmen, dass wir sie mit unseren eigenen Ansichten verwechseln und danach handeln

MPA: Die so genannte Motivations-Potential-Analyse (MPA) kann mit Hilfe eines Fragenkatalogs online durchgeführt werden und gibt Aufschluss über unsere Motive. Unsere Motive bleiben dauerhaft bestehen und werden sich im Laufe des Lebens nicht verändern. Sie stehen für das, was uns wirklich antreibt. Im Gegensatz dazu stehen unsere Werte und unser Verhalten, doch diese sind wandelbar und durch unsere Lebenskontexte beeinflussbar.

Flow: Wir können den inneren Zustand des Flows damit gleichsetzen, „im Fluss zu sein". Der Flow ist eine Verfassung, in der Menschen extrem produktiv sind und erstaunliche Ergebnisse kreieren, ohne sich anstrengen zu müssen. Es gibt Studien, die belegen, dass während eines achtstündigen Arbeitstages nur eine Stunde im Flow arbeiten ausreicht, um die Produktivität zu verdoppeln. (Quelle: Studie McKinsey & Company: Increasing the 'meaning quotient' of work, McKinsey Quarterly 2013)

In Kapitel 4 gibt es hierzu die Übung „Flow-Rutschbahn", um möglichst leicht in den Flow hineinzurutschen.

Ein Mottoziel ist ein allgemeines, übergeordnetes Ziel, das in Übereinstimmung mit dem gesamtheitlichen menschlichen System gefunden wurde. Es beschreibt eine Haltung und kein Verhalten. Ein Mottoziel greift auf ein großes Netzwerk in einem kongruenten Selbst zu. So steht es in unterschiedlichen Lebenslagen zur Verfügung und regt zu Aufmerksamkeit und Handeln in Übereinstimmung mit dem Mottoziel an.

Mehr zu diesem Thema findet man bei Maja Storch und dem ZRM.

1.8 Intrinsische Motivation ist grundsätzlich und wahrhaftig

Wie finden wir heraus, ob unsere Motivation aus uns selbst herauskommt – ob sie unser eigener Antrieb ist? Es besteht die Möglichkeit, wie im vorangegangenen Kapitel erwähnt, gewisse Onlinetests durchzuführen. Die Teilnahme an einem speziellen Coaching oder Workshop könnte auch sehr gut weiterhelfen, da wir uns währenddessen bewusst den Raum und die Zeit geben und den Fokus ganz konzentriert auf die Frage nach unserer intrinsischen Motivation richten.

Folgende einfache Fragen stellen einen 1. Schritt dar, um uns zu helfen, individuelle Antriebe und Motoren zu identifizieren:

Was fällt mir leicht?

Was lässt mich morgens aufstehen?

Was habe ich als Kind schon gerne gemacht?

Während oder nach welcher Tätigkeit fühle ich mich erfüllt und glücklich?

Nachdem wir die Antworten zusammengestellt haben, können wir nach Gemeinsamkeiten schauen, nach einem Muster, das sich zeigt. Können wir uns darüber eventuell unsere inneren Motive ableiten? Es ist überaus wichtig, hierbei keine Unterscheidung in Bezug auf Berufs- und Privatleben treffen. Die intrinsische Motivation unterscheidet nicht zwischen diesen beiden Teilen unseres Lebens. Schließlich sind wir keine gespaltenen Persönlichkeiten, sondern ein multidimensionales Ganzes. Unser Wesen besteht aus differenzierten Anteilen, Eigenschaften und Merkmalen, die sich zu einer wundervollen Einheit zusammenfügen, jedoch bleibt die intrinsische Motivation als solche gleich. Nach dieser sollten wir sowohl unser Geschäfts- als auch unser Privatleben führen.

Wenn wir uns die obigen Fragen im Laufe unseres Lebens nicht stellen, leben wir einfach so vor uns hin. Wir funktionieren. Statt einen klaren Fokus zu haben, eine Ausrichtung auf das, was wir sind und was uns antreibt, erhält unser Dasein eine gewisse Beliebigkeit und Zerstreuung. Es wird nicht wirklich und ganz durch uns gelebt. Fehlt der innere Antrieb, gelingt es wesentlich schwerer, den Alltag zu bewältigen, Einschränkungen durchzustehen, gewisse schwierige Phasen in Kauf zu nehmen, zu verzichten oder auch die Fülle des Lebens anzunehmen, sich etwas zu gönnen, zu genießen und die Dinge zu tun, die uns wichtig sind.

Das könnte die Kindererziehung und -betreuung sein, weil uns diese besonders am Herzen liegt. Dazu gehört das frühe Aufstehen, die Strukturierung des Tagesablaufs, das Zurückstellen von eigenen Bedürfnissen.

Oder vielleicht gibt es ein spannendes Projekt, an dem wir arbeiten. Für dieses opfern wir eventuell unsere Freizeit, indem wir Konzepte entwerfen, uns gedanklich damit beschäftigen und letztlich in die Umsetzung kommen.

Was auch immer uns antreibt, bedarf keiner Bewertung oder Gewichtung. Es geht jedoch darum, es herauszufinden, damit wir unser Leben wahrhaftig leben können.

Wofür bin ich bereit, am Samstag um 6 Uhr aufzustehen, statt mich im Bett noch einmal umzudrehen?

Um sich mit sich selbst zu beschäftigen und auseinanderzusetzen, bedarf es Mut. Es kann sein, dass uns Ängste und Sorgen davon abhalten. Die Dinge, die wir herausfinden, könnten uns klarmachen, dass wir etwas zu ändern haben. Die Angst vorm Entdecken bestimmter Handlungsfelder kann uns hemmen, unsere intrinsische Motivation aufzuspüren. Es führt uns heraus aus der Komfortzone und aus unserem Sicherheitsdenken, was dem einen oder anderen unangenehm ist und zu Gefühlen von Überforderung und Hilflosigkeit führen kann. Aus meiner persönlichen jahrelangen Erfahrung kann ich jedoch versichern, dass sich das Auseinandersetzen mit sich selbst immer rentiert. Auch wenn Befürchtungen vorhanden sind, ist die eigene Erkenntnis letztlich nicht so schlimm wie befürchtet und der Lohn der aus dieser Erkenntnis resultierenden Handlungsmöglichkeit und Selbstbestimmung ist unbezahlbar.

An dieser Stelle spielt das Maß eine große Rolle. Das Maß, inwieweit wir uns mit uns beschäftigen. Denn sowohl die Ignoranz und das Verleugnen der intrinsischen Motivation als auch das alleinige Konzentrieren darauf sind Extreme, die uns nicht guttun. Der maßvolle Umgang mit den Herausforderungen im Außen und im Innen lässt uns gefestigt am Leben teilhaben. Wir beschäftigen uns daher mit den Themen, die uns bewegen, die uns wachsen lassen, und sind auch lebens- und funktionsfähig im Alltag. Es ist wie immer der Weg der Mitte, der uns voranbringt. Die Ausgewogenheit in unserem Denken, Fühlen und Handeln.

Auch auf Organisationen lässt sich diese Herangehensweise übertragen. Hierbei gilt es, nach innen zu schauen und Abläufe zu optimieren. Aber auch zu überlegen, wie Zusammenarbeit an gemeinsamen Werten orientiert sein kann. Welche gemeinsamen Werte sind das? Und trotz der Wichtigkeit, die in dieser Innenschau liegt, ist es notwendig, diese nicht überzufokussieren, sondern sich auch nach außen zu richten. Hier kann klar festgestellt werden, wie das Unternehmen zur Wertschöpfung beiträgt und welche Probleme der Kunden gelöst werden. Auch in der Organisation geht es also um die ausgewogene Balance zwischen dem Hinterfragen im Innen und dem Handeln im Außen.

Wenn wir den Drang nach Grundsätzlichkeit nutzen wollen, um die Ursachen von Problemen aufzudecken, sollten wir uns nicht auf die Symptome konzentrieren, die sich meistens zuerst zeigen. Wir sollten uns davon nicht verunsichern oder beeindrucken lassen, sondern diese oder jene Symptomatik erst einmal als solche wahrnehmen. Ähnlich dem aufblinkenden roten Licht eines Autos, welches anzeigt, dass zu wenig Öl vorhanden ist. Unsere Aufgabe ist dann in erster Linie, nicht nur das Öl nachzufüllen. Wir dürfen auch herausfinden, welche Ursache dahintersteckt. Bei einem undichten Schlauch können wir immer wieder Öl nachschütten und trotzdem ändert sich nichts am Problem.

Unsere Aufgabe ist es, die Ursachen zu erforschen und herauszufinden, was hinter dem Symptom steckt, um dann damit umzugehen, zu akzeptieren, zu verändern, was möglich ist, und in unser Leben zu integrieren, was nötig ist. Für diese Erforschung benötigen wir ein Investment an Zeit, Aufmerksamkeit und Energie, um ein Problem zu durchdringen und von verschiedenen Blickwinkeln aus zu betrachten. Ein Investment, welches auf jeden Fall gut angelegt ist.

1.9 Nicht alle Menschen wollen sich verändern

Wie bereits angesprochen, haben Menschen unterschiedliche Einstellungen und Verhaltensweisen in Bezug auf Veränderungen. Auf der einen Seite gibt es Menschen, die von Veränderungen begeistert sind, diese herbeisehnen, jede Möglichkeit der Veränderung wahrnehmen und in freudvoller Erwartung annehmen.

Auf der anderen Seite stehen die Menschen, die Veränderungen eher zögerlich bis widerständig entgegenstehen und nach außen oft als Verweigerer oder Hemmklotz wahrgenommen werden.

Hinter beiden Ausprägungen verbergen sich mögliche Gründe, die das jeweilige Verhalten erklären können und im entsprechenden Kontext auch sinnvoll machen. Das können bei Veränderungsbegeisterten starke Neugierde, Leichtsinnigkeit und gute Erfahrungen in der Vergangenheit sein oder aber ein starkes Sicherheitsbedürfnis, Angst vorm Loslassen und schlechte Erfahrungen in der Vergangenheit bei den Widerständlern.

Beide extremen Haltungen der Veränderung gegenüber sind kritisch zu sehen. Das jeweilige Maß entscheidet über die Sinnhaftigkeit. Statt einen der beiden Wege zu präferieren, sollten wir offen und flexibel für beide Herangehensweisen sein, um in der jeweiligen Situation frei und unabhängig entscheiden zu können. Denn mal ist das eine für uns richtig und mal das andere.

Tatsächlich fallen Menschen, die nicht veränderungswillig sind, eher negativ auf als die anderen. Sie werden in ihrer Umgebung oft als Hindernis wahrgenommen. Besonders in Unternehmen oder in Partnerschaften wird dies sichtbar. Im Bildhaften können wir uns an ihrer Stelle einen großen Stein in einem Fluss liegend vorstellen. Um den Stein herum spritzt das Wasser. Es wallt. Es tost. Es sprudelt. Aber der Stein bewegt sich um keinen Zentimeter von der Stelle.

Welche Möglichkeiten gibt es für uns, wenn ein solcher veränderungsunwilliger Mensch in unserem näheren sozialen Umfeld ist?

An erster Stelle dürfen wir lernen zu akzeptieren, dass wir andere Menschen nicht verändern können. Oft meinen wir genau zu wissen, was das Beste für diese Menschen ist, wie sie sich zu verhalten haben, wie sie ihre Probleme anzugehen haben. Dabei liegt es in unserer Aufgabe, diese Menschen in ihrer Art anzunehmen und ihre Herangehens- und Verhaltensweisen zu respektieren. Es liegt nicht in unserem Ermessensspielraum, über sie zu urteilen. Wir leben nicht deren Leben und haben auch nicht deren Erfahrungen gesammelt, um über sie zu richten oder sie bewerten zu können. Ihre guten Gründe sind uns meistens nicht ersichtlich, aber spielen natürlich die entscheidende Rolle. Jeder Mensch hat das Recht, für sich selbst zu entscheiden und Veränderungen eben anzunehmen oder nicht.

Im Kontakt mit Veränderungswiderständlern haben wir aber die Aufgabe, uns selbst treu zu bleiben und weiter den eigenen Weg zu gehen. Der Mensch, der Veränderungen ablehnt, hat ebenso wenig das Recht, uns zu beurteilen oder uns zu beeinflussen. Wichtig ist, in unserer Mitte zu bleiben und uns nicht beirren zu lassen, während wir ganz klar und souverän das tun, was wir – in dem Moment – für wirklich und wahrhaftig halten.

In diesem Kontext heißt es also, sowohl den anderen nicht missionieren zu wollen als auch sich selbst nicht anzupassen. Es gibt nicht nur eine Wahrheit und einen Weg. Jeder Mensch lebt sein Leben auf seine Art und Weise. Dies zu akzeptieren, sich nicht beeinflussen zu lassen und die anderen Wege zu tolerieren, stellt eine unserer größten Lernaufgaben dar.

Diese Einstellung und dieses Herangehen können zur Folge haben, dass sich gemeinsame Wege trennen. Das kann zu einer Scheidung bei Partnerschaften führen oder zum Beenden eines Arbeitsverhältnisses. Denn wer sich nicht verändern möchte, hat mit den möglichen Konsequenzen – den Auswirkungen seines Verhaltens – zu leben.

Für Menschen, die Veränderungen abgeneigt sind oder diesen negativ gegenüberstehen, ist folgender Sinnspruch hilfreich:

Entweder du führst oder du folgst, aber behindere nicht den Prozess.

Das würde bedeuten, gegebenenfalls eine Arbeitsstelle zu verlassen, wenn der Veränderungsprozess des Unternehmens vom Mitarbeiter nicht mitgetragen wird – wenn ihm weder Führen noch Folgen möglich ist. Denn ist ihm ein Mitgehen des Veränderungsprozesses in der Organisation nicht möglich, kann seine ehrliche Antwort nur der Wechsel der Arbeitsstelle sein, wenn er voll und ganz die Verantwortung für sich übernimmt.

Sich nicht verändern zu wollen, ist legitim, berechtigt und vollkommen in Ordnung, kann jedoch nicht zur Folge haben, dass organisatorische Prozesse darunter zu leiden haben.

In Bezug auf Organisationen ist es an dieser Stelle wichtig, noch eine weitere Unterscheidung zu treffen. Es gibt nicht nur die Veränderungswiderständler und -hemmer, die das Fortkommen behindern, sondern auch kritische Köpfe, die das Bisherige bewahren wollen. Letztere sind durchaus wichtige Stimmen, die gehört werden möchten. Sie werden oft als Bedenkenträger abgestempelt. Diese Wertung ist unangebracht und auch zu einfach, denn in der Art und Weise, wie diese Mitarbeiter das Alte bewahren wollen, liegt meistens ein großer Schatz verborgen. Oft haben sie interessante Fakten oder differenzierte Blickwinkel, die bestimmte Situationen oder Herausforderungen in einem neuen, weitaus breiteren Spektrum erscheinen lassen. Eine gute Frage an dieser Stelle wäre dann, wie das Altbewährte gut in das Neue integriert werden kann und umgedreht.

1.10 Symptome sind externe Motivationen, die Menschen einfach nur weghaben wollen

Wir Menschen sind so veranlagt, dass wir auftauchende Symptome einfach weghaben möchten. Sie stören und nerven und sollen verschwinden. Den Fokus auf der Symptombehandlung zu behalten, bringt jedoch keine nachhaltige Veränderung.

Symptome sind Zeichen, Anzeichen und Merkmale, die auf ein darunterliegendes Grundproblem hinweisen. Sie sind geeignet, um eine anfängliche Annahme oder Hypothese aufzustellen, und können dann auf ihre Wirkung und Auswirkung auf den gesamten Prozess, das Individuum, die Beteiligten und die Wertschöpfung des Unternehmens beobachtet und überprüft werden. An sich lassen sich Symptome daher als neutral betrachten. Durch die mit ihnen einhergehenden Schmerzen drücken wir als Menschen ihnen jedoch einen negativen Stempel auf.

Beim Menschen können das Schmerzen im Körper, im Muskel- und Skelettapparat oder in den Organen sein, das Zittern einer Hand, Schwindel, Heiserkeit bis zum Stimmverlust beim Sprechen, Stimmungstiefs in unterschiedlichen Ausprägungen, auch die Ausbildung einer Depression, Sehschwächen und Sehbeeinträchtigungen bis hin zum Dioptrien-Stärke-Verlust.

In Unternehmen können solche möglicherweise auftretenden Symptome eine hohe Fluktuation, Kontrollzwang, Autoritätsgehabe, Machthysterie, Besprechungsdiarrhö, Teamkonfusionen, mehr Aktionen auf der Hinterbühne als auf der Vorderbühne, die Aufstellung vieler Regeln und deren strikte Überprüfung auf Einhaltung sein. Die beiden Autoren Lars Vollmer und Mark Poppenborg von Intrinsify würden wohl sagen, dass die Mitarbeiter eine Art Business-Theater spielen.

Wenn wir uns jetzt einen Menschen vorstellen, der viel am PC arbeitet, der diverse Symptome wie Schulterschmerzen, einen Tennisarm und Magenschmerzen entwickelt, deren Ursache in der Art und Weise seiner Lebensführung am PC liegt, dann bringt es nichts, an den einzelnen Symptomen zu arbeiten. Sinnstiftend wäre es stattdessen, die Strukturen, die seinen Arbeitstag und das daraus resultierende Verhalten beeinflussen, genauer zu betrachten, da dies die Ursachen für die Symptome sind. Ändern wir nur etwas an den Symptomen, indem wir Medikamente einnehmen oder uns Massagen verschreiben lassen, verschafft dies nur kurzfristig Erleichterung. Langfristige Heilung und Gesundung kann nur entstehen, wenn wir uns den Ursachen widmen. In diesem Beispiel etwa durch die Veränderung der Tagesstruktur und des Verhaltens am Arbeitsplatz, die Berücksichtigung der Ergonomie und Ähnliches.

Durch eine reine Symptombehandlung – ohne Veränderung der Ursache – kommt es oft zur Verlagerung von Symptomen, einer Symptomverschiebung. Meistens ist uns nicht bewusst, dass es eine zugrunde liegende Ursache gibt, vor allem wenn wir zu viel Aufmerksamkeit auf die Symptome richten. Wir können uns aneignen, grundsätzlich zu fragen, was hinter einem Schmerz oder einer Beeinträchtigung liegen könnte.

Dass wir dazu neigen, Symptome einfach nur weghaben zu wollen, weil sie uns nerven, ist eine verständliche und nachvollziehbare menschliche Eigenschaft. Aber sooft wir auch versuchen, diese einfach und schnell verschwinden zu lassen – wir werden immer wieder damit konfrontiert, dass diese Herangehensweise nicht funktioniert.

Der erste Schritt ist wieder das Annehmen und Akzeptieren dieser menschlichen Eigenschaft des Schnell-weghaben-Wollens. Es ist legitim, dass wir diesen kurzfristigen und raschen Erfolg herbeisehnen, der jedoch nicht zur Lösung führt. Später können wir die Einstellung des Verständnisses für diesen notwendigen Prozess der sich zeigenden Symptomatik entwickeln. Ein Symptom möchte uns etwas vor Augen führen und ist letztlich hilfreich auf dem Weg, ungesunde Verhaltensweisen zu verändern. So können wir uns bewusst fragen, was der tatsächliche Auslöser für die Symptome ist. Bleiben Symptome längere Zeit bestehen oder verschieben sie sich, ist das als deutlicher Hinweis einer dahinterliegenden Problematik zu interpretieren. Die Einladung liegt hier in der Erforschung des darunterliegenden Reizes, da die Symptomatik auf einen Missstand im System aufmerksam macht.

Wenn es uns gelingt, Symptome als Hilfsmittel, Wegweiser und Freunde zu betrachten, die uns unterstützen, haben wir durch deren Analyse und den bewussten Umgang mit ihnen ein großartiges Werkzeug an der Hand, das anstehende Veränderungsprozesse offenbart und einläutet.

In diesem Prozess können uns folgende Fragen zum Erkennen führen:

→ **Worum geht es eigentlich?**

→ **Was ist der Sinn in dem scheinbar Unsinnigen?**

→ **Was liegt hinter, neben oder unter dem Mantel des Symptoms verborgen?**

Je öfter wir uns annehmend und wertschätzend mit auftretenden Symptomen beschäftigen, umso einfacher gelingt es, diese zuverlässig zu interpretieren und der wahren Ursache auf den Grund zu kommen. So dass es immer einfacher wird.

1.11 Das Symptom wird willkommener Teil des Lebens

Wenn wir, wie im vorangegangenen Kapitel beschrieben, die Ursache des Symptoms gefunden und gelöst haben, kann es sein, dass dieses Symptom trotzdem wieder auftritt. Dies geschieht immer dann, wenn wir in das alte Verhaltensmuster zurückfallen, das auch damals schon für das Auftreten des Symptoms verantwortlich war.

Viele Menschen reagieren beispielsweise mit Kopfschmerzen, wenn sie sich überfordern und sich zu viel zumuten. Der Kopfschmerz stellt hier das Symptom und die hochkompetente Reaktion unseres gesamtheitlichen Körpersystems dar. Es ist ein Reiz-Reaktions-Mechanismus. Der Reiz beziehungsweise die Ursache ist die Überforderung und der Kopfschmerz die Reaktion. Haben wir dies jetzt durch eigene Beobachtung und Wahrnehmung herausgefunden, liegt es in unserer Hand, unser Verhalten zu ändern. Wir achten dann zukünftig darauf, uns nicht zu überfordern, indem wir zum Beispiel genügend Pausen einbauen, die täglichen Aufgaben besser einteilen, nur so viele Aufträge annehmen, wie wir auch schaffen können, auf ausreichend Schlaf, Bewegung, frische Luft und eine ausgewogene Ernährung achten. Das System beginnt sich zu erholen. Der Kopfschmerz verschwindet.

Es kann jedoch passieren, dass wir unter bestimmten Umständen in das alte Verhaltensmuster der Überforderung zurückkehren. Da das Symptom und dessen Bedeutung weiterhin in unserem Körpersystem gespeichert sind, wird es sich aufgrund unseres erneuten Überschreitens der persönlichen Zumutbarkeitsgrenze und des Rückfalls in alte Gewohnheiten wieder zeigen. Wir reagieren mit Kopfschmerzen.

Alte Gewohnheiten sind uns teilweise so in Fleisch und Blut übergegangen – durch endlose Wiederholungen –, dass es leicht möglich ist, in diese zurückzufallen. Sich für das neue, gesunde Verhalten zu entscheiden, ist der logische und richtige Schritt. Die unwillkürlichen alten Muster sind jedoch immer schneller, da sie eine Art Wettbewerbsvorteil haben. Dabei dauert es jedoch eine ganze Weile, bis sich der neue Umgang etabliert und routiniert hat.

An dieser Stelle dürfen wir das erneute Auftreten des Symptoms wahrnehmen und Ruhe bewahren. Es heißt nicht, dass wir etwas falsch gemacht haben und nicht die tatsächliche Ursache gefunden haben oder dass wir nur noch resignieren können, sondern dass wir einfach eine kleine Ehrenrunde drehen und uns wieder unserer Vorsätze und der Entscheidung für ein anderes Verhalten gewahr werden. Rutschen wir in altes Verhalten zurück, hilft uns das Symptom ähnlich einem Indikator oder einem Frühwarnsystem. Durch sein erneutes Auftreten bekommen wir schnell und unmissverständlich erklärt, dass wir etwas machen, was uns in der Vergangenheit nicht gutgetan hat.

Das Symptom bekommt eine neue Bedeutung. Der nervende, krampfende Kopfschmerz wird zu einem Hinweisschild, damit wir daran erinnert werden, besser für uns zu sorgen, uns stärker abzugrenzen, mehr auf uns zu hören – oder was auch immer die entsprechende Aufgabe für uns ist. Wieder auftretende Symptome machen uns auf altes Verhalten aufmerksam. Wir können uns beruhigt zurücklehnen, den Hinweis lächelnd annehmen, die Ehrenrunde bewusst wahrnehmen und uns bewusst für ein neues Verhalten entscheiden. So wird sich das Symptom sehr schnell verflüchtigen, und zwar bis zu dem Zeitpunkt, an dem wir es erneut als Früherkennungszeichen für alte Gewohnheiten benötigen.

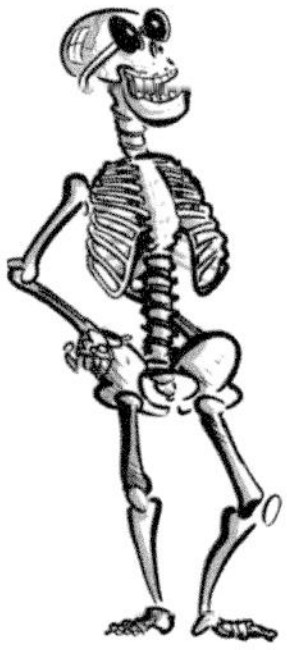

So gesehen können wir das Symptom als Freund ansehen. Diese neue Beziehung darf bewusst gestaltet werden. Wir brauchen das Symptom dann nicht mehr zähneknirschend weghaben zu wollen, sondern erkennen den alten Freund, der uns mal wieder auf einen blinden Fleck oder eine alte Marotte aufmerksam macht. Diese Herangehensweise lässt uns das Auftreten von Symptomen gut und gewinnbringend in den Lebensalltag integrieren.

Kapitel 2 – Eine prozessuale Betrachtung von Organisation & Mensch

Menschliche und organisationale Systeme unterliegen den gleichen Grundprinzipien und sind nicht direkt veränderbar. Entwicklung ist eine Bewegung hin zum Wandel und zur Transformation. Entwicklung gelingt durch Integration des Vergangenen und des Zukünftigen, mit einem verständnisvollen Blick auf das, was sich jetzt in der Gegenwart zeigt.

Im 2. Kapitel lernst du den vielfältigen Einsatz von Prinzipien kennen, lernst zudem, was der Veränderung im Weg steht und wie Entwicklung gelingen kann. Du partizipierst vom konstruktiven Umgang mit Gewohnheiten und wahren Heldentaten, denen das Nutzen neuer Optionen manchmal gleichkommt. Was Gewohnheit für den Menschen ist, ist das Kulturmuster für die Organisation. Bewusstwerdung ist hier der erste Schritt zur Veränderung.

Das 2. Kapitel ist gespickt mit Ideen und Angeboten, wie z. B. dem Systemresetten oder sich Präsenz und Selbstführung erarbeiten. All das kann direkt ausprobiert werden und einen spürbaren Unterschied im Leben bewirken. Unterschiedlichste Denkwerkzeuge dienen dazu, Handbremsen im Kopf zu lösen.

Das Zusammenwirken von personenzentrierten Prozessebenen und Subsystemen macht die Komplexität deutlich, mit der Menschen in Organisationen konfrontiert sind. Du bekommst aufgezeigt, wie Veränderung in Systemen angeregt werden kann, auch wenn die direkte Einflussnahme nicht funktioniert.

2.1 Von Veränderung zu Entwicklung durch Integration

Der Begriff der Veränderung wird häufig mit dem bloßen Austauschen oder Auswechseln von Verhaltensweisen oder Gewohnheiten verwechselt. Wir meinen, uns zwischen dem einen und dem anderen entscheiden zu müssen. Statt einer Hose wird ein Rock angezogen. Dadurch haben wir unseren Kleidungsstil ausgetauscht. Statt krumm zu sitzen, setzen wir uns gerade. Hier tauschen wir unsere Sitzhaltung aus. Statt des Autos entscheiden wir uns für das Fahrrad. Dabei tauschen wir das Fortbewegungsmittel. Alle Beispiele, bei denen das eine Verhalten durch ein anderes ausgetauscht wird, sind keine nachhaltigen Veränderungen. Erst wenn wir eine Sache tatsächlich innerlich durchdringen, können wir langfristige Veränderungen etablieren. Durch bloßes Austauschen bleibt es beim oberflächlichen äußeren Vollzug. Das bisherige Verhalten wird in diesem Fall nicht gewürdigt und wertgeschätzt, was höchstwahrscheinlich dazu führt, dass es früher oder später wieder aktiviert wird und sein Recht einfordert.

Wir können Veränderung als Prozess mit vielen kleinen Teilschritten betrachten. Dieser beinhaltet auch immer wieder Phasen, die wir als Verdauungsprozesse bezeichnen. Es kann dabei zu Irritationen oder Stockungen kommen, da gewisse Vorgänge und Erkenntnisse eben erst verdaut werden dürfen, bevor es weitergeht. Von daher benötigt alles seine Zeit.

Der Veränderungsprozess braucht außerdem die Integration in den Alltag und die Lebenswelt des Menschen beziehungsweise in die Lebenswelt der Organisation und ihrer Mitarbeiter.

Für einen nachhaltigen Veränderungsprozess ist es wichtig, genau zu betrachten, was das Vorherige alles ausgemacht hat, was dazu geführt hat und was dazu gehörte. Bildlich passt hier die Darstellung eines Wollknäuels. Wenn wir ein verheddertes Wollknäuel abwickeln, können wir sehen, was alles zum Alten gehörte. Erst schauen wir uns das Wollknäuel von außen an, um es dann allmählich immer mehr abzuwickeln. Wir schauen nach innen, was sich uns in diesem Wollknäuel offenbaren und zeigen möchte. Ein immer tieferes Verständnis für die einstige Motivation wird uns klar.

In dem Beispiel mit dem Wechsel des Verkehrsmittels von Auto auf Fahrrad können wir uns hinterfragen, warum wir immer mit dem Auto gefahren sind. Ist es nur der Grund der Bequemlichkeit, der Gewohnheit und des allgemeinen gesellschaftlichen Verhaltens oder liegt vielleicht noch eine andere Ursache zugrunde? Es könnte sein, dass wir mit dem Fahren des Autos sehr schöne Erinnerungen an gemeinsame Fahrten und Erlebnisse mit unserem Opa verbinden. Ein Teil von uns sehnt sich nach dieser Zeit und den damit verbundenen Emotionen. Wenn wir nun das alte, kostenintensive Auto einfach gegen das viel ökologischere und gesündere Fahrrad eintauschen, übergehen wir diese Stimme in uns, die sich nicht gehört und übergangen fühlt. Dieser Teil würde in gewisser Weise von uns abgeschnitten werden. Wir hätten dann das Gefühl, nicht nur das Auto, sondern auch die schönen Erinnerungen an unseren Großvater und die schönen Augenblicke mit ihm aufzugeben. Es könnte sich für uns wie ein Verrat am Bisherigen anfühlen.

Wie könnte jetzt die andere Seite in uns, die sich ökologisch und bewusst verhalten möchte, ihre berechtigten Intentionen umsetzen, ohne dass das Alte verleugnet oder einfach herausgerissen wird? Die schönen Erinnerungen möchten Beachtung finden und wertgeschätzt werden, auch wenn das Automodell schon sehr alt ist, viel Kraftstoff verbraucht, die Umwelt belastet und die Parkgebühren so hoch sind. Das alles kann uns bewusst sein und trotzdem wiegt es nicht unsere Liebe zu unserem Opa und seinem Auto und all unseren Assoziationen damit auf.

Damit sich beide Seiten in uns vereinigen können, benötigt es eine Art Verhandlung. Vielleicht gibt es statt des Autos etwas anderes, was uns gerne an unseren Großvater denken lässt. Das Aufhängen von Fotos mit dem Opa und dem Auto oder auch das Hören seiner Lieblingsmusik oder irgendetwas anderes, was diese Erinnerungen verkörpert und die mit dem Auto verbundenen Emotionen ausgleichen kann. Denn genau dies war ja der Grund dafür, das eigentlich unsinnige Auto weiter zu fahren und zu unterhalten.

Durch die reine Verstandesentscheidung für das ökologische Fahrrad ohne die Auseinandersetzung mit dem Teil in uns, der seine Gründe für das unökologische Auto hat, bleibt immer eine Unstimmigkeit in uns bestehen, die sich unharmonisch, unabgeschlossen und ungelöst anfühlt.

Wenn wir das Abwickeln des Wollknauels in Bezug auf Organisationen anschauen, können auch hier viele Erkenntnisse aufkommen, die erklären, warum das Unternehmen einst in diese Richtung ging, wie es zu diesem „State of the Art“ kam. Gerade im Team können während dieser Untersuchung viele Dinge bewusst werden. Das Abwickeln des Wollknäuels ist hier ein nach hinten gerichteter Prozess, um die Handlungsweisen und das Vorgehen in der Vergangenheit sowie dessen Konsequenzen zu verstehen. Das Entwickeln ist ein nach vorne gerichteter Prozess für einen auf den Erkenntnissen des Abwickelns basierenden neuen Plan. So ist auch hier nicht das bloße Austauschen, sondern das genaue Hinschauen und das Integrieren in einen Veränderungsprozess wichtig. Aus dem heraus sich dann ein gemeinsamer Fortlauf entwickelt und durch den ausführenden Weg eine echte Veränderung etabliert wird. Auf diesem Weg können uns Fragen weiterhelfen wie:

→ **Was lief gut? Was wollen wir fortsetzen?**

→ **Was lief weniger gut? Was wollen wir sein lassen?**

→ **Welche neue Idee wollen wir sofort aufgreifen?**

→ **Wovon wollen wir mehr tun? Welche Tätigkeit müssen wir intensivieren?**

→ **Wovon wollen wir weniger tun? Welche Tätigkeit wollen wir drosseln?**

→ **Wofür tun wir das alles? Was ist der Sinn unseres Projektes?**

Wenn sich ein Team alle ein bis zwei Wochen trifft und mit Hilfe dieser oder ähnlicher Fragen die letzte Arbeitsphase reflektiert, entsteht ein dynamischer Veränderungs- und Entwicklungsprozess – immer am aktuellen Geschehen reflektiert und nachjustiert.

2.2 Regeln oder Prinzipien – was ergibt Sinn?

Um herauszufinden, ob es sinnhafter ist, Regeln oder Prinzipien zu folgen, sollten beide Begrifflichkeiten definiert und voneinander abgegrenzt werden.

Eine Regel ist eine verbindlich geltende Richtlinie, die in Übereinkunft für einen bestimmten Geltungsbereich festgelegt wurde. Zu Regeln gehören auch Übungen mit festgelegtem Ablauf. Regeln wirken auf eine gewisse Art und Weise häufig klarer und einfacher, da sie eine genaue Handlungsanweisung ohne Interpretationsspielraum beinhalten. Übungen definieren dabei exakt, wie etwas getan werden muss. Bei der Übung des Schulterkreisens wird uns genau erklärt, wie sich die Schulter nach oben, zur Seite oder nach unten zu bewegen hat, in welchem Radius, mit welcher Spannung, mit wie vielen Wiederholungen und mit welcher Intensität. Die Übung richtet sich dabei universell an alle Menschen. Sie unterscheidet nicht nach den individuellen Bedürfnissen des Individuums, seiner Konstitution oder seiner gesundheitlichen Vorgeschichte. Die Übung – die Regel – richtet sich immer nach einer Norm. Außerdem verführen Regeln zu einem rein mechanistischen Ausführen, so dass weder Kopf noch Gefühl oder Körperbewusstsein berücksichtigt werden. Dadurch werden Regeln oder Übungen in einer recht stupiden Weise befolgt oder abgearbeitet, was sicher in einigen Bereichen seine Daseinsberechtigung hat, jedoch oft die Fragen nach Sinnhaftigkeit, Wirksamkeit oder Effizienz vernachlässigt. Ein einfaches Beispiel ist die Situation nachts an einer Ampel, die auf Rot geschaltet steht. Weder Verkehr noch Passanten, insbesondere Kinder, für die wir eine Vorbildfunktion haben, sind noch unterwegs. Trotzdem sagt die Regel, dass wir an der roten Ampel warten müssen, bis sie auf Grün umschaltet.

Würden wir nun statt der Regel einem Prinzip folgen, das Eigenverantwortung heißt, und sind wir in der Lage, Risiken und Gefahren richtig abzuschätzen, könnten wir uns an dieser Stelle entscheiden, trotz der roten Ampelschaltung über die Straße zu gehen.

Prinzipien sind polykontextuell. Das heißt, dass man sie in ganz verschiedenen Kontexten heranziehen, einsetzen und benutzen kann. Das vorangegangene Prinzip der Eigenverantwortung lässt sich auch in anderen Kontexten anwenden. Beispielsweise auf einer Bergtour, bei der wir zu einem abgesperrten Gebiet kommen, aber im Sinne des eigenverantwortlichen Handelns und des Tragens der Konsequenzen unseres Tuns trotzdem die Absperrung durchlaufen.

Der Kontext hat sich verändert – die Anwendung des Prinzips ist gleich geblieben.

Regeln sind statisch und fest. Sie stoßen an ihre Grenzen, wenn sich Situationen, Bedürfnisse oder der Kontext dynamisch verändern. Für das Abarbeiten von klaren Aufgabenstellungen und Aufgabenbeschreibungen sind sie hingegen sehr gut geeignet. Beispielsweise sind bei der Einstellung eines neuen Mitarbeiters immer wieder die gleichen Formalien durchzuführen. Sei es das Befüllen des Personalbogens, die Meldung bei der Krankenkasse, die Erstellung des Arbeitsvertrags oder das Abführen der Sozialversicherungsbeiträge. Ein Regelwerk zur Personaleinstellung erleichtert die notwendigen Schritte sehr.

Wenn Regeln jedoch nur in Form eines Appells aufgestellt werden, ohne Begründung oder Erklärung ihrer Sinnhaftigkeit, so führt dies oft zu Nichteinhaltung und der daraus resultierenden Enttäuschung. In diesem Zusammenhang wären Prinzipien sinnvoller.

Folgende Prinzipien lassen sich gut in den Alltag integrieren:

1. Beobachten und erkennen
2. Innehalten und bewusst entscheiden
3. Ausrichten und lebendig halten

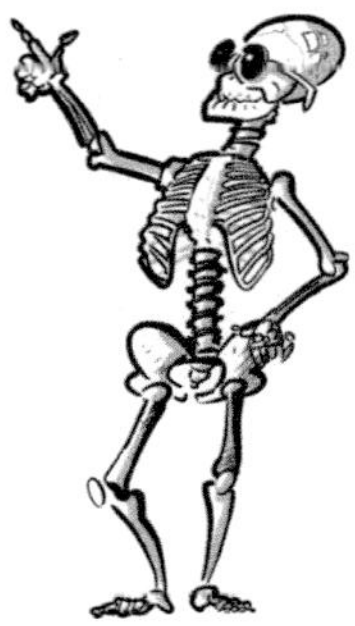

Wenn wir nun noch einmal auf das Eingangsbeispiel mit dem Schulterkreisen schauen, welches bereits durch eine reine Regelbefolgung charakterisiert ist, können wir dieses unter Zuhilfenahme der Prinzipien neu fassen.

1. Beobachten und erkennen

Statt des stupiden Schulterkreisens beobachten wir uns und finden heraus, was wir alles tun, um Verspannung zu kreieren, während wir auf der Tastatur tippen. Durch das Erkennen unserer Haltungsfehler entwickeln wir ein klareres Verständnis des Zusammenwirkens von Fingern, Hand, Arm mit Schulterblatt und Schlüsselbein sowie dem Nach-vorne-Schieben des Kopfes und dem Verbiegen der Wirbelsäule.

2. Innehalten und bewusst entscheiden

Das Annehmen dieses ursprünglichen Verhaltens und das nachfolgende Innehalten verschaffen uns Raum, in dem wir uns für eine neue Vorgehensweise entscheiden können. Dies erlaubt ein bewusstes Loslassen der übermäßigen Spannung und hilft bei der Entscheidung für eine ausgewogene Körperspannung mit gelösterer Schulter, während wir weitertippen.

3. Ausrichten und lebendig halten

Das Schulterkreisen ist nun überflüssig geworden. Indem wir uns während des Arbeitens immer wieder beobachten und bei Bedarf neu ausrichten, halten wir unser Sitzverhalten in einem lebendigen Prozess.

Weiterführende Informationen zu den einzelnen Prinzipien finden sich im Kapitel 2.15 **Entwicklungsprinzipien**.

Die Anwendung der Prinzipien ist hilfreich, wenn wir unsere Rückenschmerzen loswerden wollen, wenn wir besser ein Instrument spielen wollen, wenn wir ausdrucksstärker auf der Bühne spielen möchten, wenn wir überzeugender einen Vortrag halten mögen, wenn wir die Einkaufstaschen energievoller in den 4. Stock tragen mögen, wenn wir stressfreier Auto fahren möchten und wenn wir in Beziehungen glücklich sein wollen.

Für all diese unterschiedlichen Kontexte sind diese Prinzipien universell einsetzbar. Prinzipien geben Orientierung und helfen als Entscheidungsgrundlage. Im Gegensatz zu reiner Regelbefolgung involvieren sie einen denkenden Geist und bewusste Entscheidungen, denn die Übertragungsleistung in den jeweiligen Kontext muss der Mensch selbst vornehmen.

Auch die Anwendung von Prinzipien hat Grenzen. Wir haben die Aufgabe, zwischen entscheidbaren und nicht entscheidbaren Entscheidungen (siehe hierzu den Wissenspart in Kapitel 1.3 **Veränderung ist Entscheidung**) zu differenzieren. Bei nicht entscheidbaren Entscheidungen sind Prinzipien nicht anwendbar. Hier gilt es zu akzeptieren, dass nichts entschieden werden kann.

2.3 Weniger ist manchmal mehr

Entwicklung beginnt immer damit, das anzuerkennen, was ist, und mit einem verständnisvollen, wertschätzenden Blick darauf zu schauen.

Es passiert häufig, dass wir uns der Entwicklung verschließen, lieber dem altgewohnten Trott folgen, in der Komfortzone verharren und einfach so weitermachen wie bisher. Wir Menschen sind von Natur aus bequem und können Dinge einfach ausblenden, ignorieren, verleugnen und einfach nicht wahrnehmen. Dieses Verhalten kann jedoch auch eine hohe Kompetenz sein, wenn es darum geht, ein Weiterleben zu sichern und zum Beispiel nicht an traumatischen Erlebnissen zu zerbrechen.

Ansonsten ist Verdrängen und Ignorieren nicht förderlich für unsere Weiterentwicklung. Es führt dazu, dass wir uns für einen längeren Zeitraum etwas vormachen und damit an einer Situation, die ungut oder ungesund ist, festhalten. Die Situation ist eventuell nicht nur für uns selbst ungut, sondern auch für den Partner, die Familie, das soziale Umfeld oder das Unternehmen. Durch das Verdrängen bleiben wir länger in den Umständen gefangen und gehen nicht in die Entwicklung hinein.

Festhalten am Alten ist eine Form von Gewohnheit. Alles Alte hat immer einen Wettbewerbsvorteil. Wir kennen es länger. Wir wissen, was uns erwartet. Unser Gehirn ist das Alte gewohnt, da es schon mehrfach durchgespielt wurde, und wir haben ein sichereres Gefühl.

Vielleicht ergibt es Sinn, wenn wir uns nicht gleich auf das große Endziel der kompletten Veränderung fokussieren, sondern uns bewusst machen, dass auch schon ein „etwas besser“ eine Linderung bedeutet. Dann erscheint die Aufgabe nicht ganz so groß und unschaffbar. Wenn wir unter Schmerzen leiden und diese auf einer Schmerzskala einordnen: 0 bedeutet, gar keinen Schmerz zu empfinden, und 10 bedeutet, den Schmerz nicht mehr auszuhalten, dann macht es einen riesigen Unterschied und fühlt sich doch schon viel besser an, von einer festgefahrenen 8 auf eine leichtere 6 zu rutschen. Auch wenn wir noch nicht bei 0 angekommen sind, fühlt sich die bereits erreichte Veränderung sehr groß an und wird als willkommene Linderung empfunden.

Im Umkehrschluss können wir daraus ableiten, dass auch schon ein erster kleiner Schritt für Linderung sorgt. Mit einer Bewegung heraus aus dem Verharren kann es schon besser werden. Dies nimmt der großen Veränderung die Stärke, die Macht und die Abschreckung. Sonst kann es sein, dass wir einen nötigen Entwicklungsprozess gar nicht starten, weil die Vorstellung von dem, was vor uns liegt, auf uns zukommt, gemanagt und verarbeitet werden muss, so überdimensional groß erscheint, dass wir nicht beginnen, die Herausforderung anzunehmen. Wir wagen dann nicht den 1. Schritt. Dies hält uns ab, überhaupt in die Veränderung zu gehen, und blockiert uns in unserer weiteren Entwicklung und andere vielleicht auch.

Schauen wir uns diesen Sachverhalt in Unternehmen genauer an, beispielsweise in einem Teilbereich der Personalkosten: den Ausfallkosten. Die Ausfallkosten sind die Kosten, die aufgrund von Arbeitsunfähigkeit der Mitarbeiter entstehen. Oft werden diese in Unternehmen in einer Excel-Liste dargestellt. Üblicherweise bewegen sie sich im einstelligen Bereich. Wenn sie sich jedoch um nur eine Zahl verschieben, zum Beispiel von 4 auf 3, dann kann sich das in der Abrechnung im 1000er-Bereich niederschlagen. Ein kleiner Schritt hätte eine große Auswirkung.

Werden in einem Unternehmen Change-Prozesse implementiert, wird oft der Fehler begangen, völlig neue Abläufe einzuführen. Dies führt dann häufig zu Widerständen.

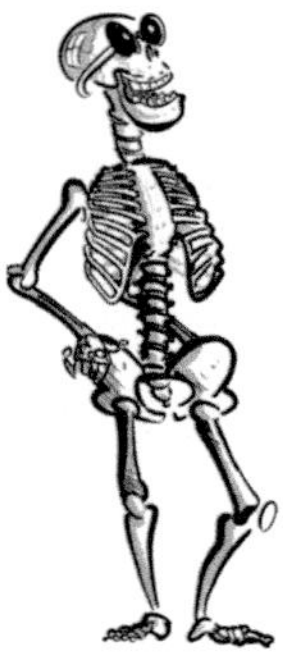

Die Umsetzungswahrscheinlichkeit von neuen Ideen ist viel höher, wenn auf bewährten Mustern aufgesetzt wird und dahinein Varianten gegeben werden. Zuerst beobachten wir die bestehenden Kulturmuster und schauen, mit welchen sich eine neue Verknüpfung oder Erweiterung bewerkstelligen lässt. Es ist hier ratsam, einen gemeinsamen Prozess mit allen Beteiligten zu gestalten, der im jeweiligen Kontext dann auch Sinn ergibt.

Zusammenfassend gesagt ist es zielführend, nicht etwas vollkommen Neues etablieren zu wollen, sondern bewährte Muster zu nutzen.

2.4 Systeme können sich selbst heilen

Jedes System ist daran interessiert, fortzubestehen. Sein ureigenstes Ziel ist immer die Aufrechterhaltung des Systems. Das gilt für Organisationen ebenso wie für den menschlichen Körper.

Die Immunkraft ist die Fähigkeit des Systems, Antigene abzuwehren.

Wissenspart – Antigene

Antigene sind körperfremde Eiweiße, die eine Immunantwort im Körper hervorrufen, indem er Antikörper bildet. Das Wort erinnert an den Begriff der Genetik, hat aber damit nichts zu tun, sondern wird vom englischen Antibody-generating (= Antikörper-bildend) abgeleitet.

Für die Abwehr dieser Antigene helfen diverse Stoffe in unserem Körper. Bei Pflanzen sind das die so genannten ätherischen Stoffe, aus denen dann die ätherischen Öle gewonnen werden. Abwehrstoffe regen das System von außen an in Form von Umwelteinflüssen, wozu Abgase und Luftverschmutzung zählen, aber auch wie Menschen miteinander kommunizieren. Neben der Abwehr gegen äußere Auslöser gibt es aber auch die Abwehr gegen innere Auslöser. Dies können Gedanken sein mit mehr oder weniger günstigen Glaubenssätzen oder auch Autoimmunerkrankungen, die eine Art Überreaktion des Körpers sind und sich gegen das eigene System richten.

Die Immunabwehr besteht aus zwei Systemen. Da ist zum einen das seit unserer Geburt bestehende und angeborene Immunsystem und zum anderen das über die Dauer unseres Lebens erworbene so genannte adaptive Immunsystem. Dieses zeichnet sich durch eine hohe Anpassungsfähigkeit aus. Beide Immunsysteme arbeiten Hand in Hand, so dass der Mensch oder die Organisation gut gegen Angriffe von außen geschützt ist.

Jedes System will sich selbst erhalten.

Für Systeme können Veränderungen auch als Angriffe von außen gewertet werden. Hier entscheidet das System, ob es die Veränderung annimmt oder nicht. Und dies wiederum ist davon abhängig, ob die Veränderung der Aufrechterhaltung des Systems dient. Je nachdem wird die Veränderung dann ins System integriert oder nicht.

So kann ein Freund, der uns ehrlich seine Meinung sagt, indem er an uns Kritik übt, so einen Angriff von außen auf unser System darstellen. Wir können nun seine Worte prüfen und uns überlegen, ob wir das Feedback annehmen oder nicht. Nehmen wir das Feedback an, kann dies zu einer Verhaltensänderung unsererseits führen. Es kommt zu einer Integration der Veränderung. Oder wir lehnen die Kritik ab und ändern nichts an unserer Haltung. Die Veränderung wird nicht integriert und beides ist in Ordnung.

Welche Voraussetzungen braucht es, damit Selbstheilung stattfinden kann?

An erster Stelle steht Vertrauen. Den Ego-tendierten Möglichkeiten, zu kontrollieren und zu wollen, dürfen wir aus dem Weg gehen, so dass Heilung geschehen kann. Für die Heilung können wir Impulse in das System hineingeben. Das könnte beim Menschen zum Beispiel ein ätherisches Öl sein, das eingenommen oder eingerieben wird. Unser Körpersystem prüft nun, ob der hineingegebene Impuls der Aufrechterhaltung des Systems dient, und nimmt daraufhin das Öl an und nutzt es oder auch nicht. In diesem Fall verflüchtigt es sich, ohne eine Wirkung zu entfalten.

Ein Impuls kann auch ein Gedanke sein. Ein Gedanke, der mit einer Erkenntnis und Erfahrung verknüpft ist. Unter Punkt 3.5.4 **Kernkompetenz Selbstgespräche konstruktiv führen** gehe ich genauer auf die Wirkweise von Gedanken auf das menschliche System ein.

Wenn ein Impuls in das System hineingegeben wird, ist es wichtig, dem folgenden Prozess zu vertrauen. Wir dürfen loslassen in dem Sinne, dass wir nicht hinterher kontrollieren und permanent hinterfragen, ob es jetzt funktioniert hat oder nicht.

Das gleiche Prinzip lässt sich auf Organisationen übertragen. Es wird eine Intervention, ein Veränderungsvorschlag, in das organisationale System hineingegeben, um dann abzuwarten, wie das System darauf reagiert. Eine Intervention kann z. B. ein Workshop sein, ein neues Projekt, das unter Schutzbedingungen stattfindet (ohne Einmischung und Kontrolle von außen), oder regelmäßiger Austausch in fachübergreifender Zusammensetzung.

Change-Prozesse können nicht erzwungen werden. Aber wir können für bestmögliche Rahmenbedingungen sorgen, so dass sich das System selbst heilen kann. Beste Rahmenbedingungen beim Menschen sind der Umgang mit sich selbst im Sinne der Eigenfürsorge. Gesunde Ernährung statt Völlerei. Bewegung statt Couchpotato. Frische Luft statt überheizter Räume. Achtsamkeit statt Hetzerei. Verzicht auf Genussmittel wie Zucker, Alkohol und Nikotin. Ebenso empfiehlt es sich, auf toxische Gedanken zu verzichten, denn auch diese verhindern Selbstheilung und führen stattdessen zu Selbstabwertung und Selbstverurteilung. Bei der Betrachtung dieser Gegenüberstellung soll diese nicht als absolut zu sehen sein, sondern als zwei eine Straße abgrenzende Leitplanken. Es gilt, das gesamte Spektrum dazwischen zu bespielen und für sich zu entdecken. Beachten wir all diese Einzelheiten, haben wir unserem System die größtmöglichen Entfaltungs- und Heilungsmöglichkeiten geschaffen.

2.5 Weghaben-Wollen löst keine Probleme

Beste Rahmenbedingungen in Organisationen zeichnen sich durch faktische und soziale Strukturen aus, die den Menschen Sicherheit und Halt auf der einen Seite und die Möglichkeit zur Entfaltung auf der anderen Seite geben. Es ist Aufgabe der Unternehmensführung, für faktische, psychologische und soziale Sicherheit für die Mitarbeiter zu sorgen, damit diese leisten können, dürfen und wollen. Mit diesen Gegebenheiten können Menschen und Unternehmen erblühen.

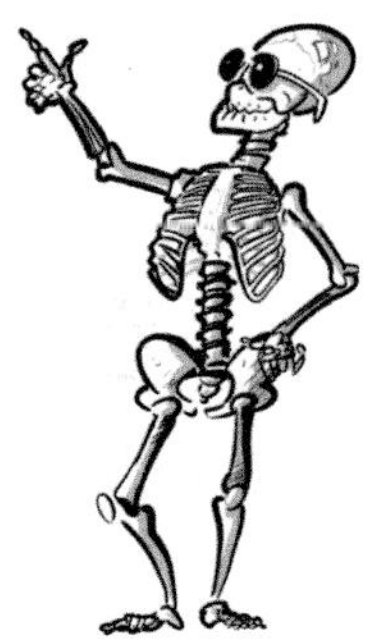

Sehr häufig, wenn ein Problem auftaucht, tendieren wir dazu, dieses so schnell wie möglich weghaben zu wollen. Ein flotter Haken auf einer To-do-Liste lässt uns vermeintlich schneller vorankommen. In diesem vorauseilenden Abhaken liegt jedoch eine große Gefahr, denn das Problem wird nicht mit der notwendigen Ruhe und Besonnenheit angeschaut und Lösungen werden nicht bis zu Ende gedacht, schon gar nicht deren mögliche Auswirkungen überprüft. Dadurch passiert es immer wieder, dass uns das Problem erneut auf die Füße fällt. Der Effizienzgedanke ist an dieser Stelle nicht immer der beste Ratgeber.

Selbstverständlich ist es in einem sehr eng getakteten Arbeitsumfeld besonders schwierig, uns den Aufgaben und Problemen mit der nötigen Aufmerksamkeit und Ruhe zu widmen. Termin folgt auf Termin. Aufgabe löst Aufgabe ab. Dadurch kommt es zu einer Verselbstständigung des Tempos, vielleicht sogar zu einer ansteigenden Beschleunigung. Dieses Geschwindigkeitsrad zu verlassen, ist sehr herausfordernd und gleicht einer Heldentat.

Auch hier können wir damit beginnen, zuerst einmal uns selbst wahrzunehmen und zu beobachten. Es erfordert den Blick aus einer gewissen Metaebene, während wir in Aktion sind. Die entsprechenden Reiz-Reaktions-Muster sind teilweise so schnell, dass wir gar nicht merken, wie hier eine Gewohnheit abläuft. Ein klassisches Beispiel aus dem Büroalltag ist das Abheben des klingelnden Telefons, obwohl wir noch mit etwas ganz anderem beschäftigt sind. Den Hörer in diesem Moment abzunehmen, automatisiert den eigenen Namen zu sagen, ist eine Gewohnheit. Eigentlich sind wir noch mit etwas anderem beschäftigt, das unsere ganze geistige Konzentration braucht. Zum einen sind wir durch das übereilte Abheben aus der einen Tätigkeit herausgerissen und zum anderen auch nicht von Anfang an mit der Aufmerksamkeit bei unserem Gesprächspartner am Telefon.

Genau in solch einer Situation benötigt es einen Moment des bewussten Stoppens, um von der einen zur anderen Tätigkeit wechseln zu können. Wir sind an dieser Stelle aufgefordert, diese blitzschnellen Reaktionsmuster zu entdecken und als Gewohnheit zu entlarven. Das Gute daran ist, dass Gewohnheiten verändert werden können. Seichte Begründungen wie „Das mach ich halt immer so!", „Das ist nun mal so!", „So machen das alle hier!" sind Begrifflichkeiten, die verschleiern, dass es sich um eine Gewohnheit handelt. Eine Gewohnheit ist antrainiert, oft auch kulturell bedingt und sozial vertretbar, da einfach viele Menschen so agieren. Trotzdem sind wir hier gefordert auszusteigen. Wir können es anders machen. Das Aussteigen und das Ändern des Verhaltens können sich wie Heldentaten anfühlen, weil sie eine absolut bewusste Entscheidung von uns fordern und häufig ein Gegen-den-Strom-Schwimmen bedeuten. Sich gegen etablierte kulturelle Muster zu stellen oder jahrzehntelang eingefahrene Gewohnheiten zu unterbinden, fordert Energie und Durchhaltevermögen.

Wenn wir nun bemerken, im Modus des reinen Abarbeitens, des Weghaben-Wollens zu sein, gilt es, dies schon einmal wertzuschätzen und zu begrüßen. Jetzt entstehen Entscheidungsoptionen. Wir können unser Verhalten auf verschiedene Arten und Weisen verändern. Bei dem Beispiel mit dem Telefon wären das eventuell folgende:

- → Wir können den Hörer erst nach dem dritten Klingeln abheben.
- → Wir können den Anruf wegdrücken und uns weiter der vorherigen Tätigkeit widmen.
- → Wir können abheben, erklären, keine Zeit zu haben, und einen späteren Gesprächstermin vereinbaren.
- → Wir können uns auch das Klingeln anhören und als Erinnerungshilfe nutzen, um ein Glas Wasser zu trinken.
- → Wir könnten das Klingeln auch als Impuls betrachten, der uns hinterfragen lässt, wie wir grundsätzlich mit Telefonunterbrechungen umgehen wollen. Was gibt es in diesem Kontext und an diesem Arbeitsplatz für Möglichkeiten?

In einem Team haben auch alle Mitglieder die Aufgabe, solche Gewohnheiten zu bemerken und sich die Frage zu stellen, wie der allgemeine Umgang mit Problemen im Unternehmen ist. Wollen wir diese schnell weghaben oder bleiben wir zu lange dran? Letzteres wäre die andere extreme Ausprägung.

Auch Führungskräfte haben die Aufgabe, das Verhalten hinsichtlich des Umgangs mit Problemen bei ihren Mitarbeitern zu beobachten. Natürlicherweise ist dies auch fallabhängig. Jeder Mensch hat einen unterschiedlichen Charakter, eine eigene Persönlichkeitsstruktur, ein spezifisches Verhalten und eigene Herangehensweisen. In Teams ist es daher sehr günstig, Mitarbeiter mit unterschiedlichen Konzepten bezüglich des Problemverhaltens zu haben. Diese Gruppe kann dann untereinander ausgleichend wirken. Während der eine die Effizienz in den Vordergrund stellt, arbeitet der andere gerne gründlich und gewissenhaft. Beide gleichen sich aus. Absolut gewinnbringend ist es, wenn Mitglieder eines Teams sich gegenseitig in einer wertschätzenden Art und Weise diesbezüglich Feedback geben können. So kann der Kollege uns freundlich darauf aufmerksam machen, dass er ein bestimmtes Verhalten beobachtet, welches ihn an eine alte Gewohnheit von uns erinnert. Er könnte fragen, wie wir stattdessen damit umgehen wollen.

Eine weitere großartige Möglichkeit innerhalb des Teams wäre, ein Prinzip zu formulieren, wie man grundsätzlich mit Problemen umgehen möchte. Dieses könnte heißen:

Wir betrachten ein Problem erst dann als gelöst, wenn mehrere mögliche Auswirkungen überprüft wurden und alle zustimmen.

2.6 Integration ist Herausforderung und Lebensaufgabe

Wir Menschen neigen dazu, an Dingen oder Umständen festzuhalten, wenn wir uns darin häuslich eingerichtet haben. Besonders wenn es positiv für uns läuft, gibt es keinen Grund, etwas daran zu ändern. Diese Motivation entspringt unseren verständlichen Bedürfnissen nach Sicherheit und Beständigkeit. Und doch besteht das Leben aus Veränderung und ist den unterschiedlichen Gegebenheiten und Einflüssen von außen und von innen unterworfen. Allein der natürliche Alterungsprozess bringt neue Umstände mit sich, wodurch eine ewige Kontinuität ausgeschlossen ist.

Wie bereits vorangehend erwähnt, ist unsere Lernbereitschaft in den diversen Lebensbereichen unterschiedlich stark ausgeprägt. So kann der eine bis ins hohe Alter hinein neue und exotische Kochrezepte ausprobieren, ist innerlich aber nicht bereit, sich mit sozialen Medien auseinanderzusetzen, weil er es einfach nicht mag oder Angst davor hat. Die diversen Bereiche, die jeder Einzelne veränderungswillig annimmt oder ablehnt, sind ganz wertfrei zu betrachten. Jeder Mensch hat unterschiedliche Präferenzen und ein unterschiedlich stark ausgeprägtes Verhalten, sich entwickeln zu wollen, abhängig von seiner Persönlichkeit, seinen Vorlieben und seinen Bedürfnissen. Dadurch können keine grundsätzlichen Aussagen über jemanden getroffen werden, dass er besonders willig oder unwillig in Bezug auf Veränderungen ist, da es eben mit der Situation und den jeweils angesprochenen Bereichen korreliert. Gleichwohl gibt es Menschen, die eine höhere Flexibilität aufweisen, Menschen, die dann besonders viele Bereiche mit ihrer Veränderungsbereitschaft abdecken, und im Gegensatz dazu Menschen, die diese Anpassungsfähigkeit nur in sehr wenigen Bereichen aufweisen.

Das Gleiche lässt sich auf Unternehmen übertragen. Hier gibt es Organisationen, die sehr flexibel auf den Markt und neue Anforderungen reagieren, und ebenso Unternehmen, die schwerfälliger und langsamer mit neuen Gegebenheiten umgehen. Im Laufe des Lebens verändern sich unsere Einstellungen, so dass unser Veränderungswille sich von alten Bereichen in neue verschiebt. So kann es sein, dass wir als junge Erwachsene großen Wert auf das schnellste und sportlichste Auto gelegt haben, dieses dann im Alter aber einem erhöhten Sicherheitsbedürfnis weicht und wir stattdessen einen breiteren Musikgeschmack entwickeln.

Für eine eigene größere Flexibilität und Weite ist es notwendig, anzuerkennen, dass die Integration von Veränderungsnotwendigkeiten und von immer wieder Neuem ganz einfach zu unserem Leben dazugehört.

Die Herausforderung, Veränderungsprozesse zu integrieren, liegt bei uns natürlicherweise bei den negativen Dingen. Positives fügen wir liebend gerne in unser Leben ein, wie ein neues Körpergefühl aufgrund unserer verstärkten sportlichen Aktivitäten oder die neue Beziehung mit dem Traumpartner oder eine Beförderung und die damit verbundene Gehaltserhöhung. Die Abnahme der körperlichen Kraft oder Konflikte, die sich nicht nach dem eigenen Wunsch lösen lassen, oder das Versetzen in Kurzarbeit lassen sich für uns nur mühsam und schwierig integrieren. Es kommt zu innerem Widerstand und Unwillen und doch sind wir manchmal aufgefordert, genau dies anzunehmen und zu tun.

So ist die Integration eine Herausforderung und eine lebenslange Aufgabe.

2.7 Durch Resets und Präsenz wissen Menschen, was gut für sie ist

Viele Menschen orientieren sich an ihrem Gefühl. In erster Linie soll sich etwas gut für uns anfühlen und das ist meistens mit den Attributen entspannt, gemütlich und wohltuend verbunden. Es ist jedoch so, dass wir oft nicht wissen, was gut für uns ist, daher können wir uns nicht ausschließlich nach dem guten Gefühl ausrichten. Unser System meldet nicht zuverlässig zurück, ob für uns etwas wirklich gut oder schlecht ist oder ob es sich nur so anfühlt.

Wenn wir beispielsweise arbeitsbedingt viel am Schreibtisch sitzen, haben sich in der Regel bereits Haltungsfehler eingeschlichen. Ein Rundrücken, ein gestauchter Brustkorb, ein nach vorn geschobener Kopf, in den Bildschirm hineingesogene Augen. Die erlernte Haltung fühlt sich in dem Moment bequem, entspannt und normal an. Diese positive Bewertung des Fehlverhaltens dient uns als Orientierungshilfe, wodurch wir jedoch sukzessive Skelett, Muskulatur und Energiefluss stören. Die Folgen werden später irgendwann spür- und sichtbar sein. Wir können unserem Gefühl daher nicht immer nachgehen oder sollten es zumindest regelmäßig kritisch hinterfragen. Es ist in diesem Fall nicht zuverlässig und die Interpretation unserer Sinneswahrnehmung fehlerhaft.

Unser Gehirn speichert die Dinge als gut ab, die wir häufig tun, auch wenn sie schädlich für unseren Körper sind. Das Gehirn ist hier nach Quantität ausgerichtet, nicht nach Qualität. Wenn Dinge permanent wiederholt werden und sich das gut für uns anfühlt, liegt das an der daraus resultierenden Aktivierung des Belohnungssystems. Es ist einfach die beste, schnellste und einfachste Lösung, die uns unser Gehirn gerne immer wieder kredenzt.

Ein sehr gutes Beispiel dafür sind Alkoholiker. Für sie ist es absolut schwer, mit dem Trinken aufzuhören, da es für das Gehirn immer die schnellste und einfachste Lösung darstellt, bei Problemen wieder zur Flasche zu greifen und zu trinken. Das Gehirn reagiert dann mit Belohnung, denn der Betroffene hat wieder auf das bewährte Mittel zurückgegriffen. Dass diese Methode langfristig gesehen schädlich für Körper, Geist und Seele ist, rückt in diesem Zusammenhang total aus dem Blickfeld. Die Gewohnheit ist das 1. Mittel der Wahl. Das ist auch bei gewalttätigen Menschen der Fall. Zuerst einmal zuzuschlagen, scheint für das Gehirn die richtige Lösung zu sein, da es so im menschlichen Organismus nach all den Wiederholungen als schnelle und einfache Hilfe abgespeichert wurde und immer wieder das Belohnungssystem aktiviert. Hier verbirgt sich eine große Fehlerquelle, die den meisten von uns überhaupt nicht bewusst ist.

Wenn wir uns jahrelang die oben beschriebene Fehlhaltung am Schreibtisch angewöhnt haben und uns jemand den Hinweis gibt, anders zu sitzen, uns aufzurichten und uns in Länge und Weite auszubreiten, wird sich das für das System erstmal aufgrund der Gewohnheit falsch anfühlen.

Um dies zu lösen, gibt es die beiden Möglichkeiten des Resets und der Präsenz.

Reset beim Menschen

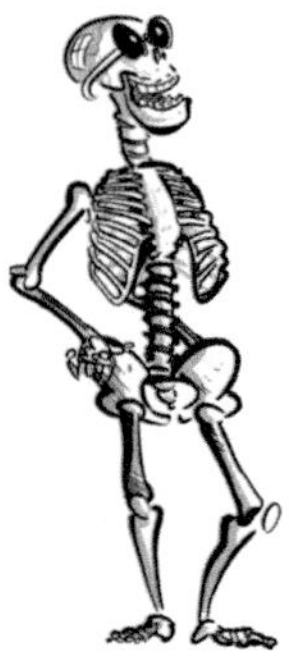

Wenn unsere Gewohnheiten sehr stark sind und wir in alten Denk- und Verhaltensweisen feststecken, ist es sinnvoll, einen Reset zu starten. Ein Reset kann mit einem kompletten Neustart gleichgesetzt werden. Bei einem Computer, bei dem gewisse Anwendungen nicht funktionieren, empfiehlt es sich oft, ihn einfach herunterzufahren und wieder neu zu starten. Genau das Gleiche empfiehlt sich bei menschlichen, aber auch bei organisationalen Systemen.

Ein körperlicher Reset in Form eines kompletten Reinigungsprozesses ist zum Beispiel das Entgiften. Mit gesunden Shakes, Nahrungsergänzungsmitteln oder vorgefertigten Fastenkuren können wir den Körper einmal zurück auf 0 stellen. Dadurch spürt der Mensch in seinem Körper auch die eigenen Bedürfnisse wieder. So kann nach einer 14-tägigen Fastenkur das Verlangen nach Alkohol verringert sein, die

Sucht nach Zucker weniger und dafür das Bedürfnis nach Obst und frischem Gemüse viel stärker. In Momenten, in denen wir früher nach Süßigkeiten oder Backwaren gegriffen haben, verlangt der Körper plötzlich nach frischen und gesunden Lebensmitteln. Diese Entwicklung kommt durch das Fasten ganz von selbst, da sich der Körper innerhalb dieses Entgiftungsprozesses regenerieren darf und zu seinen echten Bedürfnissen zurückfindet.

Wir können uns auch für ein mentales Detoxing entscheiden, bei dem wir genauer hinschauen, wie wir gedanklich mit uns umgehen, welche geistigen Dinge wir bewegen und wie sich diese auf unser Befinden und unser ganzes Sein auswirken. Haben wir zerstörerische Gedanken oder beschäftigen wir uns mit dieser einen Sache, die uns immer wieder wütend macht? An dieser Stelle heißt es, aufmerksam zu sein. Wenn wir negative Gedanken bemerken, können wir als Erstes den Gedankenfluss stoppen. Im Anschluss versuchen wir, unsere Aufmerksamkeit auf etwas anderes zu richten, so dass sich der Geist damit beschäftigen kann. Das kann der gegenwärtige Moment, die Umgebung oder der eigene Körper sein. So steigen wir aus dem Kopfkino aus und kommen ins Spüren.

Es gibt auch Menschen, die sich bewusst dafür entscheiden, für einen bestimmten Zeitraum keine Nachrichten mehr zu konsumieren, um sich vor einem Zuviel an negativen Informationen zu schützen.

Eine weitere Möglichkeit stellt das digitale Detoxing dar. In dieser Zeit verzichten wir bewusst auf den Umgang mit elektronischen Geräten und auf soziale Medien, wenn wir bemerkt haben, dass sich auch hier eine Dysbalance eingeschlichen hat. Wenn wir bspw. das Handy ausschalten und versuchen, uns der Abhängigkeit zu entziehen, fällt uns das Fehlen dieser Gewohnheit besonders auf. Uns wird deutlich bewusst, wie häufig wir uns damit beschäftigt haben. Sinnvoll ist wie immer das Maß statt der kompletten Verneinung, die eher zu Stresserleben und Widerständen führt. Wir können mit uns selbst Vereinbarungen treffen, dass wir bspw. das Handy vor 9:00 und nach 20:00 Uhr nicht benutzen. Oder dass wir am Wochenende darauf verzichten.

Je nachdem in welchem Lebensbereich wir ein Zuviel beobachten, dürfen wir uns selbst eine Entgiftungskur verordnen. Dies gibt uns die Möglichkeit, im Anschluss wieder in ein gesundes Maß wechseln zu können. Durch die ständige Auseinandersetzung mit Einflüssen, Reizen und Versuchungen wird es immer wichtiger, an dieser Stelle für sich zu sorgen, regelmäßig herunterzufahren und dem System einen Neustart zu gönnen.

Präsenz beim Menschen

Bei der Präsenz werden wir uns ganz bewusst, was wir tun. Wir richten unsere Aufmerksamkeit ganz gezielt auf unser menschliches System. Wir fokussieren uns darauf und nehmen genau wahr, wie wir uns in bestimmten Situationen verhalten, und beobachten dabei gleichzeitig unsere Umgebung. Auch das bekannte Zitat „Die Energie folgt der Aufmerksamkeit" weist auf die Bedeutung der Aufmerksamkeitsfokussierung hin, die in diesem Buch synonym auch mit Präsenz bezeichnet ist. Die Aufgabe heißt, bewusst im Hier und Jetzt, im Augenblick, zu sein. Die Komponenten Körper, Umgebung und Zeit rahmen diese Präsenz ein. Wir in unserem Körper, in dem Raum, der uns umgibt, in dem Moment, in welchem wir gerade sind. Das regelmäßige Üben der Präsenz führt zu innerer Ruhe und einer hohen Reflexionsfähigkeit. Selbstbeobachtung ist eine Kompetenz, die wir entwickeln dürfen und die dazu führt, dass wir Entwicklung steuern können und Integration in unser Leben bringen. Weiterführende Informationen finden sich in den Kapiteln 3.5.1 **Kernkompetenz Beobachten und** 3.5.7 **Kernkompetenz Aufmerksamkeitsfokussierung.**

Im Kapitel 4.1.3 **Der Fünf-Finger-Plan** ist eine praktische Intervention zu finden, die aufzeigt, wie Präsenz leicht in den Alltag integriert werden kann.

Wie sieht ein Reset in Unternehmen aus?

Ein zeitgemäßes und immer noch aktuelles Beispiel ist die Corona-Pandemie, bei der urplötzlich die komplette Wirtschaft heruntergefahren wurde. Es kann auch sein, dass urplötzlich ein ganz wichtiger Kunde wegbricht. In beiden Fällen kann sich das Unternehmen nicht auf das Altbewährte zurückbeziehen, sondern muss aus dem Reset heraus völlig neu denken und ist gezwungen, neue Wege zu finden.

Ein Reset ist auch, alle ungeschriebenen Gesetze eines Unternehmens einmal aufzuschreiben. Sie von der Hinterbühne auf die Vorderbühne und damit ans Licht zu bringen.

In einigen Organisationen wird das Hilfsmittel der Jobrotationen angewendet. Mitarbeiter wechseln ihre Arbeitsplätze innerhalb des Unternehmens. Das wird meistens bei Neueinstellungen und Einarbeitungsphasen praktiziert, kann aber genauso gut zwischendurch angewendet werden. Das kann auch eine Art Joburlaub sein. Dabei geht der Mitarbeiter für einen begrenzten Zeitraum an einen neuen Platz im Unternehmen, weiß aber, dass er danach wieder an seinen alten Platz zurückkehren kann. Durch dieses neue Aufgabengebiet, den räumlich anderen Arbeitsplatz, die unbekannten Kollegen und die veränderten Umstände erweitert er nicht nur seinen

Horizont und wächst daran, sondern er bekommt auch einen neuen Blick auf die Gesamtorganisation und darauf, wie alles miteinander verknüpft ist.

Auch ein simpler Raumtausch kann helfen, zu resetten. Wichtig für die Zufriedenheit des Mitarbeiters ist, ihm dabei die Gewissheit zu vermitteln, dass er auch wieder an seinen alten Platz zurückkehren kann. Es gibt Trainer, die bei ihren Seminaren die Teilnehmer auffordern, sich nach jeder Pause auf einen anderen Stuhl zu setzen. Dem liegt eine ähnliche Intention zugrunde.

Ein eher schlechtes Beispiel in diesem Zusammenhang ist eine agile Form des Arbeitens, bei der sich jeder Mitarbeiter jeden Tag oder eventuell sogar mehrfach am Tag einen neuen Arbeitsplatz sucht. Dabei hat er nur noch einen Container, den er dann mit sich herumfährt. Dies führt jedoch vorrangig zu psychologischer Unsicherheit am Arbeitsplatz. Selbstverständlich ist auch das typabhängig und kann für manche genau das Richtige sein. Wenn es jedoch verpflichtend eingeführt wird, wirkt es eher hemmend als fördernd.

Wie funktioniert Präsenz im Unternehmen?

Im Sinne der Präsenz – der Aufmerksamkeitsschulung – kann der Mitarbeiter während der Arbeitsplatzrotation genau wahrnehmen und beobachten, inwieweit ihn ein anderes Aufgabengebiet oder eine neue Umgebung viel mehr anspricht und er sein Können einbringen kann. Vielleicht schlägt er am Ende seines Joburlaubs einen Wechsel vor oder möchte andere Aufgabengebiete in seinen Tätigkeitsbereich integrieren. Ebenso hat der Vorgesetzte die Möglichkeit, wahrzunehmen, ob einer seiner Mitarbeiter an einem anderen Platz eventuell viel besser aufgehoben wäre und dessen Fähigkeiten an anderer Stelle stärker gebraucht würden. Dann hätte er die Aufgabe, diese Beobachtung zu thematisieren und gegebenenfalls eine Veränderung zu initiieren.

Präsenz in der Organisation bedeutet, dass wir mit Weitblick durch das Unternehmen gehen, nicht nur eng an unseren eigenen Arbeitsplatz gebunden und nur unseren kleinen Teilbereich sehend. Wir können neue Möglichkeiten und Räume wahrnehmen und unsere Ideen und Erkenntnisse kundtun und öffentlich machen. Dafür dürfen wir uns erlauben anzuecken oder das Gefühl haben, uns unbeliebt zu machen.

Eine einfache Möglichkeit zum Raumschaffen für die verschiedenen Wahrnehmungen der Mitarbeiterschaft stellt das Einführen von regelmäßigen Treffen dar, bei denen sich Mitarbeiter aus unterschiedlichen Fachbereichen austauschen, wie ihre Arbeit momentan läuft, was sie brauchten, um ihre Arbeit noch besser ausführen zu können, oder wo sie sich konkret Unterstützung wünschen. Die Praktik **kollegiale Treffen** beschreibt dies genauer im Kapitel 4.4.9.

Und noch eine weitere präsente Methode beim Lösen von Problemen oder dem Erledigen von Aufgaben ist das Befragen aller Beteiligten, die in einen aktuellen Prozess involviert sind, dann aber letztendlich eigenverantwortlich handeln und auch die Konsequenzen dessen tragen. Dafür benötigen wir eine klare Präsenz und eine weite Sicht. Wenn wir vor ein Problem gestellt sind, damit zum Vorgesetzten gehen und dessen Lösung letztlich nur ausführen, stellt dieses Verhalten das Gegenteil von präsentem Arbeiten dar.

2.8 Präsent sein

Präsent sein bedeutet, ganz bewusst im Hier und Jetzt zu sein. Doch wie präsent sind wir eigentlich in den verschiedenen Augenblicken unseres Lebens? Wie bewusst nehmen wir am momentanen Geschehen teil? Wie sicher gelingt es uns, darauf basierend Entscheidungen zu treffen?

Da ist diese Mitarbeiterbesprechung – eine Strategiesitzung. Mehrere Personen sind anwesend, aber nur physisch. Denn ein Kollege überlegt, wie er am späteren Nachmittag das unangenehme Telefongespräch bewältigen soll. Ein anderer denkt an die Vertragsunterlagen, die er dringend noch überarbeiten möchte. Beide verlangsamen die Besprechung und blockieren mit ihrer geistigen Abwesenheit den Arbeitsprozess.

Auch im familiären Umfeld erleben wir häufig das Fehlen von Präsenz: Alle Mitglieder einer 4-köpfigen Familie haben sich zusammengesetzt, um den nächsten Familienurlaub zu besprechen. Aber auch hier ist der 14-jährige Sohn gedanklich mit der Lösung seines Computerspiels beschäftigt, die 16-jährige Tochter ist geistig schon bei der am Abend stattfindenden Party eines Freundes und die Mutter überlegt vorauseilend, wie sie am besten die gesamte Wäsche für den Urlaub organisieren kann. Zu einem guten Ziel, in diesem Fall dem richtigen Urlaubsziel, kommt diese Familie nicht.

In dem Raum sind also 4 Menschen anwesend, mit ihren Körpern, mit ihren Emotionen, mit ihren Bedürfnissen, aber sie kommen nicht dazu, diese wahrzunehmen, zu artikulieren, sich den anderen mitzuteilen und so ein gutes und stimmiges gemeinsames Konstrukt für den einmal im Jahr stattfindenden Sommerurlaub zu schaffen. Eigene Vorstellungen können nicht einmal entstehen, wenn die geistige

Präsenz fehlt, um sich mit dem gefragten Thema auseinanderzusetzen. Die Überraschung bzw. Enttäuschung im späteren Urlaub scheint vorprogrammiert.

Nicht-präsentes Verhalten bedeutet, geistig abwesend zu sein, und zeigt sich auch in unbewussten Körperreaktionen wie Schultern hochziehen, Zähne zusammenbeißen und die Stirn krausziehen. Sie passieren automatisch. Wenn wir diese nicht ins Bewusstsein bringen, also bewusst registrieren, können wir uns auch nicht dafür entscheiden, damit aufzuhören. So haben wir mit gedanklicher Abwesenheit Sinneskanäle ausgeschaltet, die hilfreich wären, um als gesamter Mensch agieren zu können.

Grundsätzlich kann diese geistige Flucht unter bestimmten Umständen als hohe Kompetenz eingestuft werden. Wenn wir uns in unangenehmen Situationen befinden oder auch um Überlebensmechanismen zu aktivieren, kann das dissoziative Verhalten sehr hilfreich sein. Es ermöglicht uns Distanz und Schutz. Wenden wir es jedoch regelmäßig auch unter vollkommen normalen und alltäglichen Umständen an, verwehrt es uns das Wahrnehmen unserer eigenen Wünsche und Bedürfnisse sowie deren Umsetzung. Es hindert uns am kooperativen Zusammenarbeiten und Zusammenleben.

Präsentes Verhalten bedeutet, sich seiner eigenen Bedürfnisse bewusst zu werden, diese zu kommunizieren und dafür zu sorgen, dass sie sich verwirklichen. Dafür kann sich nur jeder Mensch selbst entscheiden.

Wie können wir Präsenz kreieren?

Unser bestes Hilfsmittel, um wieder in die Präsenz zu kommen, ist unser Körper. Wir dürfen in ihn hineinspüren, uns vom Kopf und von den Gedanken lösen und uns ganz bewusst physisch wahrnehmen. Vielen Menschen gelingt dies am leichtesten über das Beobachten des Atems. Über die Ein- und Ausatmung. Das Hinein- und Hinausströmen der Atemluft. Das Zu- und das Loslassen über die Atmung.

Wir können auch unseren gesamten Körper beobachten. Wo wirkt er angespannt oder wo eher beweglich? Wohin richtet sich unser Blick? Wohin schauen wir? Wie nehmen wir unsere Füße am Boden wahr? Haben sie direkten Kontakt? Stehen sie fest und stark oder berühren sie den Untergrund nur mit den Zehenspitzen? Dieser Check-in mit uns selbst führt uns in die bewusste Wahrnehmung unserer Präsenz oder eben Nicht-Präsenz.

Die Check-ins als Wahrnehmungsübungen sind auch sehr gut für Teams geeignet: Wie ist unser Team gerade im Atemfluss miteinander? Wohin ist unser Blick gerichtet? Wie ist unsere Bodenhaftung? Ein regelmäßiger und ehrlicher Austausch zu diesen und ähnlichen Fragen kann Teams zu ganz präsentem und damit effizientem Arbeiten beflügeln.

Nur wenn wir präsent im Augenblick sind, können wir bemerken, was gerade geschieht, uns verschiedener Optionen bewusst werden und diese dann entsprechend nutzen. Wir sind erst dadurch in der Lage, unsere eigenen Entscheidungen zu treffen und damit Veränderungen zu bewirken. Ohne Präsenz bleiben wir in unseren Mustern stecken.

Wenn wir präsent agieren, können wir uns auch bewusst für dissoziatives Verhalten entscheiden. Im Gegensatz zum voran Gesagten, wenn wir also unbewusst gedanklich abschweifen, kann absichtlich eingesetztes dissoziatives Verhalten helfen, Abstand zu Problemen zu schaffen, so dass wir uns nicht mehr mit ihnen identifizieren müssen. So können wir eine gesunde Distanz zu uns sonst überrollenden Aufgaben herstellen, die uns hilft, klar und fokussiert zu bleiben und als Beobachter von außen alles eventuell sogar neu zu organisieren.

Im Kapitel 4.3.4 **Von der Problemtrance zum Freiraum** findest du hierzu eine praktische Intervention.

Haben wir bspw. eine endlos lange To-do-Liste vor uns liegen, bei der wir jetzt schon daran zweifeln, ob wir sie bis zum Ende des Tages abarbeiten können – außerdem braucht unsere Tochter zusätzliche Hilfe beim momentanen Mathe-Stoff –, setzt uns das enorm unter Druck. Bleiben wir in der Unbewusstheit und reagieren wir nur, um möglichst schnell doch noch alles hinzubekommen, beschleunigt sich die Situation, wir bekommen einen noch engeren Blick, haben dadurch zusätzliche Schwierigkeiten und fühlen kein Ende in Sicht. Der Tag wird anstrengend und endet vermutlich mit Kopfschmerzen. Wenn wir uns jedoch ganz bewusst werden, was wir gerade tun, wie wir uns fühlen, und dabei feststellen, immer enger zu werden, dann können wir unser Verhalten stoppen, Abstand herstellen, unser Vorgehen verändern und Freiraum finden.

Hier hilft uns eine Übung des positiven Dissoziierens, die hilfreich ist, weil wir uns manchmal mit unseren Aufgaben verwechseln. Das mag im ersten Moment komisch klingen, aber in solchen Verwechslungsmomenten scheint unser ganzes Lebensglück oder Zufriedenheitsgefühl vom Erledigen der Aufgabe abzuhängen. Wir haben dann vergessen, dass wir noch mehr sind als eine funktionierende Maschine. In dem Moment sind wir durch das unbewusste Tun immer enger geworden und haben den Weitblick verloren.

Im Alltag könnte folgendes Vorgehen helfen: Wir betrachten die To-do-Liste und werden uns darüber bewusst, dass wir nicht die To-do-Liste sind. Wir identifizieren uns nicht mehr mit ihr. Das Druckempfinden ist noch da, lässt aber etwas nach. Wenn es uns gelingt, durchzuatmen und die To-do-Liste mit der nötigen Entfernung zu betrachten, können wir neue Prioritäten setzen und uns überlegen, welche Punkte mit den Menschen, für die wir sie erledigen, eventuell neu verhandelt werden könnten. Wir dürfen insgesamt mit uns und mit anderen Menschen in den Austausch kommen, um eine körperliche und innere Haltung zu entwickeln, in der weniger Druck spürbar ist. In einem weiteren Schritt können wir die Punkte unserer To-do-Liste visuell um uns herum im Raum platzieren. Dadurch gelingt es uns wiederum, Abstand aufzubauen, Prioritäten zu setzen, Aufgaben miteinander zu verknüpfen oder auch loszulassen.

Einige Punkte sind dann evtl. nah beieinander, andere stehen allein. Manche sind mehr in unserer Nähe, liegen direkt vor uns auf dem Tisch. Manche sind weiter entfernt und stehen im Regal. Einer liegt auf der Fensterbank und muss nicht sofort erledigt werden. So verteilen wir die Aufgaben, was uns Abstand zu ihnen verschafft und mehr Überblick. Vielleicht stellen wir dabei sogar fest, dass eine im Papierkorb liegt und dass sie dort auch bleiben darf. Vorher war uns gar nicht aufgefallen, dass sie keiner Erledigung oder Bearbeitung mehr bedarf. Je mehr wir von uns wegrücken und aus der Ferne betrachten, umso weniger werden wir dieses Druckgefühl haben. Sinkt das Druckgefühl, können wir wieder in unsere eigene Kraft und Handlungsfähigkeit zurückkehren. Dadurch arbeiten wir schneller und schaffen mehr.

In Bezug auf Unternehmen könnte dieses Vorgehen von präsentem Verhalten als virtueller Helikopterflug kreiert werden. So kann es in der Organisation vorkommen, bspw. während eines hakeligen Gesprächs oder eines stockenden Meetings, dass ein Mitarbeiter die Initiative ergreift und eine Bestandsaufnahme vorschlägt. Alle sind dann aufgefordert, von der Diskussion oder dem Streitpunkt zurückzutreten und aus einer Vogelperspektive von allen Seiten auf die Situation zu schauen. Jeder sieht etwas anderes und trägt seine Wahrnehmung zum Gesamtbild bei. Durch das Wechseln auf die Metaebene bekommen wir auch in Unternehmen eine Distanz zum Geschehen.

Das Heranziehen von imaginären Beratern ist eine weitere Möglichkeit. Was würden sie jetzt sagen, wenn sie tatsächlich hier wären? Welche Vorschläge hätten sie? Welche Tipps und Hilfestellungen? Welche anderen Blickwinkel würden sie den Beteiligten eröffnen?

Oder wir stehen von unserem Stuhl auf und wechseln selbst auf die Beraterebene, indem wir überlegen, was wir unserem erdachten Klon, der jetzt immer noch dort sitzt, raten könnten. Auch das schafft eine positive Distanz zu dem Geschehen, welches sich vorher so verhakt angefühlt hat.

Auch die vorher angesprochenen Check-ins helfen dem Team, in der Präsenz zu sein. Jeder Einzelne kann sich fragen, wie es ihm gerade geht, was ihn umtreibt, wo er eventuell Hilfe benötigt. So finden wir in die Präsenz zurück. Wir registrieren unsere Bedürfnisse und können auf diesen Erkenntnissen neu aufbauen.

2.9 Ohne Problem keine Veränderung

Ob wir ein gesamtheitliches menschliches System betrachten oder ein organisationales – ohne Problem findet keine Veränderung statt. Das Leben des Individuums, das gemütlich in altbekannten Bahnen läuft, oder das Wirtschaftsleben eines Unternehmens, das sich mit einer gewissen Festigkeit am Markt etabliert hat – beides empfindet keinen nötigen Veränderungswunsch, wenn alles unaufgeregt und sicher läuft wie eh und je. Erst das Problem, das sich in unser Leben schleicht, oder neue Herausforderungen am Markt bringen die Stabilität ins Wanken.

Häufig werden für diesen Zweck in Unternehmen Change-Prozesse angestoßen, die dazu dienen, eine Veränderung herbeizuführen. So wird möglicherweise die Führungsspitze ausgetauscht und alles soll agil werden.

Wissenspart – Agiles Arbeiten

Bei dem Konzept der agilen Arbeitsweise kommt es auf hohe Flexibilität, schnelle Handlungsfähigkeit und Produktivität an. Entscheidungen werden, anders als bei klassischen Unternehmensstrukturen, von den Mitarbeitenden getroffen und nicht von der Führungsebene. Agiles Arbeiten stellt das herkömmliche Top-down-Prinzip im wahrsten Sinne des Wortes auf den Kopf. Das bedeutet, die Verantwortung wird vollkommen umverteilt. Jedes Mitarbeiterteam übernimmt selbstständig die volle Verantwortung für das Umsetzen und Erreichen der gesteckten Unternehmensziele.

Es stellt sich jedoch die Frage, ob es wirklich ein Problem gibt, das mit agilen Arbeitsmethoden besser gelöst werden kann. Leider kommt es zu dieser Fragestellung häufig nicht, bevor das agile Arbeitssystem eingeführt wird. So jagen Verantwortliche

Trends hinterher, die evtl. auf ihr Unternehmen nicht passen, sich aber gut anhören oder bei anderen Firmen funktioniert haben.

Im organisationalen Kontext geht es wie bei menschlichen Systemen darum, das Problem zu analysieren. Hierbei helfen alle bekannten W-Fragen, um der Sache auf den Grund zu gehen und die Problematik zu durchdringen:

→ **Was wollen wir? Was wollen wir nicht?**

→ **Warum wollen wir es? Warum wollen wir es nicht?**

→ **Welche Auswirkungen hatte es bisher?**

→ **Wie war das für uns?**

→ **Usw.**

Danach können innovative Lösungen gefunden werden. Dafür benötigen wir einen offenen Geist – den so bezeichneten Open Mind – und eben nicht die altbekannten Schablonen und Muster. Auch hier ist das Sich-Zeit-Nehmen und Auf-das-Problem-Einlassen gefragt, um auch querdenken und vollkommen neue Lösungen entwickeln zu können. Es soll an dieser Stelle nicht zu sehr um die Lösung des Problems gehen, sondern um die Wertigkeit des Problems und die Schulung unserer Wahrnehmung, dass dessen Erkennen und Wahrnehmen ein erster guter Schritt hin zu einer Veränderung ist.

Wenn ein Mensch unter Schlafproblemen leidet und dies seinem unmittelbaren Umfeld artikuliert, bekommt er sicher jede Menge gut gemeinter Tipps und Ratschläge. Einer könnte sein, dass er doch am besten abnehmen sollte. Übergewicht wirkt sich schließlich negativ auf den Schlaf aus. Grundsätzlich erträgt und toleriert unser Körpersystem Missstände eine ganze Zeit lang. Irgendwann kann jedoch der Punkt erreicht sein, an dem der Leidensdruck zu hoch wird und wir uns aufgerufen fühlen, endlich etwas zu unternehmen. Dabei bevorzugen wir schnelle und einfache Lösungen. So könnte es sein, dass wir uns tatsächlich in die nächste Diät stürzen oder am Abend keine Medien mehr konsumieren, schließlich wirkt sich das auch negativ auf einen gesunden Schlaf aus. Dieses schnelle Agieren führt jedoch dazu, dass unser Vorgehen meist oberflächlich bleibt und das gewünschte Ziel nicht oder nur kurzfristig erreicht wird. Wir schöpfen dann nur aus den uns bekannten Möglichkeiten, welche ja begrenzt sind. Innovationen bleiben auf der Strecke, da wir in unseren alten Schablonen denken.

„Wenn ich die Leute gefragt hätte, was sie wollen, hätten sie gesagt: Schnellere Pferde."

Dieses Zitat wird Henry Ford zugeschrieben und lässt das Erstaunen der Menschen erahnen, als sie die ersten Kutschen auf Rädern gesehen haben, die wir heute Autos nennen.

Der erste Schritt ist jedoch wie immer das Anhalten und Wahrnehmen. Eine Aufnahme des Ist-Zustands, eine genaue Definition des Problems, die Würdigung der Herausforderung als zukünftiger Motivator und eine anschließende Ursachenfindung bringen langfristigere und nachhaltigere Lösungen als schnelles Rumdoktern, um das Problem loszuwerden.

Heutzutage gibt es viele lösungsorientierte Methoden, was grundsätzlich nicht verkehrt ist. Es sollte jedoch nicht in Richtung Lösungsfixierung gehen, so dass man das Problem nicht mehr benennen darf, weil es dann zu einem Feststecken im Problem kommen könnte, was dann auch Problemtrance genannt wird. Es ist jedoch wichtig, das Problem zu erklären und auch zu würdigen. Genau das kann zu unserem Antrieb werden, festzustellen, etwas genau so nicht mehr haben zu wollen.

So könnten wir in dem beschriebenen Beispiel damit beginnen, ein Schlaftagebuch zu führen oder eine Schlaf-App zu benutzen. In das Schlaftagebuch tragen wir ganz einfach die gefühlte Qualität unseres Schlafes mit Hilfe einer festgelegten Zahlenskala ein und stellen nach einer gewissen Zeit fest, ob unser Schlaf denn tatsächlich so schlecht ist oder ob wir nur den Eindruck haben. Eine Schlaf-App verfolgt dasselbe Ziel und liefert dazu noch persönliche Daten über die einzelnen Schlafphasen. Wir können unmittelbar ablesen, wie tief und intensiv wir geschlafen haben. Wir widmen uns dem Problem und durchdringen es in der Tiefe. Beide Möglichkeiten erlauben uns eine unaufgeregte Feststellung der tatsächlichen Situation. Und erst diese schafft eine Grundlage zum weiteren Vorgehen.

Ein echtes Problem besteht dann, wenn es so wie bisher nicht mehr weitergeht, Toleranz und Kompensation nicht mehr greifen, Resilienz nicht mehr da ist.

Wissenspart – Resilienz

Unter dem Begriff Resilienz verstehen wir bei Individuen die Fähigkeit der **psychischen Widerstandskraft**, herausfordernde Lebensumstände und Situationen möglichst ohne bleibende Beeinträchtigung zu überstehen. Daraus entsteht die Eigenschaft mit Krisen bestmöglich umgehen zu können und eine hohe Anpassungsfähigkeit auf neue Situationen zu reagieren.

Der Begriff kommt ursprünglich aus der Physik und benennt die **Elastizität und Spannkraft** von Materialien, die dazu führt, dass sie nach Verformung wieder ihre ursprüngliche Form annehmen.

Ein resilientes Unternehmen lernt aus seinen Erfahrungen und erkennt Risiken und Chancen frühzeitig um so im besten Falle **gestärkt aus Krisen hervorzugehen.**

2.10 Umgang mit Gewohnheiten und Kulturmustern

Gewohnheiten und Kulturmuster bestimmen unser Leben. Gewohnheiten betreffen den einzelnen Menschen und Kulturmuster betreffen Gemeinschaften, wie bspw. das Kollegium eines Unternehmens.

Es gibt alltägliche Dinge, die wir ganz automatisch ausführen und über die wir gar nicht mehr nachdenken müssen. Sie haben sich so eingeschliffen und verselbstständigt, dass sie zu einer Routine geworden sind. Wenn wir uns an die ersten Fahrstunden erinnern und daran, wie holprig und unbeholfen wir waren, wie wir überlegten, was wir jetzt wie und in welcher Reihenfolge machen müssen, hat sich das Fahren sicher inzwischen bei den meisten Menschen verselbstständigt. Ganz automatisch schauen wir in den Rückspiegel und über die Schulter, setzen den Blinker und bewegen das Lenkrad in angemessener Weise, um zu überholen. Ein hochkomplexer Ablauf, bei dem alle Handlungen fast gleichzeitig ablaufen, ist zur besonnenen Gewohnheit geworden.

Ähnlich verhält es sich mit der Morgenroutine, dem Zähneputzen, Duschen, Ankleiden, usw. Diese Gewohnheiten haben wir uns in der Vergangenheit angeeignet und komplett in unser Leben integriert.

Kulturmuster in Unternehmen zeichnen sich dadurch aus, dass sich die Gemeinschaft der Angestellten bei diversen Themen quasi einheitlich verhält oder zumindest auf eine bestimmte Art und Weise. Dabei handelt es sich nicht nur um die Dinge, die getan werden, sondern auch um solche, die eben nicht getan werden. Wenn wir uns als Kollegen allmorgendlich vor der Aufnahme unserer Tätigkeit begrüßen, gehört das ebenso zur Kultur, wie wenn wir dies nicht tun. Im Unternehmen können regelmäßig stattfindende Mitarbeitergespräche zur Firmenkultur gehören, genauso wie überhaupt nicht stattfindende. Bei Konferenzen werden Check-ins durchgeführt, um zu erfahren, wie es jedem geht und was ihn bewegt. Ebenso ist es möglich, dass kein allgemeiner Austausch stattfindet, sondern direkt mit der Konferenzagenda gestartet wird. Alles hat seine Vor- und Nachteile und seine Daseinsberechtigung.

Diese Kulturmuster spielen sich dann in einer Art Dauerschleife immer und immer wieder ab, außer wir werden aktiv und intervenieren. Auch das Wesen der Gewohnheit ist automatisiert und fest im Alltag integriert. Gewohnheiten und Kulturmuster sind energiesparend. Unser Gehirn liebt alles, was energiesparend ist, und greift daher gerne und ständig auf das Wohlbekannte zurück. Aus diesem Grund haben Gewohnheiten und Kulturmuster ganz klare Wettbewerbsvorteile. Noch bevor wir es bemerken, werden sie aktiviert und genau deshalb ist das Bewirken einer Veränderung nicht ganz einfach. Die Entscheidungskraft und die Entscheidungsfähigkeit sind durch diese Schnelligkeit größtenteils außer Gefecht gesetzt. Wir wundern uns dann im Nachhinein, warum wir etwas Bestimmtes gesagt haben oder warum wir auf die eine oder andere Weise reagiert haben, obwohl wir das doch gar nicht so vorhatten.

Und wieder liegt die Lösung in der Bewusstwerdung. Wir dürfen uns zuerst alter Muster und Gewohnheiten gewahr werden, indem wir sie identifizieren und damit ins Bewusstsein holen. Wir erkennen die Muster, stellen sie in Frage und haben im Anschluss die Möglichkeit, daran etwas zu verändern. Dafür benötigen wir eine grundsätzliche Offenheit für das Zulassen von neuen Erfahrungen und neuem Wissen. Wir leben dann in der geistigen Freiheit, dass es immer noch mehr Möglichkeiten und Wege gibt, die sich uns nur durch die Weite des Geistes zeigen können.

Es stellt sich für uns veränderungsfreundlicher dar, wenn neue Sichtweisen in Form von Angeboten und Einladungen ausgesprochen werden. Wir können dafür in einen offenen Austausch gehen und das Netzwerken praktizieren.

Gewohnheiten sind Vereinbarungen, die wir irgendwann einmal mit uns selbst getroffen haben. Vereinbarungen kann man überdenken und neu treffen. Dies gelingt allerdings nur, wenn wir uns ihrer bewusst sind.

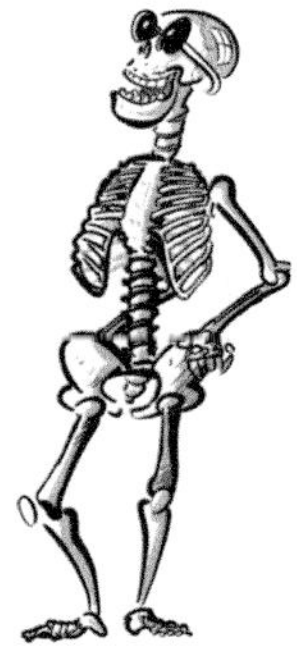

Indem wir Irritationen mit verschiedensten Interventionen ins vertraute System hineingeben, stören wir den routinierten Ablauf. So gelingt es uns, die Gewohnheiten oder Muster zu unterbrechen und uns diese bewusst zu machen.

Kulturmuster im Unternehmen erkennen wir ganz einfach an den Satzanfängen: „Bei uns ist das so ...“, oder: „Wir machen das hier so ...“, oder: „So etwas tun wir hier nicht ...”

Hier gibt es die mannigfaltigsten Unterschiede zwischen den Kulturmustern verschiedener Unternehmen. In der einen Organisation geht alles über den Tisch des Vorgesetzten, bevor es das Haus verlässt und den Kunden erreicht. In der anderen Organisation gibt es selbstverantwortliche Projektteams, die ganz nah am Kunden und an der Wertschöpfung sind. Ein Kulturmuster könnte auch das grundsätzlich kritische Betrachten von neuen Projekten sein, ebenso wie das offene und aufgeschlossene Annehmen von unbekannten Vorhaben. Die verschiedenen Kulturmuster brauchen nicht als gut oder schlecht, richtig oder falsch bewertet zu werden. Sie sind die Art und Weise, die im Unternehmen praktiziert wird. Sollten sie sich als hindernd oder störend herausstellen, können sie verändert werden.

Wenn sich viele Mitarbeiter die gleiche Gewohnheit angeeignet haben, entwickelt sich dadurch ein Kulturmuster im Unternehmen. Das ist zum Beispiel beim Second Screening der Fall. Die Mitarbeiter lesen während Online-Konferenzen ihre E-Mails und schreiben zusätzlich noch Nachrichten auf ihrem Handy. Wird dieses Verhalten toleriert, hat das selbstverständlich Auswirkungen auf die Präsenz, die Effizienz und die Zielorientierung. Im Gegensatz dazu könnte das Second Screening als absolute Ausnahme definiert sein.

Auch beim Thema Erreichbarkeit gibt es viele Kulturmuster. In manchen Unternehmen ist es selbstverständlich, am Wochenende erreichbar zu sein, und in anderen nicht. Ein großes Telekommunikationsunternehmen führte aus Gründen der Mitarbeiterfürsorge die Regelung ein, dass am Wochenende keine E-Mails verschickt werden dürfen. Ist „gut gemeint“ wirklich gut? Diese Vorschrift unterbindet allerdings nicht das Bearbeiten von Mails. Außerdem nimmt sie den Mitarbeitern die Eigenverantwortlichkeit.

Wenn wir unsere eigenen Gewohnheiten verändern wollen, bedarf es einer Wahrnehmung, Bewusstwerdung, Wahl, Entscheidung und Handlung.

Plumpsen wir beispielsweise immer beim Hinsetzen mit eingezogenem Kopf auf einen Stuhl und haben im Laufe der Zeit erkannt, dass dieses Verhalten langfristig Nacken- und Rückenschmerzen erzeugt, möchten wir es verändern. Dafür benötigen wir Wahlmöglichkeiten. Die verschiedenen Angebote und Einladungen können wir uns bewusst machen, um uns dann für eine(s) zu entscheiden. Die im Kapitel 2.2 vorgestellten Prinzipien, wie das Innehalten und mentale Ausrichten, unterstützen uns bei diesem Veränderungsprozess. Nur durch das Stoppen und Beobachten können wir Gewohnheiten als solche identifizieren.

Für das Verändern von Gewohnheiten und Kulturmustern benötigt es einen Wechsel zwischen dem Spüren von Implizitem und dem expliziten Umsetzen.

2.11 Systeme aus der Balance bringen, irritieren und dann den Verdauungsprozess beobachten

Personenzentrierte Systeme[1] werden nach Volker Kitz in psychische, somatisch-körperliche, interpersonelle und kulturelle Prozessebenen unterteilt, die immer gleichzeitig wirken.

Wenn wir bspw. mit einer Freundin in der Stadt unterwegs sind und spüren, dass unsere Blase voll ist, laufen folgende verschiedene Vorgänge der verschiedenen Systeme gleichzeitig in uns ab:

→ Körperlich fühlen wir einen Druck auf der Blase.

→ Gedanklich-kulturell erscheint die Frage nach der nächsten Toilette.

→ Psychisch schleicht sich eine sorgenvolle Ängstlichkeit ein, dass wir es hoffentlich noch rechtzeitig schaffen.

→ Auf der interpersonellen Ebene informieren wir unsere Freundin, dass wir mal dringend müssen.

All dies wirkt gleichzeitig innerhalb weniger Millisekunden.[2]

Zusätzlich agieren weitere Subsysteme, die auf der gesellschaftlichen Ebene auf uns einwirken. Beispiele dafür sind wirtschaftliche, rechtliche, politische, familiäre, moralische und massenmediale Systeme, die alle gleichzeitig sowohl aufeinander als auch auf uns als Menschen Einfluss nehmen.

Es gibt noch viele andere Subsysteme, die aus Übersichtsgründen hier weggelassen werden.

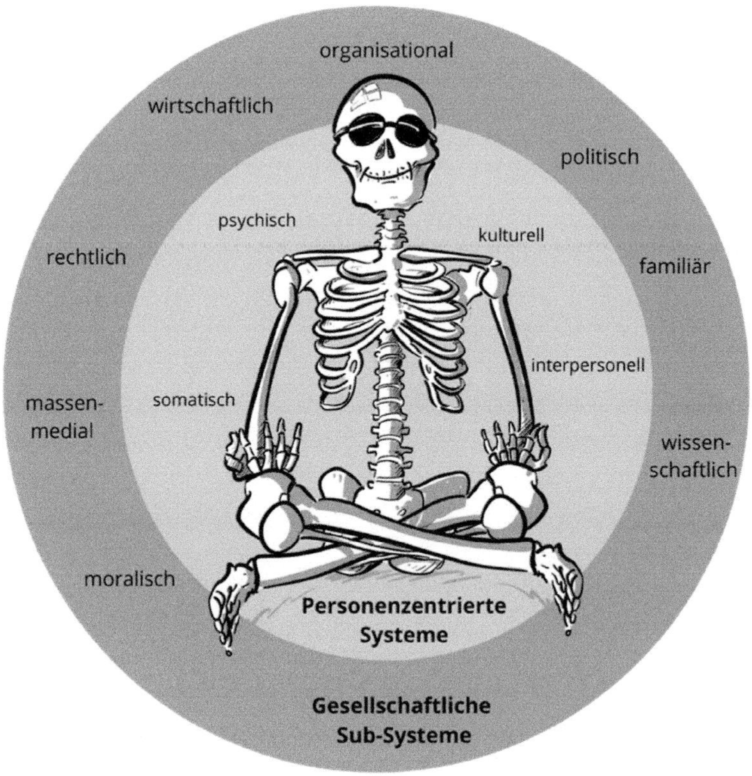

In einem familiengeführten Unternehmen im Fertigungsbereich wurde vor einigen Jahren ein noch sehr junges Familienmitglied mit fehlender beruflicher Erfahrung und dem entsprechenden Know-how an die Stelle des Marketingleiters gesetzt. Außenstehenden war zu diesem Zeitpunkt nicht schlüssig, wie die Unternehmensleitung zu dieser Entscheidung kommen konnte. Dem vorausgegangen waren jedoch eine hohe Fluktuation, Unstimmigkeiten und Reibungen in der Marketingabteilung, woraufhin die Familie sich aufgrund des nun verstärkt einwirkenden familiären Subsystems lieber für ein zu junges Familienmitglied entschied als für weitere Unabsehbarkeiten durch Personal von außen. Das familiäre Subsystem stand hier sogar über dem organisationalen System, was jedoch im entsprechenden Kontext durchaus Sinn ergab.[3]

Wie schon in vorangegangenen Kapiteln beschrieben, wollen sich Systeme immer selbst erhalten und wirken auf sich selbst stabilisierend. Die Veränderung eines Systems mit Hilfe von Appellen oder direkten Ansprachen verfügt daher über wenig Einflusskraft.

Sprechen wir ein menschliches System an, um eine Veränderung herbeizuführen, kommunizieren wir immer mit mehreren Prozessebenen, die auch gegenseitig ineinandergreifen und dadurch in sich eine Stabilität ins menschliche System hineinbringen. Hier etwas zu entwickeln, gestaltet sich schwer. Dies kann sich auf verschiedene Weisen zeigen.

Oft fühlen sich Menschen berufen, marode Systeme zu stützen und künstlich aufrechtzuerhalten. Die Absicht dahinter – die Erhaltung des Systems – ist natürlich verständlich, aber kontraproduktiv, denn ein kaputtes System benötigt ja den Zusammenbruch für die danach erst möglich werdende Veränderung. Durch die weitere Aufrechterhaltung des Alten kommt es nur zu einer so genannten Verschlimmbesserung. Dies findet in organisationalen Systemen, aber auch in Familiensystemen statt. So gibt es im familiären und partnerschaftlichen Umfeld häufig Personen, die ein veränderungsbedürftiges System eines anderen Menschen stützen. Sie wollen ihm dadurch helfen, verhindern oder verzögern jedoch dadurch seine Entwicklung. Wenn wir dem Partner zum Beispiel alle Aufgaben, die im finanziellen Kontext stehen, abnehmen, wird er in diesem Bereich nie in die Eigenverantwortlichkeit kommen und lernen, sich diesen ganz normalen Anforderungen des Alltags zu stellen.

Alte organisationale Systeme sind oft so zäh, weil diese bestimmte Hinterbühne aktiv ist und verschiedene kollegiale Netzwerke das Kommando übernehmen, wenn der Kollaps für das Unternehmen droht. Bestimmte Dinge werden auf dem kleinen Dienstweg geklärt, an verschiedenen Stellen wird ausgebessert und gestopft. Diese Aufrechterhaltungsmechanismen führen dazu, dass die Wertschöpfung immer noch irgendwie funktioniert, um weiter zu überleben, statt das Unternehmen an die Wand fahren zu lassen und dadurch einen Neuanfang zu ermöglichen.

„Das alte System ist zäh."[4]

Wie können wir Systeme verändern, wenn die direkte Einflussnahme nicht funktioniert?

Das System kann durch das Schaffen einer Irritation aus der Balance gebracht werden. Wir bringen einen irritierenden Impuls in das System, um dann zu warten, zu beobachten und zu vertrauen, dass das Richtige geschieht. So kann ein System indirekt beeinflusst werden.

Das Gleiche gilt für menschliche Systeme. Sprechen wir das Gesamtsystem an, können sich die Teile innerhalb dessen verändern. Leidet ein Mensch bspw. unter Nackenproblemen, ergeben Aussagen wie „Lass doch mal deinen Nacken los!" oder „Mach dich mal locker!" wenig Sinn. Denn wenn das so einfach wäre, hätte der Betroffene es ja schon längst getan.

Die Wahrscheinlichkeit einer Veränderung erhöht sich enorm, wenn wir die Gesamtkoordination ansprechen. Wir erlauben dann unseren Halsmuskeln, loszulassen, so dass sich der Kopf auf der Wirbelsäule ausbalanciert. Alles von uns darf sich zwischen den Fußsohlen und dem Kopf ausbreiten. Wir dürfen uns erinnern, dass wir dreidimensionale Wesen sind, und alles kann sich auch zwischen dem Kopf und den Schultern frei bewegen. Hier ist der Nacken gemeint, denn alles zwischen Kopf und Schultern ist der Nacken. Er wird jedoch nicht explizit angesprochen, sondern als Teil vom Ganzen kann er es sich dann erlauben, weniger zu tun bzw. loszulassen. Denn auch der Nacken ist wie eine Hinterbühne im Unternehmen. Er verhält sich nicht verhärtet und verkrampft, um dem menschlichen System zu schaden, sondern um es aufrechtzuerhalten.

Wenn die Füße bspw. nicht mit dem Boden verbunden sind, muss der Nacken aktiv werden, um den Kopf zu stützen. Damit wird das System zwar schlecht aufrechterhalten, aber es wird aufrechterhalten.

Erst wenn das Gesamtsystem angesprochen wird und die Ausrichtung in die Weite geht, kann die Nackenmuskulatur auch wirklich loslassen. Dann übernimmt das gesamte System Verantwortung.

In Unternehmen ist es wichtig, die Systeme unabhängig von den Menschen zu betrachten. Es handelt sich hier um Interaktionsmuster, die Menschen aufgrund der Kultur des Unternehmens miteinander haben. Diese sollten erstmal aufgedeckt und erkannt werden und stehen unabhängig von den Menschen. Sie agieren zwar nach diesen Mustern, doch dies würde ebenso passieren, wenn die Personen durch andere ausgetauscht würden. Es würden Kulturmuster-bedingt ähnliche Interaktionen stattfinden. Die Aufforderung ist daher, nicht an den Menschen herumzudoktern, sondern das System zu verändern, so dass die Interaktionsmuster anders werden. Die Menschen leben die Kultur, die im System herrscht. Ein verändertes System bewirkt ein anderes Verhalten.

Wir dürfen die Interaktionsmuster im Unternehmen aufdecken und die Vernunft im vermeintlichen Unsinn sichtbar machen. Es wirkt zuerst katastrophal, wenn wir uns eingestehen müssen, dass das Unternehmen kurz vorm Kollaps steht. In dieser Situation dürfen jedoch auch die darin schlummernden Chancen erkannt werden. Ein Neuanfang, ein neuer Geschäftszweig, ein Relaunch, ein frischer Wind. Notlösungen, die auf der Hinterbühne des Unternehmens agiert haben, können dann auf die offizielle Vorderbühne geholt werden. Diese sind dann im Licht betrachtet nicht alle verkehrt, können aber erst jetzt nach sinnig und unsinnig unterteilt werden. Oft liegen hier kluge Mechanismen verborgen, die in einem weiterführenden gemeinsamen Prozess dazu beitragen, ein dynamisches, robustes Unternehmen aufzubauen. Die Anschlussfähigkeit spielt dabei eine zentrale und günstige Rolle. Wir können auf bereits bestehenden Kulturmustern aufsetzen, dort neue integrieren, anstatt alles komplett anders zu organisieren und zu implementieren. Kompletter Einriss und Umbau führt meistens zu viel Widerstand. Eine Abstraktion oder Erweiterung des Alten wird einfacher angenommen und integriert.

Ein System zu verändern, gelingt mit dem Einbringen einer Irritation. Das System gerät durcheinander. Die Balance ist gestört. Die anschließende Aufgabe heißt nun, Demut zu üben und damit den folgenden Prozess zu betrachten und zu vertrauen.

Fußnote 1: Nähere Erläuterungen zu personenzentrierten Systemen nach Volker Kitz:

Die vier oben beschriebenen Prozessebenen wirken permanent mit- und aufeinander ein und können dadurch nicht getrennt voneinander betrachtet werden. Das aufgeführte Beispiel bezüglich der vollen Blase dient nur zur Veranschaulichung, welche Prozessebene in welcher Weise wirkt und kommuniziert. Ansonsten ist das Zerlegen von Lebenssituationen in unterschiedliche Prozessebenen künstlich und unzureichend.

1. Zur interpersonellen Ebene: Diese Prozessebene beschreibt alle Face-to-Face-Kommunikationen innerhalb der Familie, in Kleingruppen, Teams, zwischen Freunden, Partnern etc. Zwischen den Kommunikationsteilnehmern herrschen Interaktionsmuster und Kommunikationsregeln, welche oft gar nicht ausgesprochen wurden und dennoch existieren. Tatsächlich glauben die einzelnen Personen sehr häufig, die Erwartungen des Gegenübers zu kennen, und lassen sich dann davon

beeinflussen oder leiten. Diese Erwartungshaltungen führen zu einer nicht echten Wirklichkeit, die jedoch durch die Einstellungen der Personen selbst stabilisiert wird. Da dies oft ohne gemeinsamen Austausch geschieht, werden diese Annahmen und die damit verbundene Realität meistens aufrechterhalten. Dies kann dazu führen, dass sich Menschen selbst oft als Opfer anstatt als selbstbestimmter Schöpfer ihrer Welt erleben, obwohl sie diese doch durch ihre eigenen Gedanken so kreieren.

2. Zur psychischen Prozessebene: Über die Emotions- und Empfindungswelt hinausgehend beschreibt diese Prozessebene auch den kognitiven Prozess, mit dem wir uns Sinnfragen des Lebens erschließen. Der Mensch ist durch seine Wahrnehmungen und Handlungen mit der Welt verbunden. Er bewertet alle Lebensprozesse und hat dabei die Fähigkeit, sich selbst zu beobachten und in Frage zu stellen.
3. Zur kulturellen Prozessebene: Die kulturelle Prozessebene beschreibt, wie einzigartige menschliche Wesen von der gesellschaftlich-kulturellen Umgebung geprägt sind und dadurch so interagieren, wie sie es tun. Die jeweilige Kultur beeinflusst die Art der Interpretation und Beurteilung von Selbst- und Fremdbild und von Situationen. Dabei spielen Medien, aber auch einfachere Dinge wie Gespräche mit Kollegen oder andere außerfamiliäre Interaktionen eine Rolle, wenn es um die Beurteilung der Wirklichkeit geht. Oft ist uns diese Prägung nicht bewusst.
4. Die körperliche Prozessebene kann am wenigsten isoliert von den anderen Prozessebenen betrachtet werden. Der Körper funktioniert als ein hochsensibles Mess- und Ausgabeinstrument von Fühlen und Denken, dient als biologische Basis unserer Lebenswelt und als Ort ganzheitlicher Organisation.

Übereinstimmend mit der Affektlogik von Ciompi betont auch Kriz, dass in jedem Moment sowohl kognitiv-psychische als auch affektive Prozesse gleichzeitig im menschlichen Organismus ablaufen. Dabei bilden die affektiven Prozesse wegen der langsameren Veränderung biochemischer Parameter die Rahmung für die schnell veränderbaren kognitiven Prozesse mit ihrer bioelektrischen Basis. Konzepte wie „Felt Sense" (gefühlte Bedeutung) verweisen auf die große Relevanz von implizitem Wissen in unserem Organismus, das aus den frühen Erfahrungen wie auch aus evolutionären Strukturen des Gehirns stammt. Dies wurde lange unterschätzt, wird inzwischen aber allgemein unter dem Begriff des „Social Brain" diskutiert.

Im Coaching, Mentoring und der Psychotherapie werden vor allem die interpersonelle und die psychische Ebene sowie deren Interaktion berücksichtigt. Vernachlässigt werden meistens die kulturelle und die körperliche Prozessebene, die jedoch ebenso stark auf uns Menschen einwirken und uns beeinflussen.

Fußnote 2: Dieses Beispiel wurde von Michael Sztenc aus dem Zeit-Online-Podcast „Ist das normal?" übernommen, da es das Zusammenwirken der einzelnen Prozessebenen wunderbar veranschaulicht.

Fußnote 3: Dieses Beispiel wurde von Intrinsify übernommen, wo die Autorin die Future-Leadership-Ausbildung absolviert hat.

Fußnote 4: Weitere Informationen zu diesem Thema finden sich in dem Buch „Denkwerkzeuge für Höchstleister" von Wohland/Wiemeyer auf Seite 25.

2.12 Mit Steuerungskompetenz zur Selbstführung

In unserer westlichen zivilisierten Welt herrscht ein Überangebot an allem. Das führt dazu, dass wir uns angesprochen fühlen, etwas von der Vielfalt der Angebote wählen zu wollen. Werbung und weitere Marketingmaßnahmen erwecken den Wunsch, entweder zu kaufen oder sich gar nicht mehr entscheiden zu können, was wir wählen sollen. Oder wir möchten gar alles haben, ohne in Kauf zu nehmen, was noch dazugehört. Besitz verpflichtet. Wir sind nach Anschaffung diverser Güter verpflichtet, diese auch zu pflegen, zu ordnen, zu sortieren, zu waschen, zu putzen, zu arrangieren und so weiter. Wenn wir das bei unseren Kaufentscheidungen ignorieren, ist das wie duschen, ohne nass werden zu wollen.

Auf der oberflächlichen Ebene fehlen oft die Entscheidungsgrundlagen. Statt Entscheidungskriterien zu beherzigen, wird lustgesteuert konsumiert, indem wir auf jeden äußeren Reiz anspringen, heute dies und morgen jenes möchten.

Ein weiteres Problem entsteht, wenn wir nur zwei Optionen zur Wahl haben, denn „entweder – oder“ ist keine wirkliche Entscheidung. Das sagt schon der Volksmund bei der Redewendung, zwischen Regen und Traufe wählen zu müssen.

Auch so genannte Pseudo-Entscheidungen, die bedeuten, dass sie schon mal früher von jemand anderem für uns getroffen wurden, sind problematisch. So wählen wir eventuell den Beruf, den unsere Eltern für uns auswählten, oder lassen uns in eine Berufsrichtung drängen, die im Traditionsunternehmen der Eltern liegt, oder hören auf unseren Lehrer, der felsenfest überzeugt ist, wir müssten ein Informatikstudium beginnen. Doch diese Entscheidungen sind nicht unsere eigenen. Aus Unerfahrenheit und fehlender Lebenserfahrung wählen wir dann etwas, was irgendwie passt, aber doch nicht unserer Persönlichkeit und Liebe entspricht. Das geliebte Geigenspiel fällt dann hinten runter oder unser Interesse an Kunst oder Politik.

Vielleicht sind wir auch so entscheidungsschwach, dass wir lieber immer das Gleiche wählen, anstatt uns aus Komplexitätsgründen auch mal für was Neues zu entscheiden. So essen wir jahrelang Vanilleeis, weil wir wissen, was wir daran haben, und wissen jedoch nicht, was uns entgeht, weil wir uns nie auf Mango, Walnuss oder Stracciatella einlassen. Diese Entscheidung ist auch nur eine Pseudo-Entscheidung.

Um wirklich entscheiden zu können, brauchen wir eine Steuerungskompetenz. Dieser Begriff kommt aus dem hypnosystemischen Kontext von Gunther Schmidt. Joachim Bauer schrieb das Buch „Selbststeuerung: Die Wiederentdeckung des freien Willens“, benutzt also den Begriff der Selbststeuerung. Am geeignetsten erschließt sich mir momentan das Wort Selbstführung. In der Systemtheorie und wie es in Unternehmen häufig verwendet wird, die dynamisch arbeiten, heißt es, dass wir zwischen Steuerung und Führung wechseln dürfen. Hier steht Steuerung dafür, Regeln einzuhalten und statische Abläufe zu definieren, und Führung für einen dynamischen Prozess. Aus diesem Grund passt der Begriff der Führung deutlich besser für die im weiteren Ablauf vorgeschlagene Herangehensweise.

Selbstführung kann erreicht werden, wenn wir Steuerungskompetenz haben.

In Bezug auf unsere individuelle Situation ist es notwendig, sich selbst zu fragen, in welcher Körperhaltung wir uns befinden, wenn wir uns entscheiden möchten. Es ist dann wichtig festzustellen, dass wir in bestimmten Körperhaltungen einfach keine Möglichkeit haben, Entscheidungen zu treffen. Wir können dann unsere Körperhaltung verändern, um festzustellen, dass wir uns jetzt schon eher entscheiden könnten. Wie ist in diesem Moment unsere Atmung? Ist sie ruhig, gleichmäßig und tief oder flach, unregelmäßig und beschwerlich? Wie ist unser Blick? Ist er weit und offen oder eng und fixiert? Wo im Raum ist der stimmige Ort, um eine gute Entscheidung treffen zu können? Positionieren wir uns mit dem Rücken zur Wand oder schauen wir aus dem Fenster oder stehen wir in der offenen Tür? Das sind dann keine festen Regeln, sondern darf auch gerne variieren und von der jeweiligen Entscheidung und dem Moment abhängig sein. Über das In-sich-und-die-Situation-Hineinspüren und das eigene Stimmigkeitsgefühl können Entscheidungen getroffen werden. Wir fühlen an bestimmten Stellen im Raum eine stärkere Klarheit, ein eigenes wahrnehmbares Stimmigkeitsgefühl[1] und können dieses zur Prüfung als Indikator benutzen.

Zuerst dürfen wir uns fragen, ob wir überhaupt in der Lage sind, die bestimmte Entscheidung zu treffen. Steht die Entscheidung in unserer Entscheidungsmacht oder Entscheidungsgewalt? Oder sind eventuell andere Menschen mit involviert und wir können die Entscheidung nur zu einem gewissen Prozentsatz fällen? Es ist auch wichtig, dass wir uns Klarheit über die inneren und äußeren Reize verschaffen, die uns in unseren Entscheidungen beeinflussen. Diese dürfen wir auf unsere Bühne des Bewusstseins[2] holen, das heißt sichtbar machen und dadurch ins Bewusste hineinrücken.

Wenn wir eine Entscheidung treffen, ist es wichtig, diese in Bezug auf ihre Auswirkungen zu überprüfen. Welche Auswirkungen hat es auf unseren Partner, wenn ich mich für etwas entscheide? Welche Auswirkungen hat es auf unseren Beruf? Welche auf die Familie, die Finanzen und alle weiteren Subsysteme, in denen wir leben? Wie sieht es in 5 Jahren aus, wenn wir diese Entscheidung treffen? Wir können in dem Beleuchtungsprozess vorausschauend Annahmen treffen und uns fragen, ob wir bereit sind, die Konsequenzen aus unseren Entscheidungen zu tragen. Sind wir bereit, die Verantwortung dafür zu übernehmen, dass sich etwas aufgrund unserer Entscheidung in eine bestimmte Richtung entwickelt?

Bei der Selbstführung mit unserem Körpersystem geht es um das Einbeziehen der Primärsteuerung des Menschen. Der Begriff der Primärsteuerung kommt aus der Alexander-Technik und bezieht sich auf das dynamische Zusammenspiel von Kopf und Wirbelsäule. Wenn dieses Zusammenspiel tatsächlich dynamisch ist, befindet sich der ganze Mensch in einem dynamischen Zustand und kann dadurch dynamische Entscheidungen treffen. Harmonie, Beweglichkeit und Gleichgewicht auf der körperlichen Ebene übertragen sich auch auf die anderen Bereiche unseres Lebens.

Im vorigen Kapitel 2.11 **Systeme aus der Balance bringen, irritieren und dann den Verdauungsprozess beobachten** wurden personenzentrierte Systeme vorgestellt. Wenn die Primärsteuerung wirkt, dann ist alles auf der psychischen, körperlichen, interpersonellen und kulturellen Ebene in der gleichen Wirkung. Entweder ist alles dynamisch oder eben statisch.

Hinsichtlich der Organisationsführung können wir uns grundsätzlich folgende Fragen stellen:

→ Nach welchen Prinzipien wollen wir uns organisieren?

→ Nach welchen Prinzipien wollen wir Entscheidungen treffen?

Dann kann in Unternehmen zuerst unterschieden werden, ob eine Entscheidung entscheidbar oder nicht entscheidbar ist. Dies macht vieles einfacher, denn tatsächlich versuchen wir auch in Unternehmen oft, Entscheidungen zu treffen, die gar nicht vollkommen in unserem Handlungsbereich liegen.

Wenn klar ist, dass wir eine Entscheidung im Unternehmen treffen können, wenden wir die vorher erarbeiteten Prinzipien an. Siehe dazu auch Kapitel 2.15 **Entwicklungsprinzipien**. So könnten sogar notwendige Entscheidungen getroffen werden, wenn die entsprechende Führungskraft im Urlaub ist. Sonst müsste die Entscheidung hinausgezogen oder die Führungskraft im Urlaub behelligt werden. Beides ist keine gute Lösung.

Ist eine Entscheidungskompetenz geübt und etabliert, kennen wir unsere Prinzipien, nach denen wir vorgehen, dann ist dies im Entscheidungsmoment abrufbar und steht uns zur Verfügung. Es gilt also, die Weichen für die Entscheidungskompetenz im Vorfeld zu legen, um dann im Falle einer anstehenden Entscheidung die entsprechenden Möglichkeiten und Werkzeuge zur Verfügung zu haben.

Fußnote 1: Antonio Damasio nennt dieses körperlich wahrnehmbare Stimmigkeitsgefühl „den somatischen Marker“ und im Focusing nach Eugene Gendlin wird es „Felt Sense“ genannt.

Fußnote 2: Joachim Bauer spricht in seinem Buch „Selbststeuerung: Die Wiederentdeckung des freien Willens“ von der Bühne des Bewusstseins, auf der die biologische Selbstorganisation stattfindet. Dort unterscheidet er in innere und äußere Reize, denen Menschen ausgesetzt sind und die Gegenstand ihrer Reflexionen werden. Innere Reize sind beispielsweise Anspannung, Schmerz, Hunger, Durst, Ungeduld, Ärger, Bedürfnisse von inneren Seiten oder Anteilen nach Perfektion, Macht und Erfolg oder Ruhe, Erholung und Schlaf, sich wiederholende Gedankenschleifen, Kopfkino und Fantasien. Äußere Reize sind Unterbrechungen durch Telefonanrufe, Kollegen, die reinkommen und eine Frage haben, einzuhaltende Deadlines, nicht funktionierende Technik, aufpoppende Nachrichten in diversen Messengern, E-Mails im Posteingang, der Stapel Arbeit auf dem Schreibtisch (als tatsächliche Akten oder virtuell), der Aufzug, der nicht funktioniert, das kranke Kind, das aus dem Kindergarten abgeholt werden soll usw.

Äußere Reize und innere Reize stehen in Wechselwirkung zueinander und befeuern oder lähmen sich gegenseitig. Im besten Falle betrachten sie sich neugierig.

„Das menschliche Bewusstsein verfügt über die Fähigkeit, in einer gegebenen Situation unterschiedliche Verhaltensoptionen zu entwerfen, ihre jeweiligen Folgen zu antizipieren und sie gegeneinander abzuwägen. Die dadurch entstehenden Freiheitsgrade des Verhaltens sind das, was als freier Wille bezeichnet wird.“ (Joachim Bauer, Selbststeuerung, S. 165)

2.13 Prozesse sind einzigartig

Kein Prozess gleicht dem anderen. Jeder Prozess ist individuell und einzigartig.

Wissenspart – Prozess

Das Wort Prozess ist vom lateinischen Begriff procedere abgeleitet und bedeutet vorwärtsgehen. Ein Prozess ist ein Fortgang, eine Entwicklung oder eine Abfolge mit einem in der Zukunft liegenden Ziel. Eine weitere Bedeutung kommt dem Prozess als Gerichtsverhandlung zu, was jedoch an dieser Stelle keine Rolle spielt.

In der heutigen Zeit werden wir mit Versprechen überhäuft. Verschiedene Heilsbringer und Propheten erklären, allein das Mittel der Wahl zu besitzen, das uns dynamischer, erfolgreicher, unabhängiger, schlanker oder gesünder macht. Dabei hat doch jeder Mensch eine andere Persönlichkeit und Lebensgeschichte und lebt in seinen speziellen Lebensumständen, die niemals identisch sind. Es kann daher keinen einzigen Fahrplan geben, der uns alle Ziele erreichen lässt. Es kann Angebote geben, Möglichkeiten, Alternativen und Ideen. Was dann der richtige Weg für uns ist, können wir nur selbst entscheiden, indem wir uns richtig wahrnehmen, den eigenen Prozess durchleuchten und herausspüren, was uns in unserer Entwicklung jetzt am besten helfen würde.

Das Gleiche gilt für Unternehmen. Auch hier werden teilweise bestimmte Erfolgssysteme entwickelt und verkauft, die Wirtschaftswachstum, Umsatzsteigerung oder Langlebigkeit versprechen. Dabei ist auch jede Organisation individuell, hat ihre Entstehungsgeschichte, spezifische Produkte und Dienstleistungen und ihre Unternehmenskultur. Versprechungen mit einem einzelnen System können daher gar nicht greifen. Die Erfolgsaussichten bei schablonierten Vorgängen halten sich in Grenzen.

„Hilf mir, es selbst zu tun!“

~Maria Montessori

In diesem Sinne können Systeme nur Substanz haben, wenn sie uns sowohl im persönlichen als auch im organisationalen Kontext helfen, unseren eigenen Weg zu finden. So dass wir selbst ein auf uns zugeschnittenes System entwickeln, welches unsere Eigenheiten, die Historie und die Umstände mit einbezieht.

Wenn wir den eingangs beschriebenen Versprechungen nacheifern, dass also ein Mittel für jeden Menschen und jede Organisation hilft, führt dies unweigerlich zum Stocken. Es kann kein einziges Allheilmittel geben. Das funktioniert nicht. Der Wunsch danach ist verständlich und menschlich, da alles schneller und vermeintlich einfacher liefe. Doch dies kann weder für den gesamten Menschen noch für die gesamte Organisation ausreichend sein. Es wird der einzigartigen Persönlichkeit des Menschen und den einzigartigen, vielschichtigen Kulturen eines Unternehmens nicht gerecht. Möchten wir einen Prozess einführen, benötigen wir immer ein Anpassen auf die eigene Situation.

Wir können einen Prozess auch als System von Bewegungen verstehen und dann innerhalb des Prozesses Abläufe und Tätigkeiten definieren – Bewegungen, die aufeinander folgen. Wir können uns dabei fragen, was ein sinnhaftes Aufeinanderfolgen von Aktionen ist, um dem Ziel zu dienen. Denn jeder Prozess unterliegt einem Ziel, das erreicht werden möchte – auf das wir vorwärts zugehen.

So vielfältig die Menschen und die Unternehmen sind, so einzigartig ist auch das Vorgehen, um die Entwicklung hin zu dem definierten Ziel zu ermöglichen.

Es gibt keinen Prozess für alle.

Im organisationalen Kontext sprechen wir häufig von Framework. Der Begriff kommt ursprünglich aus dem Software-Bereich und benennt da einen Rahmen oder eine Grundstruktur, mittels derer dann Software erstellt werden kann. Dem ITler werden hier gewisse Vorlagen, Standardmodelle und Module zur Nutzung zur Verfügung gestellt. Aus diesem vorgefertigten Baukasten kann er dann etwas Eigenes und Neues gestalten, das genau den Anforderungen und Bedürfnissen seines Auftraggebers gerecht wird. Das Framework ist somit ein Mittel zum Zweck und kein Endprodukt.

Dieses Framework kann nun auf die Organisation übertragen werden. Auch hier wählt die Unternehmensleitung oder ein bestimmter Mitarbeiterkreis aus verschiedenen Optionen, Hilfsmitteln und Instrumenten die für die Organisation passenden aus, die dem Erreichen eines Unternehmensziels dienen. Aus einer Art Werkzeugkasten werden die Werkzeuge benutzt, die genau auf diese Herausforderung passen. Siehe dazu auch Kapitel 2.15 **Entwicklungsprinzipien.**

In einem Geschäftsprozess geht es um die Erfüllung der Unternehmensziele, indem vorhandene Geschäftsfelder bearbeitet und neue Geschäftsfelder entwickelt werden. Er beinhaltet immer unterschiedlich aufeinander abgestimmte Aufgaben, die einem Ziel dienen und in die Zukunft gerichtet sind.

2.14 Das Entwicklungsrad

Das Entwicklungsrad ist ein Instrument, um organisationale Entwicklungs-Prozesse zu initiieren, durchzuführen und nachhaltig zu gestalten.

Das Rad besteht aus den vier Bereichen Mensch, Kultur, Rahmen und Struktur, denen jeweils drei Themen zugeordnet sind.

Das Zusammenwirken aller vier Bereiche ermöglicht eine nachhaltige Veränderung, statt einer Einzelaktion, die wie ein heißer Tropfen auf den Stein wirkt und schnell wieder verdampft. Das Durchlaufen der einzelnen Bereiche zur Standortbestimmung und zum regelmäßigen Update, wo und wie das Unternehmen dasteht, führt zu einer wirksamen Transformation. All die Bereiche sind für eine moderne Organisation unabdingbar, ganz egal, wie groß das Unternehmen ist. Je nach Branche und Geschäftsmodell können die Unterpunkte ausdifferenziert werden.

Den Überblick zu behalten ist Chefsache, ebenso, wie den Blick aufs Ganze zu haben.

Die Verwendung des Begriffs Chefsache kann hier irreführend sein. Es bedeutet nicht, dass der oder die Chefs alles selbst machen sollen. Die Ausführung der einzelnen Aktionen kann und muss delegiert werden bzw. die Verantwortung übertragen werden. Die Entscheider in einer Organisation sind für das gesamtheitliche Betrachten der einzelnen Bereiche verantwortlich. Die Chefsache bezieht sich auf die Wichtigkeit der einzelnen Themen. Die Zusammenarbeit der Teams (Mensch) ist genauso wichtig wie die Ergonomie in der Fertigung und am PC (Rahmen). Die Überlegung, welche Probleme das Unternehmen löst und somit zur Wertschöpfung am Markt beiträgt (Struktur) ist gleichwertig wie die Resilienz des Einzelnen und der gesamten Organisation (Kultur).

Alle vier Bereiche stehen in unmittelbarer Wechselwirkung miteinander.

Aber Vorsicht! Dies ist nicht das ultimative Framework, Modell oder Konzept, das bei Anwendung jeder Organisation den sicheren Erfolg oder die gewünschte Veränderung bringt.

Das Entwicklungsrad ist eher als Landkarte zu betrachten, die Orientierung gibt. Sind wir vor Ort und in der Situation, sieht bei Licht betrachtet die Wirklichkeit vielleicht etwas anders aus und es braucht die Offenheit, um situative Aktualisierungen vorzunehmen. Denn ein zentrales Merkmal einer Landkarte ist nun mal, dass sie stets viel kleiner gezeigt wird, als das Gebiet in Wirklichkeit ist. Der Wert einer Landkarte liegt darin, dass wir auf einen Blick ein großes Gebiet erfassen und aus der Vogelperspektive draufschauen können. Es ist allerdings nur eine Draufsicht und ohne Orientierungssinn, die Übertragung in die aktuelle Welt und das Wissen, wie man die Karte und eventuelle Hilfsmittel, beispielsweise einen Kompass, benutzt, verliert sie an Wert.

Das Entwicklungsrad stellt somit ein Instrument dar, das eine Übersicht ermöglicht und weitergereicht werden kann, damit wir einen Ansatzpunkt haben und miteinander in einen aktiven und belebenden Austausch treten können.

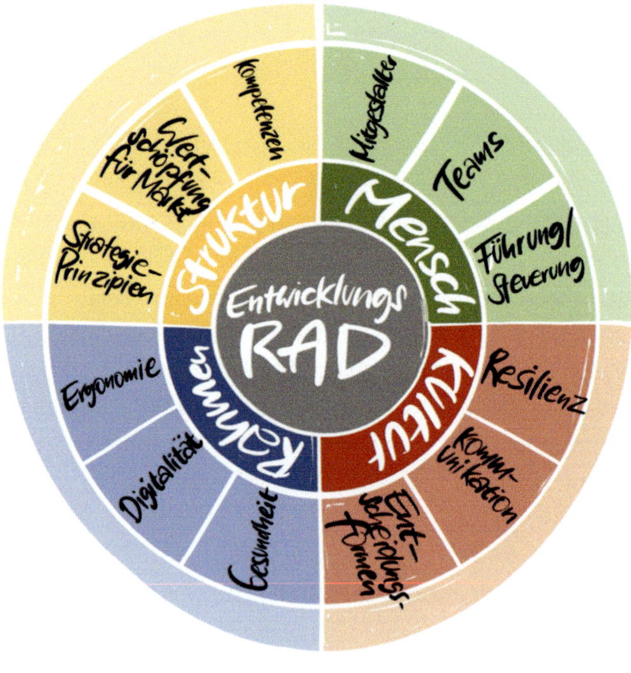

Betrachten wir nun die einzelnen Komponenten des Entwicklungsrads genauer.

Mensch

Menschen sind die wichtigste Ressource von Unternehmen, die sich mit ihrer Leistung in der Organisation einbringen und dafür einen finanziellen Ausgleich erhalten. Sie passen sich der Kultur des Unternehmens an. Stellen Führungskräfte oder Geschäftsleiter ein in ihren Augen unangemessenes Verhalten ihrer Teams oder einzelner Mitglieder ihrer Organisation fest, dürfen sie ihre eigene Unternehmenskultur hinterfragen, statt zu meinen, an den Mitarbeitern „herumschrauben“ zu müssen.

Mitgestalter

Mitgestalter fühlen sich mitverantwortlich und zeigen kooperatives Verhalten. Sie bringen sich mit ihren Ideen und Kompetenzen ein oder sind echte Könner, die eine freiwillige Gefolgschaft inspirieren. Sie **können** ihre Kernkompetenzen bewusst einsetzen, was sie auch **wollen** und **sollen**. Mitgestalter sind autorisiert, Verantwortung zu übernehmen und erleben psychologische Sicherheit, die sie zum Agieren befähigt.

Wir können uns für das eigene Unternehmen fragen: Sind unsere Mitgestalter autorisiert, Verantwortung zu übernehmen? Wie steht es in diesem Sinne um die psychologische Sicherheit im Unternehmen?

Teams

Bei der Betrachtung der Teams ist es uns möglich zu erörtern, welche Form der Zusammenarbeit im Unternehmen gewählt wurde und wie gut nun dieses Teamwork läuft. In erfolgreichen Teams verfügen die Mitglieder über unterschiedliche, sich ergänzende Kompetenzen. Teams, die sich kooperativ verhalten, können sowohl in Präsenz als auch virtuell problemlösend zusammenarbeiten. Es herrscht eine Form von psychologischer Sicherheit, die es den Mitgliedern ermöglicht, sich zu öffnen und auch mal zwischenmenschliche Risiken einzugehen. Dazu gehört bspw. Kritik zu äußern oder eine komplett gegensätzliche Meinung zu formulieren.

In diesem Kontext können wir hinterfragen, inwieweit unser Team konstruktiv mit Schwierigkeiten umgeht? Wird sich in der Gruppe gegenseitig geholfen und besteht ein resilientes Team, das an einer Krise wachsen kann?

Führung/Steuerung

Je nach Art des Unternehmens und den Problemen, die gelöst werden möchten, ergeben unterschiedliche Formen der Führung Sinn. Wichtig ist, dass die gewählte Form und die Unternehmensstruktur zusammenpassen.

Führung sollte eine bewusste Entscheidung sein. Häufig werden fachlich gute Mitarbeiter befördert. Diese sind auf ihrem Gebiet Profis, was sie jedoch nicht automatisch zur Erledigung ihrer Aufgaben als Führungskraft befähigt. Sie können diese Aufgabe nur so gut erledigen, wie sie eben im Stande sind. Denn meistens möchten sie vor allem ihre fachliche Arbeit verrichten und nicht unbedingt Mitarbeiter führen. Leider ist dies jedoch häufig der einzige Weg, um auf der Karriereleiter weiterzukommen.

Führung ist eine Kompetenz und kein Nebenjob. Führungsfähigkeiten können wir erlernen und auch in die Führungsverantwortung hineinwachsen. Führung von Mitarbeitern setzt eine gute Selbstführung voraus. Je nach Kompetenz und Aufgabe kann die Führungsperson wechseln.

In diesem Zusammenhang können wir unser Unternehmen beleuchten: Besteht eine ermächtigende Form von Führung, bei der sich Mitgestalter einbringen und mitwirken können? Findet eine Form von Steuerung durch Macht mittels Regeln und Kontrolle statt? Passt die Führungsform zur Unternehmensstruktur?

Kultur

Die Kultur ist all das, was wir beobachten und nur indirekt beeinflussen können. Durch das Beobachten der Kultur können wir Merkmale für mögliche Hebel entdecken, um die Organisation weiterzuentwickeln. Die Auswirkungen sind nicht vorhersehbar. Kulturmuster sind die ungeschriebenen Gesetze eines Unternehmens.

Resilienz

Je nach Blickwinkel unterscheiden wir in Einzel-, Team- und Organisationsresilienz. Wenn wir unseren Blick auf die Unternehmensebene richten, können wir sagen, dass die organisationale Resilienz die Fähigkeit von Organisationen ist, in disruptiven Verhältnissen nicht nur zu überleben, sondern daraus gestärkt hervorzugehen.

Daher können wir beobachten, inwieweit unser Unternehmen anpassungsfähig auf neue Strömungen und Entwicklungen am Markt reagiert. Ist die gesamte Organisation gestärkt aus einer Krise hervorgegangen? Werden Symptome als Frühwarnzeichen erkannt und auch frühzeitig darauf reagiert?

Kommunikation

Beim Betrachten des Kommunikationsverhaltens ist es möglich, verschiedene Interaktionen und Kommunikationsmuster zu entdecken, wobei hier noch zusätzlich zwischen diversen, internen Kommunikationsräumen differenziert werden kann. Die

Gespräche auf der „Vorderbühne“ finden bspw. in Meetings statt. Die Auswertung und weitere Besprechungen – die Gespräche auf der „Hinterbühne“ – erreichen anschließend die Kaffeeküche und werden dort weiter ausgebreitet.

Im angesprochenen Kontext können wir tiefer in unsere Organisation hineinschauen und uns bewusst machen, wie Kommunikation tatsächlich praktiziert wird. Gehört es zur Kommunikationskultur auch nach Missverständnissen Ausschau zu halten, um dann daraus zu lernen, wie es in Zukunft besser gehen kann? Wie offen und klar kommunizieren wir miteinander und werden auch unbequeme Themen frühzeitig angesprochen?

Verwenden wir einladende Sprachmuster, die ein kooperatives Verhalten fördern?

Entscheidungsformen

Im Unternehmensalltag werden fortwährend Entscheidungen getroffen, die Teil der Kommunikationsprozesse sind. Sind in einem Unternehmen die entscheidbaren Entscheidungsprämissen so ausgerichtet, dass sie die wertschöpfende Arbeit optimal unterstützen, kann sich eine Kultur entwickeln, die als angenehm empfunden wird.

Vereinbarte Prinzipien können als Entscheidungsgrundlage dienen, sodass Mitgestalter in der Lage sind, Entscheidungen eigenständig zu treffen. Im besten Falle werden unterschiedliche Entscheidungsverfahren je nach Problemstellung ausgewählt.

Wir können uns fragen, ob durch die Art, wie Entscheidungen getroffen werden, Unsicherheiten im Unternehmen eher aufgelöst oder verstärkt werden? Wird besprochen, wie man zu einer Entscheidung kommen möchte? Werden unterschiedliche Formen der Entscheidungsfindung, je nach Problemstellung, praktiziert?

Rahmen

Die Rahmenbedingungen sind die Räume, innerhalb derer Entwicklung stattfinden kann. Sie sind der Nährboden, auf dem Menschen in Unternehmen erblühen können.

Gesundheit

Gesundheit ist mehr als die Abwesenheit von Krankheit. Im besten Falle unterstützt die Umgebung, in diesem Falle der Arbeitsplatz, die Menschen dabei, ihr gesundheitliches Potenzial zu verstärken und sich sozusagen gesund arbeiten zu können. Stressoren im Arbeitsumfeld, wie häufige Unterbrechungen, zu hohes Arbeitsaufkommen, Termindruck und Hetze sowie Informationsüberflutung können bei Menschen Stresserleben auslösen und sich schädlich auf die Gesunderhaltung auswirken.

Bei näherer Betrachtung kann herausgearbeitet werden, was das Unternehmen für die Menschen, die in ihm arbeiten, unternimmt, um deren Gesundheit zu erhalten und im besten Falle sogar aufblühen zu lassen. Wie hoch ist die Anzahl der Stressoren im Unternehmen und gibt es Bestrebungen diese zu verringern? Erhalten Menschen Unterstützung, wenn sie ihren Umgang mit Stress konstruktiver gestalten wollen?

Digitalität
In allen Firmen hat die Digitalisierung Einzug gehalten. Sei es auch bloß, um in einem Handwerksbetrieb Rechnungen zu schreiben. Digitalität steht für das Zusammenwirken von digitalen und analogen Wirklichkeiten. Eine digital-analoge Balance ist die Weiterentwicklung der bisherigen Digitalisierung, die den Technik-Aspekt überbetonte. Da immer analoge Menschen vor den Computern sitzen, braucht es eine Begegnung und Gestaltung auf Augenhöhe.

Auch hier lohnt ein genauerer Blick, um herauszufinden, wie es um die Digitalität im Unternehmen bestellt ist. Werden digitale Chancen und analoge Potenziale gleichermaßen genutzt?

Ergonomie
Ergonomie bedeutet, Bedingungen zu schaffen, in denen Menschen sich gesund arbeiten können und geht weit über ergonomisches Mobiliar hinaus. Höhenverstellbare Schreibtische, ergonomische Tastaturen, vertikale Mäuse und Headsets sind Bestandteil des modernen Büros eines Wissensarbeiters. Das eine sind die Angebote, die vom Unternehmen gemacht werden, das andere ist aber auch die Anwendung und Nutzung der Mitgestalter. Ermöglicht die Unternehmenskultur, dass angemessene Pausen für die Selbstregulation gemacht werden? Gibt es sowohl Bewegungsangebote als auch Ruhezonen für regenerierende Pausen, damit sich das Nervensystem der Menschen und der Organisation ausbalancieren kann?

In Fertigungsbetrieben geht es ebenso um ergonomisch gestaltete Arbeitsplätze, die nicht nur die Sicherheit abdecken, sondern auch eine bewegte und lebendige Arbeitsausführung ermöglichen.

Wie ist es im eigenen Unternehmen? Existiert eine positive Pausenkultur? Sind die Büros mit ergonomischem Mobiliar ausgestattet? Werden die Angebote von den Mitarbeitern genutzt? Gibt es in der Fertigung ergonomisch gestaltete Arbeitsplätze?

Struktur

Als Struktur bezeichnen wir die innere Ordnung eines Systems. Struktur schafft Zuverlässigkeit und lässt Vertrauen entstehen: in Menschen, Organisationen und das Leben an sich. Strukturelle Veränderungen sind am schnellsten wirksam in Transformationsprozessen, führen weg von unnötigem Businesstheater und hin zum Erleben von Selbstwirksamkeit und dem Lösen von Problemen.

Es ist unerlässlich zu schauen, wo innere Unordnung im System herrscht und herauszufinden, wie dort am besten aufgeräumt werden kann.

Strategie/Prinzipien

Strategien ermöglichen ein Handeln in dynamischen Zeiten, wenn ein Abarbeiten von Plänen nicht mehr greift. Strategien lassen sich in Form von Prinzipien zum Ausdruck bringen. Die benannten Prinzipien ermöglichen ein Handeln ohne Fragen stellen zu müssen, wenn wir uns in unbekanntem Gebiet befinden. Zur Strategieentwicklung kann das bestehende Wissen genutzt werden, um den passenden Weg während der Fortbewegung zu finden.

In diesem Zusammenhang können wir betrachten, inwieweit unsere Lösungsstrategien geeignet sind, um die zu bewältigenden Probleme zu lösen.

Schaffen die Prinzipien Klarheit und sind sie allgemein verständlich formuliert, sodass sie Orientierung geben? Wird die Strategie überall im Unternehmen akzeptiert? Wird gemeinsam darüber diskutiert, ob Projekte strategiekonform sind?

Wertschöpfung für Markt

Jedes Unternehmen ist ein System, das externe Probleme löst. Ziel dabei ist es, mehr Geld einzunehmen als auszugeben. Ein dynamischer Markt erfordert, dass die Probleme des Kunden im möglichst direkten Kontakt vom Unternehmen gelöst werden.

Wie verhält sich das in unserem Unternehmen? Werden Handlungen und Entscheidungen an externen Referenzen ausgerichtet? Sind die Kunden mit der Problemlösung zufrieden und zahlen gerne den Preis? Tragen die Mitarbeiter mit ihrem Tun direkt zur Wertschöpfung bei, oder werden sie mit internen Prozessabläufen beschäftigt gehalten?

Kompetenzen

Kompetenz setzt sich immer aus Wissen und Können zusammen. Sie ist die Einheit dieser beiden Faktoren und führt zu wahrer Könnerschaft von Individuen.
Hinsichtlich der Kompetenzen im Unternehmen gilt es zwischen Kernkompetenzen und Schalenkompetenzen zu unterscheiden. Schalenkompetenzen sind universeller Natur. Diese können auch in anderen Organisationen vorhanden sein. Hingegen sind Kernkompetenzen Alleinstellungsmerkmale, die Organisationen voneinander abheben.

Beim Blick ins Unternehmen können wir fragen: gibt es wahre Könner in der Organisation, die sich auch entfalten dürfen? Wird die Hauptenergie in die Entwicklung von Kernkompetenzen gegeben?

Das Entwicklungsrad ist ein Rad, das sich dreht

Ein Rad steht für Bewegung, für das Vorwärtsrollen und die Fortbewegung, die möglich ist. Durchlaufen wir die einzelnen Bereiche mit den entsprechenden Themen in regelmäßigen Abständen, dann ist die Vorwärtsbewegung des Unternehmens unausweichlich.

Damit sich das Rad dreht, benötigt es Energie. Sei dies menschliche Energie, weil jemand in die Pedale tritt oder Energie in Form von Benzin oder einem anderen Kraftstoff.
Für den Gebrauch des Entwicklungsrades in Organisationen ist es unerlässlich, dass Vereinbarungen getroffen werden, die den Blick auf die Landkarte strukturieren und abstecken. Dafür braucht es Menschen, die das Instrument regelmäßig ins Spiel bringen und immer wieder darauf aufmerksam machen.

Es folgt ein erster möglicher Schritt, wie das Entwicklungsrad genutzt werden kann.

Probier's mal aus:
Mache eine Bestandsaufnahme deines Unternehmens, in welchem du tätig bist oder in der Geschäftsführung Verantwortung innehast oder in dem du als Solo-Selbstständiger das gesamte Spektrum abdecken darfst.

Schau dir alle vorher besprochenen 12 Themen an. Lasse den Text und besonders die Fragen auf dich wirken und bewerte sie nach dem Ampelsystem mit roten, grünen oder gelben Punkten.

Rot bedeutet: Hier liegt einiges im Argen, womit sich schon lange nicht mehr oder noch nie beschäftigt wurde.

Gelb bedeutet: Wir haben uns schon mal damit beschäftigt, aber kein zufriedenstellendes Ergebnis erlangt.

Grün bedeutet: Diesem Thema haben wir uns intensiv gewidmet und sind mit dem Ergebnis zufrieden.

Wenn es weniger grüne und mehr gelbe und rote Punkte auf deinem Entwicklungsrad gibt, dann kannst du dir die Frage stellen, wo du am besten beginnen solltest.

Da sich alles in Wechselwirkung miteinander befindet, kann an einer beliebigen Stelle begonnen und dann die Auswirkung betrachtet werden, bevor über die nächsten Schritte entschieden wird.

Generell können wir aber auch sagen, dass es geschickt ist, mit einer strukturellen Intervention zu beginnen, da die Menschen sich den Strukturen anpassen und die Kultur immer ein Abbild dessen ist, wie Menschen und Strukturen aufeinander wirken. Als Basis braucht es natürlich entsprechende Rahmenbedingungen.

Im nächsten Kapitel erfährst du, wie Prinzipien einen bereichernden Umgang mit dem Entwicklungsrad ermöglichen.

2.15 Entwicklungsprinzipien

Die drei Hauptprinzipien des Entwicklungsrads im Unternehmen sind:

a) Beobachten und erkennen
b) Innehalten und bewusst entscheiden
c) Ausrichten und lebendig halten

Mit diesem mentalen Dreisprung können Unternehmen zu resilienten Organisationen werden.

Beobachten und erkennen

Wir konnen Unternehmenskulturen und Gewohnheiten beobachten, die in der Organisation existieren. Diese werden auch als Kulturmuster bezeichnet, da sie die bestimmte eingefahrene Kultur des Unternehmens kennzeichnen.

Eine Gewohnheit wäre bspw., dass Second Screening betrieben wird. Die Mitarbeiter haben dann ein Smartphone am Arbeitsplatz oder in Meetings und benutzen permanent diesen zweiten Bildschirm neben ihrem PC-Arbeitsplatz, um all ihre aufpoppenden E-Mails umgehend zu bearbeiten und zu beantworten. Dies führt zu vielen Ablenkungen und beeinflusst, wie konzentriert wir arbeiten, wie tief wir uns in eine Aufgabe hineinvertiefen oder eben nicht. Hier ist es wichtig, auf die Auswirkungen des Second Screenings zu schauen. Nicht nur auf den Menschen und seine Konzentrationsfähigkeit, sondern auch auf die Produktivität und die damit verbundene Wertschöpfung des Unternehmens.

Eine weitere Beobachtung könnte sein, dass wir feststellen, wie schlecht die Zusammenarbeit zwischen der Entwicklungsabteilung und dem Vertrieb funktioniert. Vielleicht arbeiten beide Abteilungen gefühlt gegeneinander und betrachten sich jeweils als Konkurrenten. Wenn die Unternehmensführung diesen Missstand erkennt und sich der Auswirkungen auf das Geschäft des Unternehmens bewusst wird, kommen häufig Maßnahmenpläne zum Einsatz, die das Ganze wieder in den Griff bekommen und die Mitarbeiter in die Spur bringen sollen. In diesem Fall gelingen die Maßnahmenpläne nur schwerlich, da die Mitarbeiter nicht in den Prozess mit einbezogen werden. Dieses Change-Management gibt zwar der Unternehmensführung das Gefühl, etwas aktiv unternommen zu haben, verschiebt aber die Problemorientierung in Richtung der Mitarbeiter, die anscheinend nicht in Ordnung sind.

Diese Sichtweise kann nicht der Weg sein. Nicht die Mitarbeiter brauchen verändert zu werden, sondern die Unternehmenskultur, -struktur und -führung.

Im vorgenannten Beispiel wäre das dann ein schlichtes Verbot des Second Screenings. Dieser Appell bzw. diese Vorgabe holt den Menschen jedoch nicht bei seinen für sich eingerichteten Arbeitsabläufen ab. Besser wäre zu fragen, welche Strukturen im Unternehmen dazu geführt haben, dass dieses Verhalten für die Mitarbeiter bis hierhin Sinn ergibt. Welche Strukturen und Vereinbarungen brauchten sie, um neue Voraussetzungen zu schaffen, die andere Alternativen ermöglichen?

Innehalten und bewusst entscheiden

Das auf den Erkenntnisprozess folgende Innehalten erhält hier eine sehr wichtige Bedeutung. Wir dürfen lernen auszuhalten, dass sich nicht sofort etwas verändert. Die Erfahrung zeigt, dass wir im übereilten Reagieren oft das Gegenteil von dem bemerkten Verhalten tun, was nicht unbedingt die beste Lösung sein muss.

Wir dürfen nun innehalten, um hinter einem bestimmten Verhalten liegende Strukturen zu erkennen, die dieses Verhalten verursachen und erst ermöglichen. Im nachfolgenden Schritt geht es darum, Optionen zu sammeln. Welche anderen Möglichkeiten gibt es noch? Warum hat der Mitarbeiter das Gefühl, innerhalb kürzester Zeit auf E-Mails reagieren zu müssen? Welche Erwartungshaltung existiert da im Unternehmen? Welche Möglichkeiten gäbe es, um eine größere Konzentration und Effektivität zu erreichen?

Besonders wichtig ist das Sammeln von mehreren – mindestens 3 – Optionen. Wenn wir nur zwei zur Auswahl haben, wird es zu einer Entweder-oder-Entscheidung. Eine Entweder-oder-Entscheidung bietet keine wirklichen Alternativen, ähnlich dem Schwarz-Weiß-Denken, bei dem die Graustufen verloren gehen, die dem Ganzen jedoch eine große Flexibilität, Spielraum und Dynamik verleihen. Es gibt immer mehrere Möglichkeiten. Mit einem weiten, offenen Blick können wir uns für neue Optionen öffnen und diese auch finden.

Ausrichten und lebendig halten

Bei diesem Prinzip geht es darum, sich erneut an das gemeinsame höhere Ziel zu erinnern, welches jede Organisation hat. Warum sind wir einst angetreten? Wie wollten wir uns abheben und was genau tun wir? Wenn wir uns dieser Elemente erneut bewusst werden, uns unseren Platz in der Wertschöpfungskette wieder klarmachen und die damit verbundene Leistung würdigen, werden Rolle und Daseinsberechtigung der Organisation hervorgehoben und in den Fokus gerückt. Wir richten uns aus und beleben den Unternehmenszweck neu.

Nachdem wir uns klar geworden sind, welche Aufgabe und welchen Sinn das Unternehmen hat, können auch wir uns diese Fragen stellen: Wozu sind wir an dieser Position, an dieser Stelle? Was ist unsere Aufgabe? Welches Problem gilt es zu lösen? Wie dienen wir der Wertschöpfung des Unternehmens am besten? Diese Aufgaben können in Teilschritte zerlegt und dann in die Umsetzung gebracht werden.

Wir dürfen uns immer wieder innerhalb kurzer Zeitabschnitte an das höhere Ziel erinnern und den unternehmerischen Beitrag im Wechsel mit der Überprüfung der Auswirkung unserer kleinen Arbeitsschritte abgleichen. Wir wechseln zwischen Makrokosmos und Mikrokosmos hin und her.

Kleine Teilschritte gestalten alles übersichtlicher, können uns jedoch um die Umsetzung bringen, wenn wir uns darin verlieren. Dafür brauchen wir in kurzen Abständen Rückmeldung zu den Fragen:

→ Was funktioniert?

→ Was funktioniert nicht?

→ Welchen Weg wollen oder müssen wir weiterverfolgen?

→ In welche Richtung?

→ Wozu sind wir hier angetreten?

→ Was ist unser höheres Ziel?

→ Wie können wir das gemeinsam erreichen?

→ Was ist meine Aufgabe, um dieser Wertschöpfung zu dienen?

Dieses kontinuierliche Hinterfragen, Abgleichen und Ausrichten hält den Entwicklungsprozess in Unternehmen lebendig. Das Nutzen des Entwicklungsrads verdeutlicht uns die immer weiter voranschreitende Bewegung und die notwendige dauerhafte Arbeit am Erfolg eines Unternehmens.

Folgende Prinzipien könnten ebenso in Organisationen Anwendung finden, um den Mitarbeitern Orientierung zu geben und als Entscheidungsprämissen zu dienen:

- Bei uns geht Genauigkeit vor Schnelligkeit.
- Wir treffen Entscheidungen nach dem Vier-Augen-Prinzip.
- Bei uns steht Eliminieren vor Optimieren; erst dürfen Störungen und Überflüssiges beseitigt werden, bevor Bleibendes optimiert wird.
- Innehalten vor Aktionismus (siehe auch Punkt b).
- Wir investieren in langfristige Lösungen.
- Wir reisen sparsam.
- Wir entscheiden im Sinne der ökologischen Nachhaltigkeit.

2.16 Denkwerkzeuge

Denkwerkzeuge sind Werkzeuge und Vorgehensweisen, die es dem Nutzer der Denkwerkzeuge ermöglichen, die Handbremsen im Kopf zu lösen, mal um die Ecke zu denken und aus den bisherigen Denkstrukturen rauszukommen. Sie fördern die Kreativität, klären Kommunikation, schaffen Unterscheidungen und Differenzierungen, können in Innovations- und Coachingprozessen in Organisationen eingebettet werden. Sie geben unserem eigenen Denken Kraft, um Lösungen für dynamische Probleme zu finden. Denkwerkzeuge helfen, komplexe Zusammenhänge und theoretische Konzepte in konkrete Handlungen umzusetzen.

Die Anwendung der Denkwerkzeuge ist eine Kernkompetenz, die Menschen und insbesondere Höchstleister haben können, deren praktische Umsetzung jedoch regelmäßiges Praktizieren benötigt.

Verschiedene Denkwerkzeuge sind:

- Unterschiedsbildung
- Kategorisierung Blaue Welt – Rote Welt
- Unterscheidungen treffen

→ Seitenmodell

→ Sehnsuchtsziel und zweitbestes Ziel

Unterschiedsbildung

Diese Methode dient dem Analysieren eines Problems. Wenn wir in einem Problem feststecken, erleben wir manchmal eine so genannte Problemtrance. Das bedeutet, dass wir dann teilweise das Empfinden haben, das Problem bestünde schon immer und wäre für uns unüberwindbar. Befinden wir uns in dieser Problemtrance, sind wir nicht handlungsfähig. Um dies zu überwinden und Auswege zu finden, können folgende Fragen zur Unterschiedsbildung beitragen:

Wie lange besteht das Problem schon? Mit dieser Frage grenzen wir das Problem zeitlich ein. Wir unterscheiden zwischen damals und heute. Dadurch erinnern wir uns, dass es ein Vorher gab und dass es schon einmal anders war.

Ist der Schmerz oder die Belastung immer gleich stark? War es denn schon mal etwas besser?

Hier erinnern wir uns an die Zeit vor der Problemtrance und beleuchten, wie wir uns in den Momenten fühlten, in denen das Problem nicht weg, aber besser war. Wir unterscheiden hier die Intensität des Erlebens.

Diese und ähnliche Fragen helfen, die Problemtrance zu verlassen und einen Unterschied im Erleben zu machen. Wenn wir in einer Problemtrance blockiert sind, sind uns der Unterschied zu anderen Zeiten und die wechselnden Intensitäten nicht mehr bewusst. Bei der Unterschiedsbildung geht es also darum, das momentane Empfinden von vergangenen Empfindungen abzugrenzen. Durch das Erinnern an den vergangenen anderen Zustand gelingt es unserem Geist, die Möglichkeit zuzulassen, dass es auch wieder besser werden kann und darf.

Kategorisierung Blaue Welt – Rote Welt

Wir Menschen stehen immer vor der Herausforderung, den Blick auf das große Ganze und dann auf die einzelnen Bestandteile zu richten. Für diesen Zweck gibt es Schritt-für-Schritt-Programme. Eine detaillierte Anleitung, um zu lernen, wie man Geige spielt, ein Radio repariert oder einen Online-Kurs aufbaut. Dieses Vorgehen ist für komplizierte Aufgaben eine gute Sache. Zum Erreichen eines Endziels wird der Weg in viele kleine Einzelteile zerlegt und in einer bestimmten sinnhaften Reihenfolge präsentiert. Diese Art und Weise des Herangehens gelingt jedoch nur bei Problemen oder Aufgaben aus der Blauen Welt.

Wissenspart – Blaue Welt – Rote Welt

Die Begriffe der Blauen und Roten Welt stammen aus dem Bereich der Unternehmensführung. Probleme aus der Blauen Welt werden als kompliziert, statisch und tot bezeichnet. Blaue Probleme sind uns vertraut, weisen eine Linearität auf und bleiben gleich. Sie können mit linearem Herangehen und bekannten Lösungen geklärt werden. Probleme aus der Roten Welt hingegen sind komplex, dynamisch und lebendig. Rote Probleme können sich permanent verändern und fordern uns ein innovatives, flexibles Denken und Handeln ab.

Mit Problemen aus der Blauen Welt kann folgendermaßen umgegangen werden:

→ Das Ziel bewusst machen.

→ Das Ergebnis fokussieren.

→ Die Aufgabe klar definieren.

→ Raum für Nachbetrachtung und Feedback schaffen.

Wenn Probleme jedoch aus dem Bereich der Roten Welt kommen, also komplex werden und nicht nur kompliziert, reicht das beschriebene Aufteilen und lösen in Einzelschritten nicht mehr aus. Für diese Herausforderung benötigen wir dynamische und flexible Lösungen. Bei Problemen aus dem roten Bereich können wir nicht oder wenig auf vorhandenes Wissen zurückgreifen.

Zur Problembehebung können wir uns folgende Fragen stellen:

→ Wer hat innovative Ideen, um das Problem zu lösen?

→ Welche Strategien könnten bei der Problemlösung hilfreich sein?

→ Welche Prinzipien helfen uns, Lösungen zu finden?

→ Welche Werte unterstützen uns dabei?

Nun können die komplexen Aufgaben dynamisch-robust gelöst werden. Sie werden nicht nur nacheinander, sondern auch quer zueinander, parallel und in wechselnden Reihenfolgen bearbeitet.

Unterscheidungen treffen

Der Bereich der Unterscheidungen ist vor allem für Organisationen sehr interessant. Es geht darum, Unterscheidungskriterien festzulegen, welche bei der Klärung oder Differenzierung eines Themas helfen. Unterscheidungen zu treffen, verschafft Klarheit. Dass wir eine Unterscheidung treffen, definiert die Einheit des Themas.

Ist bspw. Führen das Thema, können wir feststellen: Führen ist die Einheit der Unterscheidung von Irritieren und Verwalten.

Sprechen wir über das Thema Kultur, können wir sagen: Kultur ist die Einheit der Unterscheidung von Vorderbühne und Hinterbühne.

Geht es um das Thema Kompetenz, können wir sagen: Kompetenz ist die Einheit der Unterscheidung von Wissen und Können.

Seitenmodell

Der Anspruch des Seitenmodells liegt darin, die vielen verschiedenen Seiten eines Menschen oder einer Organisation zu erkennen und stehen zu lassen bzw. seine/ihre Vielschichtigkeit zu bemerken. Sagen wir nun bspw.: „Das ist Thomas. Thomas ist eine Führungskraft", benennen wir nur seinen Namen und einen einzigen Aspekt seines Berufs. Einem Teil von Thomas ist seine Position als Führungskraft wichtig. Genauso gibt es einen Teil in ihm, der keine Entscheidungen treffen möchte. Eine weitere Seite in ihm ist ein Genussmensch. Thomas isst gerne leckere Sachen. Noch eine Seite in ihm möchte sportlich schlank sein und sich fitter fühlen. Und so kann noch viel mehr über Thomas und seine einzelnen Seiten erzählt werden. Denn Thomas ist viele, wie wir alle.

Wir Menschen haben häufig die Tendenz, uns auf einen Anteil festzulegen: „So bin ich." Dieses Festlegen gibt uns ein Gefühl von Sicherheit. Wir meinen aber auch, uns festlegen zu müssen, was zu einer Art innerem Verbiegen führt. Denn die anderen Seiten bekommen in dem Moment keine Beachtung. Hinzu kommt, dass das System Mensch in seiner Vielheit sich je nach Kontext unterschiedlich verhält – eben dem jeweiligen Kontext angepasst.

Für unsere Entwicklung und das eigene Begreifen ist es sehr gut, diese verschiedenen Seiten zu entdecken und anzuerkennen. Mit Hilfe der Steuerungskompetenz können wir dann die verschiedenen Seiten an einen Tisch holen und aushandeln, welche Seite jetzt sprechen darf, welche Seite ihre Meinung passenderweise zum Thema kundtut und welche Seite sich im Hintergrund hält oder in die Kaffeepause geschickt wird.

Wir stellen in dem Moment unser inneres Team auf. Dieses Vorgehen hilft in Situationen, in denen Entscheidungen getroffen werden müssen. Das Seitenmodell erleichtert den Umgang mit Ambivalenzen bzw. erklärt, warum es überhaupt Ambivalenzen gibt. Schließlich sind wir nicht nur eine Seite, sondern viele verschiedene, die gleichzeitig aufeinander einwirken und miteinander agieren. Das Erkennen, Wahrnehmen und Annehmen dieser vielen Seiten führt bereits zu einer ersten Erleichterung. In einem weiteren Schritt lohnt es sich, herauszufinden, wofür die jeweilige Seite steht, was sie ausmacht und welche Kompetenzen und Bedürfnisse sie hat. Welche Strategien hat die jeweilige Seite entwickelt, um die Bedürfnisse zu erfüllen? All diese Informationen lassen uns unsere vielschichtige Persönlichkeit erkennen und helfen uns, die eigene Einzigartigkeit anzuerkennen und wertzuschätzen.

Im Kapitel 4.3.5 **Das innere Team** findest du hierzu eine Interventions-Anleitung.

Sehnsuchtsziel und zweitbestes Ziel

Wenn wir schon häufiger vergeblich versucht haben, ein Sehnsuchtsziel zu erreichen, und dieses Versagen dann zu einem Stresserleben führt, ist es hilfreich zu schauen, ob es nicht ein zweitbestes Ziel gibt, das sich zu verfolgen lohnt. Und vielleicht auch ein dritt- und viertbestes Ziel.

Ist es unser Wunschtraum, am Meer zu leben, und ist dies aber aus bestimmten Gründen einfach nicht möglich, können wir statt des Sehnsuchtsziels Meer das zweitbeste Ziel, nämlich zumindest am Wasser zu leben, anstreben. Das ist sicher einfacher möglich. Konkret könnten wir zu diesem Zweck häufiger mit dem Wohnwagen am See oder Fluss stehen. Zwar ist es nicht das Sehnsuchtsziel Meer, aber es fühlt sich schon richtig gut an, da man dem Wunsch ein bisschen näher kommt. Außerdem macht uns dieses Vorgehen wieder handlungsfähig. Wir können aktiv etwas tun und müssen nicht in der Traurigkeit über das Nicht-Erreichen verharren.

Für das zweit- oder drittbeste Ziel brauchen wir unser Sehnsuchtsziel nicht aufzugeben, denn es hat weiterhin Berechtigung und verdient Wertschätzung. Um dem weiter Raum zu geben, wäre eine Möglichkeit, entsprechende Bilder aufzuhängen. Fotos oder Gemälde, die das Meer einfangen und die spezielle Atmosphäre wiedergeben bzw. auf denen wir selbst zu sehen sind. So bekommt der Sehnsuchtswunsch Platz und wird nicht unterdrückt, was zu inneren Spannungen führen würde. Würden wir diesen Traum vom Meer unterdrücken, käme er umso heftiger immer wieder hoch.

Hierzu gibt es eine praktische Intervention im Kapitel 4.3.6 **Umgang mit Restriktionen**.

2.17 Von kleinen Schritten und großem Überblick

Wenn große Projekte ins Haus stehen oder viele verschiedene Aufgaben anstehen, wissen wir oft nicht, wo wir anfangen sollen. Der Volksmund der deutschen Sprache hat viele Sprichwörter, die dies beschreiben:

„Rom wurde auch nicht an einem Tag erbaut." – Lass dir Zeit. Mach eins nach dem anderen und dann wird das schon.

„Den Wald vor lauter Bäumen nicht sehen." – Den Überblick verloren haben oder das Naheliegende nicht sehen können.

In manchen Unternehmen arbeiten Mitarbeiter einfach vor sich hin und halten sich beschäftigt, da es ihnen ein gutes Gefühl gibt, beschäftigt zu sein. Wenn wir den Schreibtisch voll haben, haben wir den Eindruck, etwas zu leisten. Ein Problembewusstsein ist nicht da. Wenn wir uns zu stark in die reine Beschäftigung hineinziehen lassen, verlieren wir den Blick auf das große Ganze und der Zusammenhang, wofür wir arbeiten, geht abhanden. Sich in der Beschäftigung halten steht im Gegensatz zum echten Arbeiten und Problemelösen.

Einige Menschen denken nur im großen Überblick, im übergeordneten Rahmen der Metaebene. Sie bleiben im Gesamtbild verhaftet, was einerseits eine Kompetenz ist, da der Blick in die Weite gerichtet ist, und andererseits ein Verharren auf nur einer Betrachtungsebene darstellt, wodurch es unbeweglich wird. Wenn wir die Probleme nur von der Metaebene betrachten, kommen wir schwieriger ins konkrete Handeln und setzen Dinge weniger um. Wieder andere denken ausschließlich im Detail. Sie verstricken sich in Einzelaspekten und richten hier ihren Blick in die Enge. Auch wenn der Detailblick ebenso eine Kompetenz ist, verharren diese Menschen ebenso auf nur einer Betrachtungsebene. Denn wenn wir uns im Detail verlieren, geht uns der Sinnzusammenhang verloren.

In einigen Organisationen sind Projekte sogar absichtlich nach diesem Schema aufgebaut. Es gibt ein gemeinsames Projekt, bei dem die Projektplanung an eine Person übergeben wird. Andere Personen kümmern sich dann um die Detailarbeit. In tayloristischen Unternehmen wurde dieses Vorgehen propagiert und kultiviert, da dadurch mehr Effizienz entsteht. Es ist in der heutigen Geschäftswelt für blaue Problemstellungen geeignet. Meistens brauchen wir heute viel flexiblere und dynamischere Lösungsangebote. Es ist wichtig, zwischen roten und blauen Problemen unterscheiden zu können. Beides ist für sich wertvoll. Es ist nur nicht sinnvoll, ein rotes Problem mit einer blauen Lösungsstrategie lösen zu wollen und umgekehrt.

Jeder, der an einem Projekt mitarbeitet, sollte sowohl das große Ganze als auch den nächsten Teilschritt im Blick haben. Das heißt also, dass wir zwischen dem weiten Blick und dem engen Blick wechseln. In Projektbesprechungen bedeutet das, dass immer einer auf das große Ganze verweist mit der Frage, ob dieses Vorgehen wirklich zum Ziel führt. Und ein anderer erinnert an das Detail, welches nicht vergessen werden darf – was das jetzt konkret auf diese Situation heruntergebrochen bedeutet. Diese Personen brauchen auch nicht immer die gleichen zu sein. Ganz im Gegenteil darf hierfür die Verantwortung innerhalb des Teams wechseln. Dies fordert uns eine hohe Flexibilität ab, die es zu entwickeln gilt.

Das Wechseln zwischen weitem und engem Blick ist ein Können, welches wir alle in uns tragen. Diese Fähigkeit zeigt sich in der Schärfeneinstellung des menschlichen Auges. Permanent wechselt das Auge zwischen einem weiten und einem engen Blick. Die Akkumulation, die das Auge permanent leistet, können wir auch mit unserem Blick im Businesskontext auf Problemlösungen beziehen. Hierzu gibt es im Kapitel 4.3.7 **Psychohygiene und Interventionen zum Ausgleich von Stresserleben** den Unterpunkt **Vom Tunnelblick zum Weitblick** mit der entsprechenden praktischen Übung als Unterpunkt.

Es geht darum, aus der Starre immer wieder in die Bewegung zu kommen und zwischen beiden Betrachtungsweisen wechseln zu können. Wir sind zu beidem in der Lage und haben die Fähigkeit für beides, um unser gesamtes Potenzial entfalten zu können. Bei dynamischen Prozessen und Projekten dürfen wir, indem wir den Blick in die Weite stellen – auf das große Ganze richten –, immer wieder überprüfen, ob wir mit den kleinteiligen Schritten, die wir tun, auf dem richtigen Weg sind.

Für das menschliche Gehirn ist es entspannter, wenn Handlungsschritte möglichst kleinteilig sind. To-do-Listen, Checklisten und Aufgabenbeschreibungen dürfen daher sehr konkret dargestellt werden. Dadurch wissen wir beim späteren Heranziehen dieser Aufzeichnungen auf einen Blick, was zu tun ist. Das Gehirn muss sich nicht wieder neu eindenken. Wenn wir es dem Gehirn leicht machen, bringt das nicht nur Entspannung und Effizienz, sondern es funktioniert auch besser.

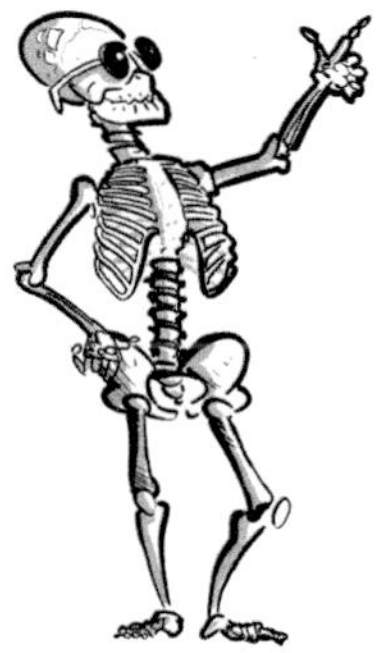

Wir nutzen die kleinen Schritte, um dem großen Ganzen zu dienen, und zerlegen das große Ganze in Einzelschritte, um dem Ziel besser zu dienen. Der Wechsel zwischen dem großen Ganzen und den kleinen Schritten und umgedreht ist das Wesentliche bei der Lösung von komplexen Problemen.

Kapitel 3 – Die unglaubliche Macht, die Menschen innewohnt

Um das Potenzial des Menschen zu entwickeln und zu entfalten, können wir Symptome als Frühwarnzeichen nutzen. Die Wechselwirkung der unterschiedlichen gesamtheitlichen Systeme kann verwendet werden, um unser Befinden positiv zu beeinflussen. Die bewusste Gestaltung der Körperhaltung unter Verwendung von Bildern und anatomischen Abbildungen befähigt uns dazu, unsere Realität selbst zu kreieren.

Im 3. Kapitel geht es um die Entwicklung von Kompetenzen, die dazu führen, Könnerschaft im Beruf und Exzellenz im Leben zu erreichen sowie das eigene innewohnende Potenzial auszuschöpfen. Es werden sieben Kernkompetenzen beschrieben: **beobachten, Annahmen aufstellen, Impulse steuern, Selbstgespräche konstruktiv führen, Zugang zu inneren Modalitäten finden oder sich verschaffen, Ebenen wechseln und Aufmerksamkeitsfokussierung,** und es wird aufgezeigt, wie wir diese weiterentwickeln können.

3.1 Symptome werden nicht mehr als störend wahrgenommen

Symptome sind grundsätzlich als neutral zu betrachten. Beim Menschen sind Symptome Zeichen des Körpers an die Person, zu der der Körper gehört. Bei Organisationen – systemtheoretisch betrachtet – sind Symptome Zeichen der Umwelten an das System. Symptome sind sowohl beim Menschen als auch beim Unternehmen Zeichen, dass etwas nicht stimmt. Sie fordern uns auf hinzuschauen. Es sind Aufforderungen, ähnlich wie Hinweisschilder oder Warnleuchten, an die Steuerungskompetenz des Menschen oder an die Steuerinstanzen der Organisation. Im besten Fall wird ein Symptom zu einer Erinnerungshilfe, um besser Selbstfürsorge als Mensch betreiben zu können oder vorausschauend zu handeln in Organisationen.

Symptome sind eine Form von Kommunikation, die am besten frühzeitig wahrgenommen wird. Warten wir zu lange, manifestieren sich die Symptome und deren Auflösung wird schwieriger. Bei rechtzeitigem Reagieren helfen uns Symptome in Form eines Frühwarnsystems. Dies verhält sich ähnlich wie bei Vulkanen, deren Ausbrüche bereits im Vorfeld seismologisch, durch die Messung der Eruptionen und der Temperaturen im Inneren des Vulkans mit speziellen Messinstrumenten, vorhergesagt werden können.

Auch wir Menschen spüren, wenn sich bspw. ein Wutanfall anbahnt. An unseren körperlichen und geistigen Reaktionen bemerken wir schon im Vorfeld, was sich hier zusammenbraut. Das kann sich wie ein Klumpen im Magen anfühlen oder wir spüren den erhöhten Puls oder dass sich unser Gesicht dunkel verfärbt. Auch Schmerzen beginnen mit Verspannungen und kleinen Bewegungseinschränkungen, bevor irgendwann bei Nichtbeachtung ein heftiges Stechen oder Brennen beginnt, was sich auch wieder steigern kann, indem der Schmerz chronisch wird. Jedoch bei frühzeitigem Einschreiten kann hier mit Leichtigkeit viel bewirkt werden.

Nackenverspannungen sind ein Hinweis dafür, dass das Zusammenspiel von Kopf und Wirbelsäule nicht dynamisch ist, sondern an mindestens einer Stelle statisch und starr. Kümmern wir uns nicht um diese Nackenverspannung, kann daraus ein Schmerz werden.

Auftretende Kopfschmerzen können ein Hinweis sein, dass wir Wasser trinken oder einen Power Nap machen sollten.

Wenn wir zum Beispiel in der Sonne sitzen, verfärbt sich unsere Haut rot. Das ist ein deutliches Zeichen – ein Symptom –, dass wir lieber aus der Sonne gehen sollten. Ignorieren wir das Zeichen unseres Körpers, werden wir uns am Abend sehr wahrscheinlich mit schmerzendem Sonnenbrand und einem Sonnenstich rumschlagen müssen.

Bei einer beginnenden Netzhautablösung sind auftretende Lichtblitze ein typisches Frühwarnzeichen unseres Körpers. Diese können uns nun darauf aufmerksam machen, dass wir einen Gang zurückschalten, den Stress rausnehmen und uns um uns kümmern dürfen. Vielleicht reagieren wir am Anfang mit Panik und holen uns ärztliche Schnellhilfe in einer Klinik. Wenn wir aber verstanden haben, dass uns der Körper nur ein Zeichen geben möchte, können wir die Maßnahmen durchführen, die ihm guttun und ihn entstressen, indem wir uns schlafen legen oder Termine absagen oder uns mehr Zeit lassen. Den richtigen Umgang mit Symptomen finden kann am besten jeder für sich selbst.

Wenn wir unsere Körperzeichen kennen, können wir sie in Handlungen transformieren. Eine fabelhafte Kommunikation zwischen dem Menschen, der in dem Körper steckt, und dem Körper, der Symptome als Hinweise schickt.

Wenn wir jedoch die ersten zarten Zeichen unseres Körpers nicht wahrnehmen, kann das zu einem Problem werden. Wir sind eventuell zu sehr mit anderen Dingen beschäftigt und bemerken das Symptom erst, wenn es schon ziemlich schmerzt. Der Schmerz wird dadurch immer stärker und ist schwieriger aufzulösen. Das Ignorieren von Symptomen kann uns teuer zu stehen kommen. Teuer hinsichtlich Geld-, aber auch Zeitverlust. Hätten wir bei Auftreten eines Schmerzes zeitnah reagiert, wäre er nicht so hartnäckig geworden, hätte andere Körperbereiche nicht miterfasst und wir müssten keine langwierigen, teuren Behandlungstermine bei Fachleuten wahrnehmen. Ähnlich zeigt es das Beispiel eines Kfz. Hier führt ein Missachten einer blinkenden Ölleuchte zu einem Motorschaden und das Missachten der Tankleuchte dazu, dass wir auf der Straße stehen bleiben. Beides kostet Zeit und Geld.

Manchmal tauchen Symptome auch urplötzlich und blitzschnell auf. Das gibt uns das Gefühl, nichts dagegen unternehmen zu können – dem ausgeliefert zu sein. Ein pragmatischer Ansatz aus dem konstruktivistischen Bereich, in dem es darum geht, sich Realitätskonstruktionen zu eigen zu machen, anstatt in der Opferrolle zu verharren, wird im Kapitel 3.3 **Realitäten gestalten, indem ich die Körperhaltung ändere** genauer erläutert. Die Grundannahme, dass wir unsere Realitäten gestalten, bringt uns aus der gefühlten Handlungsunfähigkeit.

Auch ist es wichtig, darauf zu achten, dass wir uns nicht mit dem Symptom identifizieren. Ausdruck findet diese Identifikation bei Menschen, die bspw. sagen: „Ich habe Rücken." Schon aus dem Wortlaut hören wir, dass sich die Person nur mit diesem schmerzenden Körperteil befasst und auseinandersetzt. Da der Rückenschmerz höchstens 20 % des Gesamtkörperempfindens ausmacht, können wir hier von einer Überidentifikation sprechen. Diese wird zum Problem, da wir nur schwer aus ihr herausfinden. Daher an dieser Stelle nochmal der Verweis, Symptome am besten so früh wie möglich wahrzunehmen und ihnen entgegenzuwirken, indem man den Blick immer wieder auf das gesamtheitliche System lenkt. Und die 80 %, die zuverlässig und gut zur Verfügung stehen, auch in das Gesamtbild integrieren!

Wir können auch mit dem Symptom verhandeln, indem wir zu ihm sagen, dass es gerade ganz und gar nicht passt, wir uns aber in einer Stunde Zeit dafür nehmen und ihm Aufmerksamkeit schenken. Wichtig ist dann, dass wir diese zeitliche Vorgabe auch tatsächlich einhalten. Dieses Verhandeln funktioniert in den meisten Fällen gut.

Wenn wir Symptome wie beschrieben behandeln:

→ frühzeitig wahrnehmen,

→ als Unterstützer erkennen,

→ hilfreiche Maßnahmen einleiten,

→ Realitäten selbst gestalten,

→ Überidentifikation erkennen und gegensteuern,

→ mit dem Symptom verhandeln,

findet eine Transformation vom nervigen Symptom hin zum hilfreichen Frühwarnsystem statt. Wir verstehen diese Zeichen sowohl beim Menschen als auch bei der Organisation dann als Hilfsmittel und sind dankbar dafür, dass sie uns rechtzeitig aufschrecken.

Wir geben dem Zustand des Symptoms eine andere Bedeutung. Dadurch gelingt ein neuer Umgang und wir können unsere Realität und das Erleben unserer Realität neu gestalten.

3.2 Wie wir unser Befinden positiv beeinflussen können

Wir können unser Befinden selbst beeinflussen. Wie in der personenzentrierten Betrachtung schon beschrieben, findet permanent eine Wechselwirkung zwischen unseren einzelnen Systemen statt: dem psychischen, dem somatisch-körperlichen, dem interpersonellen und dem kulturellen System. Da diese miteinander interagieren und in Relation zueinander stehen, ist es möglich, dass, wenn wir eines dieser Systeme beeinflussen, wir Einfluss auf die anderen Systeme nehmen.

Frederick Matthias Alexander, der Begründer der Alexander-Technik, schrieb bereits 1910 über die psycho-physische Einheit des Menschen, die glücklicherweise inzwischen zur Allgemeinbildung gehört.

Die Wechselwirkungen zwischen den einzelnen Systemen sind sehr komplex und laufen innerhalb kürzester Zeit gleichzeitig ab. Siehe hierzu auch Kapitel 2.11 **Systeme aus der Balance bringen**.

Wenn wir bspw. in eine Zitrone beißen, setzt unwillkürlich Speichelfluss ein. Das ist die körperliche Reaktion. Gedanklich-kulturell denken wir in dem Moment, dass die Zitrone doch wahnsinnig sauer ist. Wir wissen es noch von unserem letzten Biss in eine Zitrone. Interpersonell sagt unser guter Freund: „Sauer macht lustig“, psychisch fühlen wir eher: „Sehr witzig. Beiß doch selbst rein!”, und fühlen uns ein wenig veralbert.

Auch im Verkauf wird dieses Wissen genutzt. Ein Trick unter den Immobilienmaklern ist zum Beispiel, dass in dem zum Verkauf stehenden Haus vorm Eintreffen der Interessenten ein Kuchen gebacken wird, da sich das positiv auf die Kaufentscheidung auswirkt. Mit dem feinen Geruch verbinden die potentiellen Kunden schöne Erinnerungen an heimelige Momente und ihre Kindheit. So wechselwirken auch hier die einzelnen personenzentrierten Systeme miteinander.

Die Wechselwirkung kann sich sowohl negativ in Form einer Abwärtsspirale als auch positiv in Form einer Aufwärtsspirale entwickeln. Wenn wir uns schlecht fühlen, haben wir negative Gedanken und nehmen unsere Körperhaltung nicht wahr. Wir ziehen uns unwillkürlich nach vorne zusammen, die Schultern hängen, uns selbst verurteilende Gedanken kommen nach oben. Von außen kommt noch der interpersonelle Teil hinzu, indem jemand sagt: „Na, dir scheint’s ja richtig schlecht zu gehen.“ Diese Abwärtsspirale lässt sich dann weiter fortsetzen.

Eine Aufwärtsspirale kann unwillkürlich geschehen. Wenn wir zum Beispiel beim Mini-Golf wider Erwarten gewinnen, obwohl wir doch sonst immer so schlecht darin waren oder zumindest dachten, wir hätten kein Talent dafür, dann können folgende Abläufe in unserem personenzentrierten System ablaufen: Unsere Körperhaltung verändert sich dahingehend, dass wir uns mit einem inneren „Wow“ aufrichten. Von den Mitspielern folgen bewundernde Kommentare oder auch Applaus auf der interpersonellen Ebene. Ein Gefühl von Überraschung, Freude und Stolz breitet sich in uns aus. Gedanken, die diese Gefühle ausdrücken, nehmen in uns Gestalt an. Das Selbstbewusstsein in uns wird durch diesen Wechselwirkungsprozess gestärkt.

Eine solche Aufwärtsspirale können wir auch selbst herbeiführen und steuern. Dabei ist es hilfreich, nicht auf der gleichen Ebene zu bleiben bzw. nicht im gleichen System. Wenn wir Veränderungen initiieren wollen, wechseln wir am einfachsten auf die körperliche Ebene.

Unsere gehaltene Präsentation ist nicht so gut gelaufen, wie wir das gerne gehabt hätten. Die positive Resonanz, die wir uns gewünscht haben, blieb aus. Das körperliche System reagiert darauf mit Schultern hängen lassen, Vorderseite zusammenziehen und Blick zum Boden richten. Im kulturell-gedanklichen System kommen Gedanken auf, wie wir das nur wieder geraderücken könnten. Das psychische System fühlt sich schlecht und niedergeschlagen.

Wie kommen wir aus so einer Situation wieder raus?

Es ist wenig sinnvoll, dem Gefühl dann zu sagen, es soll sich wieder besser fühlen, oder den Gedanken, dass sie aufhören sollen, sich fertigzumachen.

Die einfachste Veränderung lässt sich über den Körper initiieren. In dieses bisher unwillkürlich reagierende Körpersystem können wir ganz bewusst den Impuls geben: „Und ich erlaube meinem Hals loszulassen." So darf sich unser Kopf auf der Wirbelsäule ausbalancieren. Automatisch richtet sich der Blick nach vorne. Unser Rumpf darf sich längen und weiten, sich dreidimensional ausbreiten. Die Atmung wird weiter und offener. Die Schultern entspannen sich, der Brustkorb weitet sich. Viele kleine indirekte Folgen entwickeln eine positive Richtung und somit ein positives Empfinden.

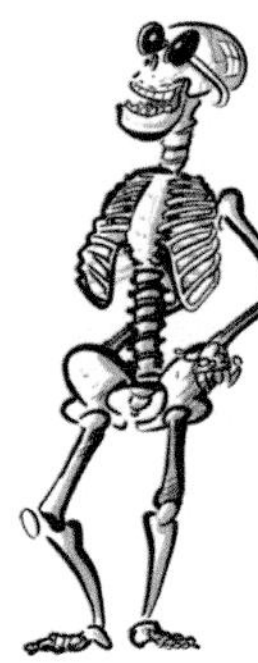

Nur den hängenden Schultern zu diktieren, dass sie sich wieder aufrichten und straffen sollen, bringt nicht viel. Der Körper lässt sich nicht für dumm verkaufen. Nach kurzer Zeit würde unser Körper wieder zusammensacken. Außerdem empfänden wir einen inneren Widerstand, weil sich eine reine Aufforderung nicht stimmig anfühlt. Es besteht keine Kohärenz zwischen den Gefühlen, den Gedanken und dem Körper. Deshalb steht ein besseres Gelingen in Aussicht, wenn wir die gesamte Körperkoordination indirekt ansteuern. Am besten sprechen wir die Primärsteuerung an, so bezeichnete F.M. Alexander das dynamische Zusammenspiel von Kopf und

Wirbelsäule, dass von hier gesteuert sich im gesamten Körpersystem widerspiegelt. Die Halsmuskulatur lässt los, der Kopf balanciert sich aus, die Wirbelsäule folgt, der Rumpf bereitet sich dreidimensional aus. In Gedanken sagen wir uns dann, dass die Präsentation zwar nicht so gut angekommen ist und wir dennoch unseren Rumpf ausbreiten durfen. Wir atmen durch und schon wird alles ein bisschen leichter.

Dieses indirekte Vorgehen zeigt auf, wie wir mit den einzelnen, miteinander in Wechselwirkung stehenden Systemen umgehen können, so dass wir unser Befinden positiv beeinflussen.

3.3 Realitäten gestalten, indem ich die Körperhaltung ändere

Wir könnten annehmen, dass die Welt ist, wie sie ist, und dass wir uns als Individuen in unser Schicksal fügen müssen. Wir können aber auch davon ausgehen und in der Annahme leben, dass wir dem Schicksal nicht ausgeliefert sind, sondern unsere eigenen Realitäten selbst konstruieren dürfen. Wir spüren unsere Selbstwirksamkeit.

Es ist nicht möglich, die äußeren Rahmenbedingungen komplett zu verändern, aber wir können unser Erleben der Realitäten mitbestimmen und gestalten. Sehr häufig ändert sich dadurch auch etwas im Äußeren.

Power Posing ist ein Teil des Embodiments. Die Embodiment-Forschung ist ein Wissenschaftsbereich, der sich mit der Wirkung des Körpers auf unsere anderen Systeme befasst. Beim Power Posing geht es darum, Körperposen einzunehmen, die uns stärker, überlegener, selbstbewusster, zielstrebiger und großartiger wirken lassen. Hierzu gibt es sogar Experimente, die beweisen wollen, dass sich die hormonelle Ausschüttung aufgrund verschiedener Posen verändert, jedoch sind die Forschungen noch nicht grundlegend abgeschlossen. Sicher steigt aufgrund einer breitbeinigen Haltung, die Hände in die Seiten gestemmt, die Brust rausgestreckt und das Kinn nach vorne gereckt, ein subjektives Machtempfinden, ob damit auch tatsächliche biochemische Reaktionen ablaufen, ist noch offen.

Allein das Einnehmen einer Pose scheint an dieser Stelle nicht ausreichend zu sein. Auch die anderen Systeme dürfen mit angesprochen werden. Wir nehmen eine weite, offene Haltung ein und geben uns mental Anweisungen wie im vorangegangenen Kapitel beschrieben: Unser Hals darf loslassen, unser Kopf balanciert sich aus und wir erleben unseren Körper in Weite und Offenheit. Wir arbeiten hier mit Körperhaltung und gedanklichen Anweisungen in Form von Worten. Zusätzlich können wir noch eine Körpergeste hinzunehmen – eine dynamische Körperbewegung. Auch die Aktivierung eines Bildes, indem wir uns erinnern – wann stand ich schon mal so oder wann habe ich mich so gefühlt –, unterstützt den Prozess. Dabei können wir entscheiden, ob es ein tatsächliches Bild ist, in Form einer Postkarte oder eines Fotos, oder ob es ein gedanklich konstruiertes, durch unsere Vorstellungskraft entstandenes Bild ist. Auch der dazugehörenden Emotion können wir nachspüren. Viele Einzelaspekte helfen uns also, die positive Beeinflussung unserer Realitäten stark und kraftvoll zu machen. Das Einflussnehmen auf die verschiedenen inneren Modalitäten der personenzentrierten Systeme hilft uns, die Realität zu gestalten. Den Zugang zu diesen Modalitäten zu haben, ist eine Kernkompetenz, die wir entwickeln dürfen. Darauf wird im Kapitel 3.5.5 **Kernkompetenz Zugang zu inneren Modalitäten** genauer eingegangen.

Wenn wir auf mehreren Systemebenen agieren, indem wir die verschiedenen Systeme gezielt ansprechen, ist die Erfolgswahrscheinlichkeit viel größer. Wir gestalten unsere Realitäten, indem wir mehrere Kanäle aktivieren und die Körperhaltung mit den verschiedenen Modalitäten ausrichten.

Ein Experiment aus der Psychologie beweist den Zusammenhang von Körperhaltung und Verhalten: Bei dem so genannten **Handflächen-Paradigma** wurde eine Versuchsgruppe unter einem Vorwand vor einen Fernseher gesetzt. Sie sollten sich 25 Minuten eine politische Sendung anschauen und später auf einem Auswertungsbogen Fragen dazu beantworten.

Vorher erhielt der eine Teil der Gruppe die Anweisung, mit einer geöffneten Handfläche von unten an die Tischplatte zu drücken, so als würden sie diese anheben wollen. Die Aktivierung der Armbeugermuskeln entspricht einer positiven Kommher-Bewegung.

Der andere Teil erhielt die Anweisung, von oben mit der Handfläche nach unten auf den Tisch zu drücken, bis sie dadurch einen leichten Druck in den Armen verspürten. Die Aktivierung dieser Armstreckermuskeln bewirkt eine negative Geh-weg-Haltung.

Als die Probanden allein im Raum waren, wurde ihnen ohne Kommentar während des Films eine Schale mit leckeren Keksen hingestellt. Am Ende des Films konnte ausgewertet werden, dass die Gruppe mit der positiven Komm-her-Bewegung durchschnittlich 2,6 Kekse pro Person verspeist hatte und die Gruppe mit der negativen Geh-weg-Bewegung nur 0,9 Kekse pro Person. Hier ergibt sich ein Faktor von 3! Es wird uns deutlich, wie stark die Körperhaltung auf unser Befinden, unsere Gefühlswelt und unser Verhalten Einfluss nimmt.

Gunther Schmidt entwickelte zum Einfluss der Körperhaltung auf die anderen personenzentrierten Systeme eine Übung mit der Bezeichnung **Wie ich gehe, so**

geht's mir. So können wir durch den Raum gehen, uns beobachten, in uns hineinfühlen und feststellen, wie es uns gerade geht. Wir können damit unseren Gesamtzustand beschreiben. Vielleicht stellen wir unsere hängenden Schultern fest, die kleinen Schritte, den nach unten gerichteten Blick. Der Coach oder wir selbst können uns nun fragen, was wir brauchten, um uns besser zu fühlen, besser durchatmen und leichter durchs Leben oder diesen Raum gehen zu können. Wir dürfen dann ausprobieren, wieder beobachten und wahrnehmen, wie sich das neue Gehen auf unser Befinden auswirkt. So ist es möglich, über die Körperhaltung in eine andere Form des Gehens und eine andere Wahrnehmung der eigenen Realitäten zu kommen. Es könnten auch von außen, vom Coach, verschiedene Angebote gemacht werden: „Geh doch mal, als ob deine Arme mehr schwingen würden, deine Schritte mehr ausgreifen könnten. Vielleicht mag dein Blick auch mal den ganzen Raum erfassen." Diese einladenden Formulierungen im Konjunktiv bewirken eine Veränderung in uns. Der Körper nimmt diese mentalen Einladungen an und indirekt verändert sich die Körperhaltung.

3.4 Anatomisches Grundwissen, damit die inneren Bilder bewirken können, was wir möchten

Die meisten Menschen schenken ihrem Körper wenig Aufmerksamkeit. Sie nutzen ihn für ihre Hobbys, ihren Beruf, ihre Freizeitaktivitäten, zur Nahrungsaufnahme usw. Eine wirkliche Auseinandersetzung findet nicht statt. Erst wenn der Körper nicht mehr so funktioniert, wie er sollte, wir Schmerzen haben oder wir in unserer Bewegung eingeschränkt sind, horchen wir auf und schauen aus der Not heraus genauer hin.

Wenn wir für unseren Körper zu wenig Bewusstsein haben, nicht wissen, wie er funktioniert, wie die Muskeln arbeiten, wie die einzelnen Gelenke funktionieren, welche körperlichen Möglichkeiten bestehen und welche nicht, so gestaltet sich unsere Bewegung eher ungelenk und eckig als rund und fließend.

Oft wissen wir Menschen nichts über unser Unwissen, kennen diese blinden Flecken nicht und sehen daher auch keinen Handlungsbedarf. So gibt es Personen, die für ihren Körper eine rein zweidimensionale Wahrnehmung haben – als würde man das flache Abbild im Spiegel betrachten und keine Ahnung haben, dass man auch dreidimensional seinen Körper spüren und mit ihm agieren kann. Da wir in dem Moment nicht wissen, dass uns etwas fehlt, vermissen wir es auch nicht. Trotzdem hat es selbstverständlich Auswirkungen auf unsere Bewegung und unsere Koordination.

Die Koordination wird über das Verhältnis von Kopf zu Wirbelsäule gesteuert. Ist dieses Verhältnis dynamisch und beweglich, so zeigt sich das durch Dynamik und Beweglichkeit im ganzen Körper. F. M. Alexander nennt diese übergeordnete Rolle die Primärsteuerung. Diese funktioniert zuverlässig sowohl im positiven als auch im negativen Sinn.

Im Praxisalltag hat sich herausgestellt, dass viele Menschen die einzelnen anatomischen Zusammenhänge ihres Körpers gar nicht kennen. Sie können kaum einschätzen, wie die verschiedenen Abstände innerhalb des Körpers sind, wie die ungefähre Größe einzelner Gliedmaßen und wie das Verhältnis der einzelnen Körperteile zueinander ist.

Wenn Klienten gebeten werden, kleine, einfache anatomische Skizzen anzufertigen, zeigt sich oft ein Unvermögen genau an der Stelle ihrer eigenen betroffenen Körperbereiche. Es kann dann vorkommen, dass sie während des Zeichnens laut feststellen, nichts zu wissen, oder dass sie falsche Körperverhältnisse zeichnen oder Gliedmaßen merkwürdig zusammensetzen. Und das genau bei den Körperteilen, die nicht einwandfrei funktionieren, sondern die Botschaft senden, dass etwas nicht stimmt.

Genau hier zeigt sich die Wichtigkeit, dass wir an den inneren Bildern arbeiten dürfen. In dem Buch Die **Kraft der inneren Bilder** macht der Autor Gerald Hüther deutlich, wie wichtig die Kraft der inneren Bilder ist, wie sehr diese unser Leben bestimmen und wie effektiv und zielführend sie sind, wenn wir sie für uns nutzen.

So erging es Elly beim Sprechen:

Als Elly gefragt wird, wo eigentlich der Kopf auf der Wirbelsäule sitzt, zeigt sie viel zu tief, und zwar auf den Prominenz, den obersten hervorstehenden Brustwirbel. Diese falsche Einschätzung führt dazu, dass ihr immer wieder ihre Stimme wegbricht, da durch die Kopfhaltung zu viel Druck auf den Kehlkopf ausgeübt wird. Ellys falsche Einschätzung ist unbewusst und stellt einen blinden Fleck in ihrer Wahrnehmung dar. Elly fehlt hier eine wichtige anatomische Information.

„Seit ich weiß, wo die Stelle tatsächlich ist, hat sich mein Körperbild verändert. Wenn ich mir jetzt vorstelle, dass sich mein Kopf zwischen den Ohren und hinter der Nase auf der Wirbelsäule ausbalanciert, tritt eine Entspannung im gesamten Körper ein, was dazu führt, dass ich wieder freier sprechen kann.“

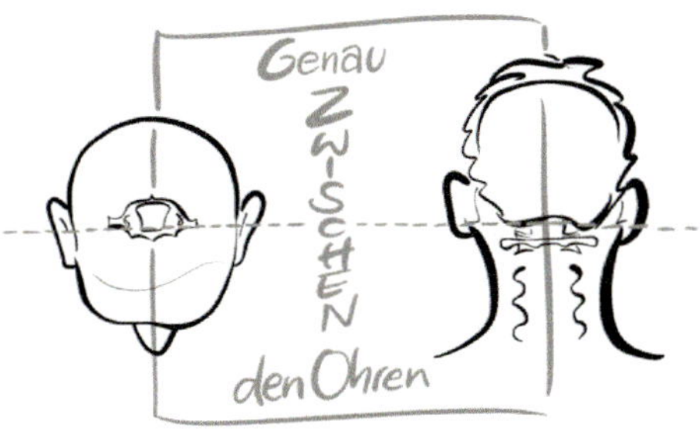

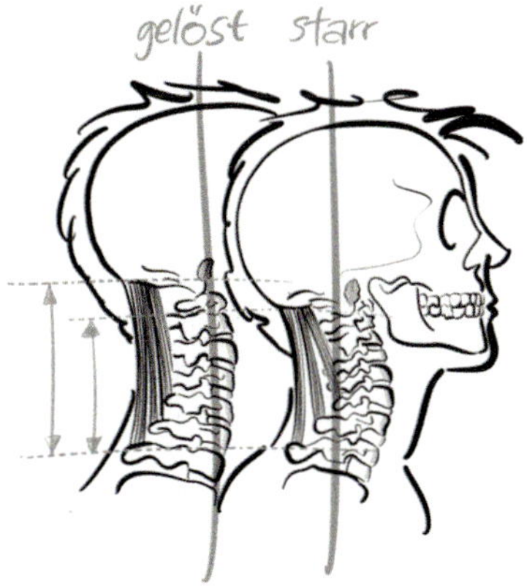

So erging es Mark beim Laufen:

Mark hat beim Joggen Hüftschmerzen. In seiner Vorstellung hat er ein verqueres Bild von seinen Bewegungsabläufen. Er meint, dass er zusätzlich die Beine und Füße hochheben müsse. Dabei braucht das Knie nur nach vorne losgelassen zu werden, der Fuß bewegt sich ohne zusätzliche Einwirkung ganz natürlich vom Boden weg. Als Mark diese Information erhält, formt sich ein neues Bild über seine eigenen Bewegungsabläufe in ihm, was dazu führt, dass er diese ändert und sich die Hüftprobleme wieder lösen dürfen.

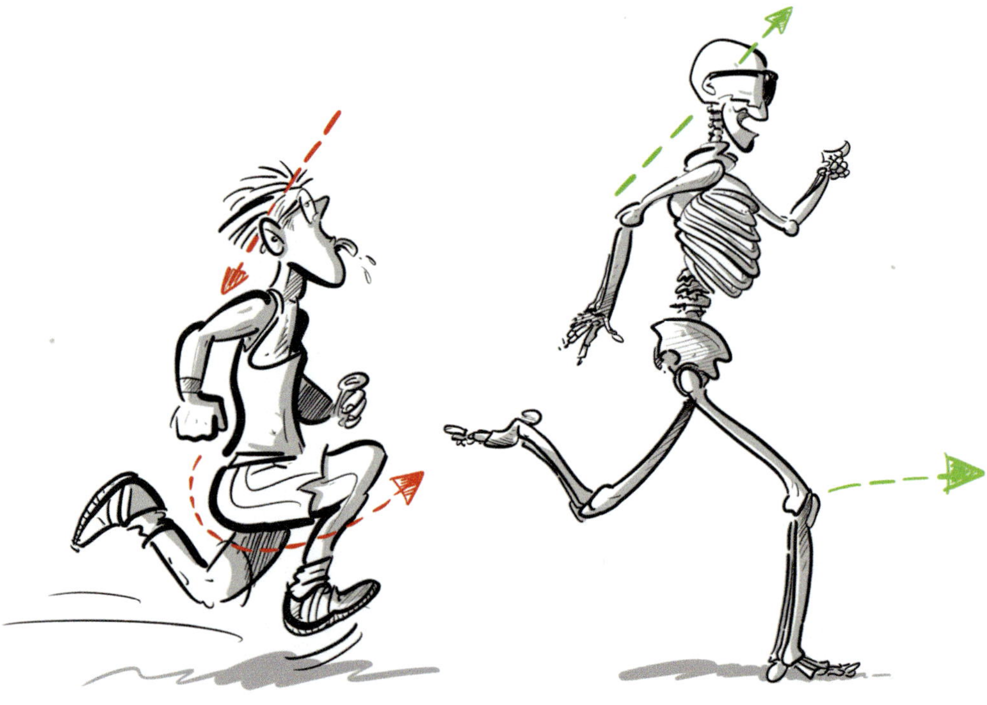

3.5 Kernkompetenzen

Unter Kompetenzen verstehen wir Handlungsvoraussetzungen, das heißt grundlegende Fähigkeiten, sich in neuen, unüberschaubaren, dynamischen Situationen zurechtzufinden und zu handeln. Sie dienen dazu, Persönlichkeitsentwicklung zu ermöglichen und voranzutreiben.

Mit Hilfe von Kompetenzen können Menschen die Entwicklung in Organisationen anstoßen. Menschen, die diese Aufgabe übernehmen, bezeichnen wir als Könner. Sie zählen eine wahre Könnerschaft zu ihren Fähigkeiten. Diese Könnerschaft kann Verwirklichung im Unternehmen finden, in der Freizeitgestaltung, in ökologischen Projekten, in Vereinsarbeit, im sozialen Engagement und im Familienleben.

Kompetenz setzt sich immer aus Wissen und Können zusammen. Sie ist die Einheit dieser beiden Faktoren. Das Wort Kompetenz kommt von dem lateinischen Verb competere, das zusammentreffen bedeutet, also dem Zusammentreffen von Wissen und Können.

Wissen an sich reicht nicht aus, um komplexe Aufgaben in der heutigen Zeit und mit dynamischen Märkten zu lösen. Zusätzlich zum Wissen benötigen wir das Können. Erst das kann als wahre Könnerschaft bezeichnet werden. Wahre Könnerschaft ist im Gegensatz zum Wissen nicht übertragbar. Wissen kann im Unternehmen gehalten werden, wahre Könnerschaft nicht. Wenn ein Mitarbeiter mit Könnerschaft das Unternehmen verlässt, ist auch die Könnerschaft weg.

Hinsichtlich der Kompetenzen im Unternehmen gilt es für uns, zwischen Kernkompetenzen und Schalenkompetenzen zu unterscheiden. Schalenkompetenzen sind universeller Natur. Diese können auch in anderen Organisationen vorhanden sein. Hingegen sind Kernkompetenzen Alleinstellungsmerkmale, die Organisationen voneinander abheben.

Kompetenzen können nicht theoretisch erlernt werden. Wir können uns zwar mit Büchern oder Dokumentationen Wissen aneignen. Um jedoch Kompetenz zu entwickeln, bedarf es praktischer Erfahrung und Ausübung. Zu diesem Zweck finden sich im **Kapitel 4 – Praktische Umsetzung im Alltag** jede Menge praktischer Beispiele, Übungen, Experimentier- und Erfahrungsräume, um die im Buch beschriebenen Kompetenzen auszuprobieren.

Wie die Mechanik eines Fahrrades funktioniert, kann gelernt werden, die Kompetenz des Fahrradfahrens jedoch nicht. Wir können dazu Wissen ansammeln, indem wir ein Buch darüber lesen, einen Film dazu schauen und andere Menschen beim Fahrradfahren beobachten. Letztlich benötigen wir trotzdem die praktische Erfahrung, um zu erleben, wie das Gleichgewicht gehalten wird, wie die Bewegungsabläufe funktionieren und wie es dann ist, sich im Straßenverkehr zurechtzufinden. Nur durch das Üben erlangen wir die Könnerschaft über das Fahrradfahren.

Aus diesem Grund ist es auch in Unternehmen, in denen Kompetenzen vermittelt werden sollen, wichtig, während eines Trainings nicht bloß Wissen über den Teilnehmern auszuschütten, sondern die eigene Kompetenz in konkreten Praxisbeispielen mit echten Problemen zu erfahren, sich an diesen zu schulen und weiterentwickeln zu können. So entsteht Kompetenz.

Mark: *Ich bin immer auf der Suche nach Könnern in meinem Unternehmen, denen ich dann die Verantwortung für eine Problemlösung übertrage. Wahre Könner zeichnen sich unter anderem dadurch aus, dass sie leicht eine Gefolgschaft für sich gewinnen und ein gut funktionierendes Team zusammenstellen. Ich kann mich dann entspannt zurücklehnen.*

In den folgenden Kapiteln werden 7 Kernkompetenzen vorgestellt:

1. Beobachten
2. Annahmen aufstellen
3. Impulse steuern
4. Selbstgespräche konstruktiv führen
5. Zugang zu inneren Modalitäten finden
6. Ebenen wechseln
7. Aufmerksamkeitsfokussierung

Um die Kernkompetenzen überschaubar zu erläutern, werden für jede Kernkompetenz im Fortgang diese 4 Fragen beantwortet

1. Worum geht es?
2. Was bedeutet das?
3. Wie geht das?
4. Wo lauern die Gefahren?

3.5.1 Kernkompetenz Beobachten

Worum geht es?

Bei dieser Kernkompetenz dürfen wir lernen, so neutral wie möglich zu beschreiben, was wir beobachten. Dabei ist es wichtig, die Beobachtung nicht zu kommentieren. Zu leicht kommen wir sonst in das Muster des Begründens und Beurteilens. Falls wir doch in diese Gewohnheit verfallen, dürfen wir dies bemerken und den Drang nach Kommentierung wieder gehen lassen.

Was bedeutet das?

Wir beobachten den gegenwärtigen Moment. Das, was jetzt ist. Vergangenheit und Zukunft bleiben außen vor. Dabei liegt unser Fokus auf den personenzentrierten Systemen: dem körperlich-somatischen, dem psychisch-emotionalen, dem sozialen und interpersonellen, dem gedanklichen und kulturellen Bereich, die sich alle immer in Wechselwirkung zueinander befinden und nicht isoliert betrachtet werden können. Wenn wir einen Bereich beobachten, beobachten wir immer alle Bereiche. Schon F. M. Alexander (1869–1955) sprach von einer psycho-physischen Einheit und die moderne Polyvagal-Theorie von Stephen Porges erweitert dies um den Aspekt der sozialen Zugewandtheit.

Soziale und interpersonelle Beobachtungen geben Aufschluss über das Maß der sozialen Zugewandtheit und darüber, wie stark kooperatives Verhalten ausgeprägt ist.

Psychisch-emotionale Beobachtungen können sich auf die Grundgefühle wie Freude, Ärger, Wut, Trauer und Scham beziehen und in der Erweiterung auf unsere Bedürfnisse, die dahinterliegen. Unter kulturellen Beobachtungen verstehen wir auf der menschlichen Ebene unsere Gedanken, Konzepte, Glaubenssätze und Strategien, die wir uns bewusst oder unbewusst angeeignet haben, um uns unsere Bedürfnisse zu erfüllen. Im organisationalen Kontext geht es um die Kulturmuster des Unternehmens. Das beinhaltet die ungeschriebenen Gesetze und die Aktionen auf der Hinterbühne der Organisation.

Unser besonderes Augenmerk soll nun hier auf den Körperbeobachtungen liegen, wobei wir die kinästhetische Wahrnehmung nutzen und uns fragen, was wir in unserem Körper spüren und wie wir unseren Körper im Verhältnis zum Raum wahrnehmen. Am Anfang beschränken sich diese Beobachtungen oft auf ein gutes oder schlechtes Körpergefühl, auf Schmerzen und auf Bewegungseinschränkungen. Die Beobachtung darf im Laufe der Zeit immer differenzierter werden. Statt zu bemerken, dass sich alles ganz normal anfühlt, können wir genauer hinschauen. Wir dürfen viel intensiver in uns hineinfühlen und hineinspüren. Verschiedene Modalitäten helfen uns dabei, ein körperliches Gewahrsein zu erlangen. Wo im Körper spüren wir unseren Atemfluss? Wie beweglich ist unser Brustkorb? Wie befinden sich die einzelnen Körperteile im Verhältnis zueinander und wie ist der Körper im Raum verortet?

Wie geht das?

Vor allem ist es eine Haltungs- oder Einstellungssache. Eine neugierige und offene Haltung ist sehr förderlich, verbunden mit einer Absichtslosigkeit. Wir dürfen aufmerksam und achtsam nachfragen, ähnlich einem neuen Kollegen, der durch die Firma geht, herumfragt, Informationen sammelt und alle Eindrücke erstmal offen und neutral wahrnimmt.

Folgende Fragen auf der Körperebene sind hilfreich, um unsere Beobachtungen zu differenzieren:

→ Ist es irgendwo weit und offen?

→ Oder ist es irgendwo eng und festgehalten?

→ Wie verhält sich der Kopf im Verhältnis zur Wirbelsäule?

→ Wie ist die Qualität der Bewegung? Abgehackt, hölzern, geschmeidig, fließend?

→ Drückt oder zwickt etwas?

→ Lässt gerade irgendwo etwas los?

→ Wie fühlt sich der Atem an?

→ Wo ist der Blick?

→ Wie viel Bewegungsspielraum ist vorhanden?

Die Fragen können zu einem neutralen Beschreiben verhelfen.

Wir können auch einen inneren Beobachter installieren, der in der Vorstellung mit einer Taschenlampe in der Hand durch unseren Körper wandert, die inneren Bereiche durchleuchtet und beschreibt, was er dort vorfindet.

Mit Hilfe von außen oder auch allein können wir eine Körperreise durchführen. Hierfür gibt es eine spezielle Abfolge, die sich Body Scan nennt.

Du findest eine entsprechende Audiodatei, von mir eingesprochen, unter www.maikelenz.de/media. Eine spezielle Form der Körperbeobachtung ist unter dem Unterpunkt **Konstruktive Ruhelage zum Wachsen und Energietanken** im Kapitel 4.3.7 **Psychohygiene und Interventionen zum Ausgleich von Stresserleben** zu finden.

Unter diesen und weiteren Möglichkeiten können wir die für uns momentan am besten passende auswählen.

Wo lauern die Gefahren?
Sofortiges Korrigieren statt Beobachten

Wir werden beim Beobachten sehr schnell dazu verführt, etwas verändern zu wollen. Diese Gewohnheit haben wir uns antrainiert. Es geschieht bspw. sehr häufig, dass, wenn uns jemand anspricht, wie wir dasitzen, wir sofort die Haltung korrigieren. Dieses schnelle, unwillkürliche Richtigmachenwollen führt dazu, dass wir uns nicht mehr beobachten können. Der Moment ist vorbei. Außerdem fällt unsere Reaktion meistens so aus, dass wir das Gegenteil von dem machen, was wir vorher getan haben. Dadurch kann nichts Neues entstehen. Besser ist es daher, die Frage nach dem Sitzverhalten in eine Einladung umzuformulieren; den anderen vorab zu bitten, nichts zu verändern, sondern in eine Beobachterrolle zu schlüpfen; ihn dann aufzufordern, festzustellen, wie er sitzt, wie seine Füße den Boden berühren etc. Wenn wir diese Vorwarnung aussprechen und eine genauere Anleitung geben, steigt die Wahrscheinlichkeit für das Einnehmen der Beobachterrolle deutlich.

Fehlerhafte Sinnes-Interpretation

F. M. Alexander erklärt diesen Umstand unter dem Begriff **Faulty Sensory Appreciation**, was ganz einfach bedeutet, dass unsere Interpretation der Sinneswahrnehmung nicht zuverlässig ist. Auf das, was wir spüren, können wir uns schon verlassen, jedoch nicht auf unsere Einordnung dessen.

Wie schon erwähnt, speichert unser Gehirn das, was wir oft tun, als richtig ab. Ob dies dann gut für uns ist oder förderlich für unser gesamtheitliches Wachstum, beurteilt unser Gehirn nicht. Unser autonomes Nervensystem entscheidet auf der Grundlage von gemachten Erfahrungen, ob etwas sicher für uns ist oder unser Leben bedroht. Entscheidungen werden auf der Grundlage von Quantität getroffen. Je häufiger wir etwas wiederholen, umso stärker prägt es sich ein und umso leichter wird es abgerufen, ohne etwas über die Qualität auszusagen. Dies erschwert die richtige Einschätzung unserer Wahrnehmung. Wenn wir etwas Unvertrautes tun, uns bspw. anders hinsetzen, wird unser Gehirn einen Fehler darin sehen. Es fühlt sich dann erstmal komisch und falsch an. Ein Coach könnte uns in dem Fall mit seinen Fragen helfen: „Fühlt es sich komisch im Sinne von ungewohnt oder im Sinne von gar nicht gut an?“ Auch das wäre noch kein Kriterium dafür, dass es der falsche Weg ist, es ist jedoch mit Sicherheit ein neuer.

Negativfokussierung

Häufig nehmen wir unseren Körper nur wahr, wenn uns etwas wehtut. Wir dürfen unsere Körperwahrnehmung jedoch immer schulen, das körperliche Wohlbefinden nicht als Selbstverständlichkeit interpretieren. Selbst wenn wir körperliche Probleme haben, vollbringt unser Körpersystem ständig Höchstleistungen, um zu korrigieren und auszubessern, was uns meistens gar nicht bewusst ist. So wäre es auch eine Möglichkeit, festzustellen, wie der Körper die körperliche Belastung vom Vortag oder die durchwachte Partynacht hervorragend ausgeglichen hat. Wir können lernen, das Funktionieren des Körpers nicht als Selbstverständlichkeit aufzufassen. Eine weite, offene Körperwahrnehmung führt zu einem immer besseren Verständnis von uns selbst und auch zu Dankbarkeit gegenüber dem Körper und dem wunderbaren Zusammenspiel der einzelnen Körperteile miteinander.

3.5.2 Kernkompetenz Annahmen aufstellen

Worum geht es?

Bei dieser Kernkompetenz geht es darum, Vermutungen aufzustellen, mögliche Zukünfte auszumalen und Vorstellungen zu kreieren. All diese Prognosen dürfen im Konjunktiv formuliert sein, das heißt: „Wie könnte es sein?“ Wir distanzieren uns von festen Statements oder verbindlichen Aussagen und stellen stattdessen Wahrscheinlichkeiten auf.

Was bedeutet das?

In der Organisation, innerhalb des Kollegiums, kann es durchaus schwierig sein, Annahmen und Vermutungen auszusprechen, die vielleicht nicht so erfolgversprechend sind oder die keine rosige Zukunft malen. Es erfordert Mut und Selbstbewusstsein oder zumindest den Wunsch, diese Qualitäten zu entwickeln. Deutlich zu formulieren, wohin etwas führen kann, unangenehme Möglichkeiten beim Namen zu nennen und dazu zu stehen, ist nicht einfach. Andererseits brauchen Organisationen Menschen mit diesen Fähigkeiten, um sich weiterentwickeln zu können.

Für uns als Individuen – gerade wenn wir die vorige Kernkompetenz des Beobachtens angewendet haben – kann es vorkommen, dass uns unser wahrgenommenes Verhalten ganz unsinnig und merkwürdig vorkommt. Wir stellen evtl. fest, dass wir schon sehr lange einem bestimmten Muster nachhängen, das keinen Sinn ergibt. Oft stellen wir uns dann die Frage nach dem **Warum**. Natürlich können wir hier Hypothesen aufstellen, jedoch sollten wir dem Warum nicht allzu viel Aufmerksamkeit schenken. Viel interessanter ist die Frage nach dem **Wofür** oder **Wozu**.

Wie geht das?

Eine Annahme zu treffen und diese dann wieder loszulassen, kann sehr hilfreich sein. Es dient der Kontrastschärfung. Annahmen können provokativ formuliert sein und dazu führen, dass die Person, gegenüber der wir eine Annahme äußern, danach sehr klar Position bezieht. Dazu gehören Äußerungen wie: „Nein, so ist das auf keinen Fall“, oder: „Ja klar. Das ist definitiv so und endlich sagt’s mal jemand.“ Sie helfen, Probleme ab- und einzugrenzen.

Beim Annahmenaufstellen geht es um ein bewusstes Interpretieren von Beobachtungen.

→ Welche Auswirkung scheint unser Verhalten oder der Sachverhalt XY auf unser Umfeld zu haben? Auf unsere Familie, unsere Kollegen, unsere Kunden? Die Frage nach der Auswirkung ist an dieser Stelle sehr hilfreich.

→ Systemische Fragen unterstützen diesen Prozess, wie bspw. die Wunderfrage: Wenn alles möglich wäre und die Zauberfee bloß ihren Stab schwingen müsste und wir uns alles wünschen könnten, wie wäre es denn dann?

→ Oder die Verschlimmerungsfrage:
Was müsste geschehen, um es noch schlimmer zu machen – um den Karren so richtig an die Wand zu fahren?

→ Oder eine Frage, die zum Perspektivwechsel einlädt:
Was meinst du, wie sieht Kollege Müller das Thema? Und wie würde Kunde Schmidt darauf reagieren?

→ Oder eine hypothetische Frage:
Wenn Zeit und Geld keine Rolle spielen würden, was würdest du tun?

Annahmen können auch in Form von Vorurteilen ausgesprochen werden. Wie dies in Form von verketteten Gesprächen in Organisationen angewendet werden kann, ist unter 4.4.3 **Verkettete Gespräche** zu finden. Diese sind eine wertvolle Analyse- und Gestaltungstechnik, um Chancen und Risiken eines Vorhabens realistisch einschätzen zu können, und bereiten den Boden für problemlösende Veränderungen.

Annahmen werden auch beim „positiven Spekulieren“ aufgestellt. Der jeweiligen Person werden positive Eigenschaften zugesprochen, um die Beziehungen untereinander zu stärken und Vertrauen zu schaffen. Beispiele hierzu findest du unter 4.4.4 **Positives Spekulieren.**

Wo lauern die Gefahren?

Wir Menschen unterliegen oft der Illusion, dass wir wissen müssen, was zu diesem oder jenem Verhalten führte. Wir meinen, dies würde uns helfen, in unserer Entwicklung weiterzukommen. Das ist nicht zwangsläufig der Fall. Meistens ändert es nichts. Es ändert nichts an der Situation, außer dass man sie besser versteht. Die Klärung der Warum-Frage führt uns nicht in einen Löse-Bereich. Wir beleuchten damit nur die Vergangenheit. Die Lösung liegt jedoch immer in der Zukunft.

Das Warum klären zu wollen, ist eine kollektive Annahme – die Fokussierung darauf eine echte Gefahr, da sie nicht lösungsorientiert ist. Sie kann dazu führen, dass wir uns zu sehr mit dem Grund verhaften und daran kleben bleiben, anstatt in die echte Lösung nach oben und vorne in die Zukunft zu finden.

3.5.3 Kernkompetenz Impulse steuern

Worum geht es?

Wir dürfen lernen, zwischen Reiz und Reaktion zu unterscheiden. Reize sind nur bedingt änderbar, jedoch können wir unsere Reaktionen auf den Reiz beeinflussen. Impulse werden in diesem Kapitel mit Reizen gleichgesetzt, und sie zu steuern, entspricht der weiter vorne im Buch angesprochenen Steuerungskompetenz. Die Steuerungskompetenz, die uns befähigt, aktiv in solch einen Prozess einzugreifen, hat viel mit Entscheiden zu tun.

„Zwischen Reiz und Reaktion liegt ein Raum. In diesem Raum liegt die Macht unserer Wahl. In unserer Reaktion liegen unsere Entwicklung und unsere Freiheit."

~Viktor Frankl – Begründer der Positiven Psychologie

Entscheidungen können sehr unterschiedliche Formen annehmen. Bei den so genannten Blitzentscheidungen treffen wir unsere Entscheidungen in Millisekunden auf Grundlage von Erfahrung und Intuition. Bei unwillkürlichen Entscheidungen trifft unser autonomes Nervensystem die Entscheidung für uns. Diese laufen noch schneller ab. Wir sagen dann vielleicht etwas, was wir gar nicht aussprechen wollten. Schon sind die Worte draußen und wir können sie nicht mehr ungeschehen machen. Und dann gibt es die ganz wohl überlegten, bewussten Entscheidungen. Je nach Kontext, Situation und Zusammenhängen kann die Art der Entscheidung variieren.

Was bedeutet das?

Wenn wir am Arbeitsplatz sitzen und plötzlich ein Kunde anruft, um sich zu beschweren, läuft ein bestimmter Reiz-Reaktions-Mechanismus ab. Durch die Beschwerde und die damit verbundenen Gefühle seines Ärgers zieht sich der Mitarbeiter unwillkürlich zusammen. Seine Atmung wird flach, die Zähne werden zusammengebissen. Das ganze biophysische System des Menschen reagiert auf dieses Beschweren. Diese Reaktionen geschehen unwillkürlich. Der Mitarbeiter entscheidet nicht bewusst, dass er die Zähne zusammenbeißt. Es passiert einfach. Mit einem gewissen Grad an Bewusstheit können wir uns zwar dabei beobachten, die körperliche Reaktion ist jedoch so schnell, dass wir nicht noch schneller eingreifen können. Der erste Schritt ist nun, erst einmal zu akzeptieren, dass es diese superschnellen Reaktionen unseres gesamtheitlichen Systems gibt.

Nun haben wir die Möglichkeit zu intervenieren. Wir richten uns aus. Hier kommt eine weitere Kernkompetenz aus dem nächsten Kapitel 3.5.4 **Kernkompetenz Selbstgespräche konstruktiv führen** zum Tragen.

Wir können uns die verschiedenen Optionen bewusst machen, die wir überhaupt haben. Welche Reaktionsmöglichkeiten gäbe es denn noch? Im vorgenannten Beispiel wären das folgende:

→ Wir könnten uns weiter zusammenziehen, jedoch jetzt auf einer bewussten Ebene.

→ Wir könnten einfach weiter telefonieren und uns parallel mentale Anweisungen geben.

→ Wir könnten uns während des Telefonierens auch hinstellen, uns einmal um die eigene Achse drehen und schon sind wir in einem anderen Zustand – einer anderen Verfassung.

→ Wir könnten uns für solche Fälle auch einen Back-Pocket-Plan zurechtlegen und uns in dem Zusammenhang sagen: „Sehr interessant. Der Kunde möchte uns helfen, dass unsere Produkte und Dienstleistungen noch besser werden. Vielen Dank dafür."

Diese verschiedenen Optionen sehen wir erst, wenn wir zwischen Reiz und Reaktion einen Raum öffnen. In der Alexander-Technik nennen wir dieses Vorgehen das Innehalten oder das Unterbinden der gewohnheitsmäßigen Reaktion. Im heutigen Sprachgebrauch hat das Wort Innehalten inzwischen eine abgewandelte Bedeutung bekommen, weswegen wir in der weiterführenden Betrachtung lieber die Begrifflichkeit des Unterbindens der gewohnheitsmäßigen Reaktion benutzen.

Unterbinden können wir die Geschwindigkeit. Wir entschleunigen bewusst, um aus dem gewohnheitsmäßigen Reiz-Reaktions-Mechanismus herauszukommen, der oft mit sehr schnellem Tempo zu tun hat.

Bei der Kernkompetenz des Impulse-Steuerns holen wir die Reiz-Reaktions-Mechanismen auf unsere Bewusstseinsbühne. Erst dadurch können wir uns den Umstand, den Sachverhalt, die Situation und unser damit einhergehendes Verhalten anschauen und uns Optionen dazu überlegen.

Impulse sind Reize von außen oder von innen, die auf uns einwirken. Äußerliche Reize sind Geräusche, Lichter, das Verhalten von Mitmenschen und auch Kommentare. Diese können sogar heftige Impulse sein, die dann wiederum schnell eine Gegenreaktion unsererseits auslösen.

Beim Empfinden von Kälte – einem äußeren Reiz – ziehen wir die Schultern hoch. In dieser unwillkürlichen Reaktion steckt kein weiterer Sinn, sie wird jedoch aus kultureller Gewohnheit heraus von den meisten Menschen ausgeführt.

Reize können auch von innen – aus uns selbst – herauskommen. Das kann ein Seufzen, eine Anspannung, eine Enge, ein Zwicken sein, auf welches wir dann ebenfalls in gewisser Art und Weise reagieren. Beispielsweise ziehen wir uns bei einem Schmerzempfinden zusammen. Zu den inneren Reizen gehört auch die „Plaudertante" – die innere Stimme, die Reize kommentiert und vor allem meistens auf destruktive Art und Weise beurteilt.

All die vorgenannten Reize können wahrgenommen und unterbunden werden.

Wie geht das?

Auf der körperlichen Ebene dürfen wir zuerst wahrnehmen, was als Reaktion auf einen Reiz geschieht. Das heißt, dass wir die automatisierte, unbewusst ablaufende körperliche Reaktion möglichst frühzeitig erkennen und diese dann unterbinden. Das Unterbinden geschieht auf der mentalen Ebene. Es geht nicht darum, die Reaktion mit einer Kraftanstrengung zu unterdrücken, sondern wir dürfen unserem System konstruktive Gedanken anbieten, welche die Koordination fördern. Unsere Aufmerksamkeit ist nun von dem üblichen Reaktionsmuster abgezogen und stattdessen ganz bewusst darauf ausgerichtet, eine aufmerksame Körperkoordination zur Verfügung zu stellen. Dieses Vorgehen hat mit einer weiteren Kernkompetenz aus Kapitel 3.5.7 **Kernkompetenz Aufmerksamkeitsfokussierung** zu tun.

Die einfache Zusammenfassung lautet: körperlich wahrnehmen – mental unterbinden. Hinzu kommt als dritter Aspekt, dass Handlungsoptionen eröffnet werden. Dies sollten mindestens 3 verschiedene Möglichkeiten sein, sonst ist es bloß eine Entweder-oder-Entscheidung. Das würde keine echte Entscheidung beinhalten, die zwischen Reiz und Reaktion liegt.

1. Möglichkeit: Wir handeln wie vorher, jedoch sind wir uns dessen bewusst.
2. Möglichkeit: Wir handeln wie bisher, jedoch nun mit einer mentalen Ausrichtung.
3. Möglichkeit: Wir handeln komplett anders.

Bei allen Möglichkeiten geht es auch immer wieder darum, in unsere Steuerungskompetenz hineinzufinden, also selbst lenken und leiten zu können. Steuerungskompetenzen dürfen modelliert werden.

Wo lauern die Gefahren?

Es ist wichtig, die Reiz-Reaktions-Mechanismen als etwas Angelerntes zu sehen – als eine etablierte Gewohnheit. Daraus folgt, sie sind auch wieder verlernbar. Die etablierte Gewohnheit unterscheidet sich insofern von einem Reflex, als bei diesem die Reaktion nicht beeinflussbar ist. Das einfache Beispiel aus Arztpraxen, die Reflextestung mittels eines kleinen Hammers, der gegen das Knie geschlagen wird und auf den das sofortige Ausschlagen des Beins folgt, ist jedem bekannt.

Mit dem Unterbinden der Impulse, um sie dann besser steuern zu können, ist kein zeitliches Innehalten gemeint. Das Unterbinden der Automatismen ist in Millisekunden geschehen. So schnell diese auftauchen, können wir sie auch unterbinden.

3.5.4 Kernkompetenz Selbstgespräche konstruktiv führen

Worum geht es?

Laut der Frankfurter allgemeinen Zeitung verbringen wir ein Viertel unserer Zeit mit lautlosen Debatten und Monologen im Kopf. Der Autor Fernyhough schreibt, dass wir innerlich bis zu 4000 Wörter pro Minute denken. Das geht deswegen so schnell, weil wir die Worte nicht zu Ende ausformulieren müssen. Wir wissen schon, was wir sagen wollen. Am Tag denken wir sogar 60.000 Gedanken. Circa 85 % davon sind negativ und haben destruktive Wirkung und nur 15 % unserer Gedanken sind positiv und haben konstruktive Wirkung. Glücklicherweise können wir selbst entscheiden, was wir denken.

Was bedeutet das?

Grundsätzlich sind Selbstgespräche als neutral zu betrachten. Wenn diese jedoch zu 85 % negative Tendenzen haben, macht das natürlich was mit uns. Wir sind dann auf Fehler fokussiert. Gedanken sind auch bloß Gewohnheiten. Wir haben uns angewöhnt, negativ zu denken, wenn die meisten um uns herum das auch tun. Wir können dieses Verhalten unter Lernen durch Nachahmung zusammenfassen. Glücklicherweise können wir selbst entscheiden, was wir denken.

Wie geht das?

Erlerntes dürfen wir auch wieder verlernen bzw. verändern. Wir können uns zum Beispiel dafür entscheiden, den Gedanken keinen Raum zu geben, wenn wir bemerken, dass sie negativ sind. Der erste Schritt ist also das Bemerken, der zweite das Stoppen und der dritte dann die Aufmerksamkeitsumlenkung.

Hierzu passt das folgende Zitat von Francis Picabia:

„Der Kopf ist rund, damit das Denken die Richtung wechseln kann."

Wir könnten aber auch den Gedanken, die wir bemerken, eine andere Bedeutung geben. Wir freuen uns, erneut das Phänomen festzustellen, erkennen es wieder und gehen lockerer damit um. Wir könnten bspw. den verschiedenen Stimmen in uns bestimmte Namen geben: der rummeckernden den Namen „Meckerziege", der besserwisserischen die Bezeichnung „Schlaubi Schlumpf", der perfektionistischen den Namen „Fräulein Hildegard", dem ewigen Kritiker den Titel „Oberstudienrat" und dem Antreiber den Namen „General Knox" und so weiter. Lassen wir diese Anteile auch noch mit unterschiedlicher Stimmlage und Körperhaltung sprechen, verlieren die Stimmen ihre negative Kraft. So ist es uns möglich, destruktive, negative Selbstgespräche in konstruktive innere Dialoge zu verwandeln, die uns dienen.

Wenn plötzlich die verschiedenen Stimmen auch noch unterschiedliche Meinungen haben, kann es in unserem Kopf hoch hergehen. Doch auch diese Ambivalenzen können wir kennenlernen und damit umgehen, indem wir eben bemerken, welche verschiedenen Stimmen jetzt in uns sprechen, und diese von außen beobachten, wir uns also davon distanzieren und sie von einer Steuerungsposition aus lenken. Wie das praktisch gehen kann, findest du unter 4.3.5 **Das innere Team.**

Wollen wir dynamisch-robust agieren, statt gewohnheitsmäßig zu reagieren, dürfen wir die Verantwortung für die Steuerung übernehmen und die Aufmerksamkeit umlenken.

Die effektivste Art, unsere Aufmerksamkeit umzulenken, ist, den Körper mit einzubeziehen und mentale Anweisungen an den Körper zu schicken beziehungsweise Gedanken zu projizieren. Körper und Gedanken bilden eine psycho-physische Einheit, wie schon F. M. Alexander es Anfang des letzten Jahrhunderts bezeichnete. Wir können nicht einen Gedanken denken, ohne dass eine unwillkürliche Reaktion unseres Körpers geschieht. Diese Gegebenheit wird in den folgenden Beispielen auf konstruktive Weise genutzt.

Mentale Anweisungen an den Körper schicken

Hierbei geht es um die Verwendung von konstruktiven Gedanken auf den Körper und dessen Funktionalität in Form von Einladungen, Fragen oder Unterlassungsabsichten.

Unser Körpersystem mag einladende Formulierungen, die bewirken können, dass im Körper mehr Weite und Raum zu spüren sind. Diese Ansprachen wirken konstruktiv auf unser gesamtheitliches System. Im Kapitel 4.2 **Experimentierräume mit den Prinzipien der Alexander-Technik** findet diese Form der Gedankenprojektion bei unterschiedlichen Aktivitäten praktische Anwendung.

Einladungen formulieren

Wir laden unsere Halsmuskeln ein, loszulassen, so dass sich unser Kopf auf dem Atlas ausbalanciert, unsere Wirbelsäule sich mit all ihren Kurven lenkt und zwischen Schädel und Steißbein ausbreitet, so dass wir uns selbst dreidimensional ausbreiten können, um unseren Tätigkeiten nachgehen zu können.

Fragen formulieren

Was wäre, wenn ich mir im Zusammenspiel von Kopf und Wirbelsäule etwas mehr Leichtigkeit gönnen würde?

Was wäre, wenn ich aufhören würde, mich zusammenzuziehen, und mir erlauben würde, mich in meinem Körper dreidimensional auszubreiten?

Was wäre, wenn ich beim Hinsetzen meinem Kopf sagen würde, dass er weiterhin nach oben loslässt?

Unterlassungsabsichten formulieren

Ich unterlasse das Mithelfen der Schulter, wenn meine Finger den Stift umschließen und ich mit Leichtigkeit schreibe.

Ich darf aufhören, die Luft anzuhalten, wenn ich die Wasserkiste hochhebe.

Ich unterbinde das Nach-hinten-Ziehen des Kopfes, wenn ich vom Stuhl aufstehe.

Wo lauern die Gefahren?

Wir verwechseln uns oft mit unseren Gedanken im Kopf. Aber wir sind nicht unsere Gedanken. Wir meinen, unsere Gedanken sind die Realität, doch es sind nur Konstrukte. Wir glauben dann dem Geplapper, was es zu einer echten Gefahr macht.

Eine weitere häufige Gefahr liegt darin, dass wir immer abchecken wollen, ob die mentalen Anweisungen an den Körper funktionieren. Das wäre mit dem eingeworfenen Brief an uns vergleichbar, den wir dann von Poststation zu Poststation nachverfolgen, wobei wir auch den Briefträger stalken und letztlich den Briefkasten überprüfen. Dieses Kontrollverhalten wirkt sich destruktiv auf die Prozesse aus. Von daher dürfen wir auch mit dieser kontrollierenden Stimme in uns liebevolle Verhandlungen führen. Statt zu kontrollieren, formulieren wir konstruktive Gedanken, schicken diese ab und lassen sie los, ohne sie auf ihre Auswirkung hin zu überprüfen.

3.5.5 Kernkompetenz Zugang zu inneren Modalitäten

Worum geht es?

Beim Bereich der Modalitäten bewegen wir uns auf der vorsprachlichen Ebene. Meistens befinden wir uns im Downloadmodus des Kopfes und erhalten von da aus das vorgefertigte, sprachliche und formulierte Wissen ausgespuckt. Doch diese Ressource ist nicht alles, was wir zur Verfügung haben. In uns existiert ein großer innerer Reichtum an implizitem Wissen, auf den wir lernen dürfen zurückzugreifen. Wenn wir immer nur den Downloadbutton des Kopfes betätigen, bringen wir uns um diesen Reichtum.

Was bedeutet das?

Wenn wir uns in einem Prozess befinden, kommen zuerst die ganzen sprachlichen Infos des Kopfes. In diesem Moment bleiben wir weiter in der Aufmerksamkeit und lauschen nach innen, um auch die anderen Ebenen erfassen zu können – hin zu den unbewussten Ressourcen, den inneren Modalitäten.

So wie jeder Mensch einzigartig ist, so ist auch seine innere Welt einzigartig. In bestimmten Momenten ploppt evtl. eine Irritierung in uns auf. Wenn wir diese ignorieren und einfach weiterreden, geht diese Ressource in diesem Augenblick verloren. Irgendetwas, manche nennen es auch Intuition, hat sich in uns geregt und möchte angeschaut werden. In diesem Moment können wir die Irritation als solche benennen und uns dadurch Zeit verschaffen, um dort genauer hinzuspüren und zu überprüfen. Jetzt können wir zu den inneren Modalitäten wechseln. Im Anschluss haben wir ein breiteres Bild, eine sattere Wahrnehmung im Gesamtzusammenhang, denn wir haben das Wissen von einer impliziten auf eine explizite Ebene gehoben. Wir würden uns selbst nicht gerecht werden, wenn wir diese Ressourcen außer Acht ließen. Das Kopfwissen allein ist nur ein Teilbereich unseres Werkzeugkastens. Robustheit und Resilienz entwickeln sich unter Hinzunahme der inneren Modalitäten. Wahre Könnerschaft zeichnet sich dadurch aus, dass wir auf dieses Gespür hören, diesen Irritationen nachgehen, sie auch formulieren und in unsere Prozesse einbeziehen. Es geht genau darum, die Dinge, für die wir keine Worte haben, zu benennen und auszudrücken.

Innere Modalitäten sind Erlebensmodalitäten, mit denen wir auf Erfahrungen zugreifen können. Zugreifen heißt in diesem Zusammenhang auch begreifen.

Beispiele für innere Modalitäten:

→ Bilder

→ Symbole

→ Geräusche

→ Worte

→ Emotionen

Bilder: Die Bilder, die vor unserem inneren Auge auftauchen, können bewegt oder unbewegt sein, schwarz-weiß oder in Farbe, abstrakt oder ganz realistisch, mit unterschiedlichen Motiven, Menschen, Landschaften, Tieren, uns selbst, Freunden, Verwandten etc.

Symbole: Symbole können in allen möglichen Formen und Farben gesehen werden. Möglich sind geometrische Figuren, Ursymbole, mystische Symbole, Zahlen, Karten, mathematische Zeichen etc.

Geräusche: Wir können Klänge und Töne hören oder etwas klingt besonders schrill oder weich. Vielleicht fällt uns auch ein Lied oder eine Melodie ein. Wir können uns fragen, was dieses bestimmte Geräusch oder die bestimmte Melodie in uns auslöst.

Worte: Vielleicht tauchen auch plötzlich bestimmte Schlagwörter oder Überschriften oder Redewendungen und andere Formulierungen in uns auf. Ein Satz kommt uns ins Bewusstsein und macht auf etwas aufmerksam. Wir können uns auch fragen, welches Wort am passendsten wäre, um eine bestimmte Situation zu beschreiben.

Emotionen: Wir können die verschiedenen Emotionen einladen, da zu sein und uns zu helfen, verschiedene Nuancen einer Begebenheit oder einer Frage herauszufühlen. Auch das Körperempfinden gehört dazu. Spüren wir Enge oder Weite, Anspannung oder Loslassen? Wie ist die Atmung usw.?

Innere Modalitäten helfen uns, ein Gesamtbild zu komplettieren und Gesamtzusammenhänge besser zu verstehen.

Wie geht das?

Um zu inneren Modalitäten Zugang zu finden, benötigen wir die Intention der Absichtslosigkeit. Wir wollen zwar etwas herausfinden, gehen jedoch ergebnisoffen an die Sache heran, so dass wir gedanklich auch die Möglichkeit zulassen, dass sich uns nichts zeigt. Die absichtslose, ergebnisoffene Haltung gelingt mit der Zeit immer besser.

Der Zugriff auf innere Modalitäten ist ein Dialog mit sich selbst, auch ein Selbstcoaching, um Klärung zu finden und Entscheidungen besser treffen zu können.

Eine Möglichkeit wäre bspw. auch, unsere Atmung zu befragen. Wir beobachten dann ganz genau beim Benennen der einzelnen Optionen, wie sich unsere Atmung verändert und entwickelt. Unser Körper antwortet unmissverständlich, welche der Möglichkeiten am stimmigsten für uns ist, indem die Atmung lang und tief oder holprig und gepresst oder eng und kurz wird. Dies zeigt uns klar, wie wir uns in Übereinstimmung mit unserem Körper entscheiden können, ohne zu hadern.

Diese Vorgehensweisen helfen uns nicht nur, um eigene Entscheidungen zu treffen, sondern auch im Unternehmen, wenn wir zum Beispiel im Meeting eine Irritation gespürt haben, die wir nun durch den inneren Dialog und den Zugriff auf die inneren Modalitäten erst selbst verstehen und dann auch unserem Gegenüber versprachlichen können. Dies unterstützt genauso bei einer Prozessbegleitung oder einem Coaching, um uns besser und umfangreicher ausdrücken zu können. So können wir uns selbst als Gesamtperson erfahren, zeigen und gesehen werden.

Wo lauern die Gefahren?

Bauen wir uns beim Zugriff auf innere Modalitäten Druck auf, könnten sich uns Bilder, Geräusche oder Ähnliches zeigen, die nur aufgrund des Drucks entstanden sind, jedoch nichts mit der Situation zu tun haben. Dann werden wir evtl. fehlgeleitet. Daher spielen die Ergebnisoffenheit und die Absichtslosigkeit entscheidende Rollen.

3.5.6 Kernkompetenz Ebenenwechsel

Wir beschäftigen uns in diesem Kapitel mit verschiedenen Reflexionsebenen, die wir durch die Wertschätzung von Vielheit und die Einnahme neuer Blickwinkel kennenlernen können. Diese Kernkompetenz ist für uns als Einzelpersonen, aber auch für den Umgang mit anderen Menschen, Kollegen, in Teams und vor allen Dingen bei komplexen Situationen wichtig.

Worum geht es?

Multiperspektivität unterstützt selbstorganisierte Teams während der Zusammenarbeit und bei Projekten. Besonders in Unternehmen mit verteilter Führung unterstützt sie dabei, die verschiedenen Ebenen der Betrachtung und das Durchführen des Betrachtungswechsels zu kennen und zu nutzen. Dabei hilft es den Organisationen, über geeignete Formate zu verfügen, durch die der Ebenenwechsel gelingen kann.

Was bedeutet das?

Die Verbesserung der Kommunikation steht im Mittelpunkt der Bemühungen, jedoch nicht um ihrer selbst willen, sondern zur Optimierung der Zusammenarbeit, um Probleme lösen zu können und um Produkte, Dienstleistungen und Prozesse besser zu machen.

Hier geht es zum einen um die Selbstreflexion, bei der wir nicht über ein Thema sprechen, sondern die Auswirkungen beschreiben, die das Thema auf unser gesamtheitliches System hat. Um es in seiner Komplexität oder Vielheit möglichst verstehbar zu machen, können wir die inneren Modalitäten aus dem vorangegangenen Kapitel 3.5.5 **Kernkompetenz Zugang zu inneren Modalitäten** mit einbeziehen und nutzen. Dadurch entsteht die Möglichkeit, dass wir uns als Gesamtperson wahrnehmen und zeigen dürfen. Zum anderen geht es darum, aus einer Metaebene heraus über das Verhalten von anderen reflektieren und dies dann neutral ansprechen zu können.

Eine Metareflexion gelingt über die Einnahme einer höheren, von außen betrachtenden Position, durch die Einnahme und das Anschauen aus der Balkonebene heraus. Dieses Vorgehen kann auch in einem gemeinsamen Prozess mit mehreren Beteiligten stattfinden. Hierzu findest du mehr im Praxisteil unter 4.4.7 **Reflexion auf der Metaebene.**

Wie geht das?

Die wichtigsten Voraussetzungen sind ein hohes Maß an Selbstverantwortung für den eigenen Entwicklungsprozess und eine Verantwortung, Feedback im direkten Kontakt mit Kollegen, Teammitgliedern, Familienangehörigen und dem Partner geben zu wollen. Die Aufgabe ist, das Verhalten des anderen so zu beschreiben, dass es unser Gegenüber annehmen kann, und ihm die wahrscheinlichen Auswirkungen zu verdeutlichen, die es unserer Meinung nach auf uns selbst oder auf andere hat.

Eine wichtige Eigenschaft, damit diese Aufgabe gelingen kann, ist das Nutzen von Empathie. Das Hineinspüren in unseren Gesprächspartner, das aktive Zuhören und das damit verbundene Zulassen von anderen Perspektiven ermöglichen neue Erkenntnisse.

Zur Verdeutlichung können wir uns das Balkonmodell von Ronald Heifetz vor Augen führen[1]. Der Harvard-Management-Professor zeichnete im Jahr 2002 folgendes Bild:

Wenn wir im Alltag in einem Team zusammenarbeiten, befinden wir uns auf der Tanzfläche. Die meiste Aufmerksamkeit gilt unserem Tanzpartner und ein kleiner Teil stellt sicher, dass wir nicht mit Tänzern in der Nähe kollidieren. Wenn dich später jemand nach dem Tanz fragt, antwortest du: „Die Band spielte großartig und der Raum war voller Tänzer." Wir fügen evtl. noch hinzu, dass wir bemüht waren, unserer Tänzerin nicht auf die Füße zu treten, was für ein Stück Selbstbeobachtung spricht. Gegebenenfalls kommentieren wir noch, dass wir recht schusselig sind oder den Takt schlecht finden.

Wenn wir jedoch tiefere Einblicke in die Eigenarten unserer Zusammenarbeit gewinnen wollen, dürfen wir eine neue Perspektive einnehmen. Dafür treten wir auf den Balkon und beobachten von dort aus die Szenerie – die Tanzveranstaltung. Hier werden wir neue Eindrücke sammeln und uns über Muster bewusst, die im Verborgenen lagen.

„Vielleicht hast du gemerkt, dass bei langsamer Musik nur wenige Leute tanzten, wenn das Tempo zunahm, die Tanzfläche voller wurde, einige Leute jedoch nie zu tanzen schienen, die Tänzer sich in einer Ecke des Raumes konzentrierten, so weit wie möglich von der Band entfernt. Du hättest vielleicht berichten können, dass die Band zu laut spielte und du selbst nur zu schneller Musik getanzt hast."

~Ronald Heifetz

„Die einzige Möglichkeit, um einen klareren Blick auf die eigene Realität wie auch eine Perspektive auf das Gesamtbild zu bekommen, besteht darin, das Getümmel aus der Distanz zu betrachten."

~Ronald Heifetz

Diese besondere Form der Metareflexion ist keine selbstverständliche Fähigkeit, sondern darf zur Entfaltung geübt werden. Aus der Vogelperspektive Situationen zu betrachten, sich selbst zu beschreiben, die Beobachtung der anderen und das große Ganze im Blick zu haben, befähigt uns, neue Sichtweisen einzunehmen, Probleme aus einem anderen Kontext zu betrachten, Gegebenheiten besser einzuschätzen und letztlich daraus folgend neue Lösungen und Strategien zu implementieren.

Wo lauern die Gefahren?

Das Reflektieren darf nicht zum Selbstzweck werden. Leicht kann es passieren, dass wir den Grund oder Anlass der Reflexion vernachlässigen und so im Reflektieren stecken bleiben.

Teilweise sind in Unternehmen ganze Abteilungen mit dem Reflektieren beschäftigt. Der Prozess des Reflektierens hat sich dann so verselbstständigt, dass der Hintergrund bzw. Nutzen aus dem Fokus gerät.

Dies ist dann eher hindernd als förderlich, da Reflektieren ein Werkzeug – ein Mittel zum Zweck – ist. Es trägt zur Wertschöpfung des Unternehmens bei. Mit dem Reflektieren möchten wir etwas erreichen. Dazu gehört eben auch das Umsetzen.

Die Reihenfolge ist Reflexion – Kommunikation über die Reflexion – Umsetzung.

Bei der Umsetzung verwirklichen wir Pläne aufgrund der Reflexion. Wir kommen in die Handlung und verändern etwas.

Fußnote 1: Diese Balkongeschichte wird im Buch „New Work needs Inner Work“ von Joana Breidenbach und Bettina Rollow beschrieben.

3.5.7 Kernkompetenz Aufmerksamkeitsfokussierung

In unserem privaten und auch beruflichen Umfeld sind wir mannigfaltigen Ablenkungen ausgesetzt. Angefangen bei den sozialen Medien, die um unsere Aufmerksamkeit buhlen, über aufpoppende E-Mails, die gelesen und bearbeitet werden möchten, bis hin zu den Kollegen und Mitarbeitern, die verschiedene Anliegen haben, zur Werbung, die überall auf uns einprasselt, diversen Angelegenheiten, die erledigt werden wollen, und inneren Ansprüchen, denen wir versuchen gerecht zu werden. Das Meer der möglichen Ablenkungen ist groß und vereinnahmend. Die Frage ist, wie wir damit umgehen.

„Wir bewegen uns von einer Welt, in der die Rechenleistung knapp war, zu einer Welt, in der sie jetzt fast unbegrenzt ist und in der das wirklich knappe Gut zunehmend die menschliche Aufmerksamkeit ist.“

~Satya Nadella

Worum geht es?

Meinen wir, dass wir uns all diesen Dingen widmen müssen, so kann keine Fokussierung, keine Konzentration und keine damit einhergehende befriedigende Aufgabenlösung stattfinden. Wir sind dann überall ein bisschen, aber nicht im Hier und Jetzt und bei uns selbst.

In der Arbeitswelt hat in der Vergangenheit eine so genannte Arbeitsfragmentierung um sich gegriffen.

Diese ist zum einen auf das tayloristische Konzept in den Zeiten der Industrialisierung zurückzuführen. Das bedeutet, dass Arbeitsprozesse in viele Einzelteile zerlegt werden und für den Mitarbeiter nicht mehr als Ganzes erfahrbar sind. Diese Aufgaben sind weitestgehend nicht in Eigenverantwortlichkeit und Selbstbestimmung zu lösen, sondern werden an willkürlichen Stellen von anderen Personen durchbrochen und kontrolliert. Eine Unzufriedenheit und eine Unbefriedigung der Beteiligten sind die Konsequenzen dieses Vorgehens. Auch dadurch werden Konzentration und Produktivität erschwert.

Eine weitere Bedeutung in unserem digitalen Zeitalter hat die Fragmentierung der Arbeitsprozesse durch auferlegte oder selbst verursachte Unterbrechungen bei Wissensarbeitern.

In einem Microsoft-Bericht von 2015 wurde der Zusammenhang zwischen Aufmerksamkeitsspanne und Mediennutzung herausgearbeitet.

Nach den Akademikern Sohlberg und Matter existieren drei Formen der Aufmerksamkeit

→ Kontinuierliche Aufmerksamkeit

→ Selektive Aufmerksamkeit

→ Wechselhafte Aufmerksamkeit

Die **kontinuierliche Aufmerksamkeit** benötigen wir bei der Konzentration auf sich wiederholende Aufgaben.

Bei der **selektiven Aufmerksamkeit** schützen wir die eigene Konzentration vor Ablenkung, so dass wir unsere Leistung kontinuierlich aufrechterhalten können.

Bei der **wechselhaften Aufmerksamkeit** wechselt unser Gehirn konzentriert zwischen unterschiedlichen Aufgaben mit tlw. verschiedenen benötigten kognitiven Fähigkeiten.

Sowohl die kontinuierliche als auch die selektive Aufmerksamkeit korrelieren negativ mit dem Volumen des Medienkonsums, der Social-Media Verwendung, dem Multiscreening-Verhalten und der Aneignung von Technologie.

Die genannten digitalen Verhaltensweisen verbessern ausschließlich die Fähigkeit der wechselhaften Aufmerksamkeit. Besonders Multiscreening steht im positiven Zusammenhang mit Multitasking.

Was bedeutet das?

Energy flows where attention goes. Energie folgt der Aufmerksamkeit.

Unsere Gedanken beeinflussen unsere Gefühle. Diese führen wiederum zu Handlungen und Entscheidungen, welche unser Leben bestimmen. So stellt es einen großen Unterschied dar, ob wir uns bspw. um unsere Gesundheit oder um unsere Krankheit kümmern. Geben wir die Energie dem Problem oder der Lösung?

Konzentration entsteht bei bewusster Aufmerksamkeitslenkung auf ein Thema. Durch ein Hineinfinden in dieses Thema, die Auseinandersetzung damit und die Konzentration vergessen wir die Zeit und es entsteht ein Flow. Durch dieses harmonische Fließen können wir anstehende Aufgaben und Projekte mit Leichtigkeit lösen und vollkommen neue Wege finden.

Aufmerksamkeitsfokussierung – Konzentration – Flow.

Es ist nicht möglich, das Arbeiten im Flow ruckartig einzuschalten, jedoch können wir die Aufmerksamkeit bewusst lenken und steuern, die eine Grundvoraussetzung für das Flow-Erlebnis ist. Hierzu gibt es einen praktischen Impuls im Kapitel 4.3.3 **Die Flow-Rutschbahn**.

Eine Herausforderung stellt die Dosierung der Aufmerksamkeit dar. Wir können über- oder unterfokussiert sein. Beim Überfokus geraten wir leicht in eine Fixierung, die sich durch ein übermäßiges Bemühen, geprägt von Anspannung, auszeichnet. Durch diese Überfokussierung schwinden Leichtigkeit und Flow.

Unsere Gesellschaft ist leider allzu oft von dieser negativen Ausprägung der Aufmerksamkeit durchdrungen. Schon die Aussage, dass wir uns jetzt endlich mal konzentrieren wollen, hat häufig einen negativen Beiton, der Anstrengung vermittelt. Auch zeigt sich bspw. in der Ermahnung zur teilweise sinnbefreiten Erledigung von Schularbeiten oder in einem erwachsenen perfektionistischen Anspruch an die Arbeit, der jede Frische und Freude aus der Tätigkeit zieht, die Aufmerksamkeits-Überfokussierung.

Beim Unterfokus nehmen wir alle Ablenkungen, die um uns herum aufpoppen und unsere Aufmerksamkeit auf sich ziehen wollen, an. Wir wechseln dann permanent mit unserem Interesse von Punkt zu Punkt, von Aufgabe zu Aufgabe, von Idee zu Idee, ohne voranzukommen.

Eine besondere Form der Unterfokussierung ist das Mind Wandering – das Gedankenwandern. Dieses zeigt sich besonders, wenn Menschen beim Erzählen immer wieder abschweifen und neue Türen aufmachen, anstatt endlich auf den Punkt zu kommen. Gerade im Businessbereich stellt sich das als mühsam und anstrengend dar. Oft wissen wir nach den Ausschweifungen in Meetings nicht wirklich, was diese Menschen eigentlich sagen wollten.

Wie geht das?

Wir können nicht das Leben eines Eremiten führen, wenn wir in einer westlich geprägten Zivilisation leben. Wir können aber lernen, mit den Ablenkungen umzugehen. Wollen wir eine gesunde Form der Aufmerksamkeitsfokussierung erreichen, dürfen wir lernen, die um uns herumschwirrenden Möglichkeiten als Einladungen zu betrachten. Wir können uns entscheiden, welche Einladung wir annehmen und welche nicht. Wir brauchen nicht auf jedes Pferd aufzuspringen, sondern dürfen auswählen.

Die Aufmerksamkeitsfokussierung kann wie ein Muskel trainiert werden. Einige haben dies bereits in der Schulzeit gelernt, andere nicht. Allem voran steht die innere Entscheidung, dass wir uns bewusst auf etwas einlassen möchten, dass wir uns bewusst auf etwas fokussieren wollen. Ohne diese Entscheidung kann keine Aufmerksamkeitsfokussierung stattfinden. Wir dürfen uns auf uns selbst, auf den Moment und darauf, eine Erfahrung machen zu wollen, einlassen.

Im Praxisimpuls in Kapitel 4.1.3 **Fünf-Finger-Plan** erfahren wir, dass die Fähigkeit der Fokussierung auch hilft, um Ärger loszulassen.

Viele von uns kennen die Situation, sich während des Studiums oder der Ausbildung mit einem Thema beschäftigt haben zu müssen, an dem wir vorerst kein Interesse hatten. Durch die proaktive Auseinandersetzung mit dem Thema kam es dazu, dass wir tatsächliches Interesse für das Gebiet entwickelten, das neu erarbeitete Wissen als Zugewinn betrachteten und auch hier im Fluss recherchieren, arbeiten und lernen konnten.

In fast jedem Thema verbergen sich Bestandteile, die uns betreffen, von denen wir profitieren. Diese Erkenntnis zeigt sich besonders deutlich im Umgang mit Menschen. Immer wieder passiert es uns, dass wir Vorurteile haben und dadurch Desinteresse an der Person. Wenn wir uns aber in einer Situation befinden, in der wir bspw. Zeit mit diesem Menschen aufgrund der Arbeitssituation verbringen müssen, könnten wir überrascht werden. Plötzlich erkennen wir neue Facetten, Hintergründe, die uns berühren, Themen, die uns verbinden, und Eigenschaften, die uns ansprechen. Indem wir uns bewusst auf Neues einlassen, können wir Themen und Menschen in unser Leben hereinlassen und dadurch unseren Horizont erweitern.

Zum Erreichen einer Aufmerksamkeitsfokussierung können wir unseren Fokus auf uns, auf Menschen, auf unser Umfeld, auf Themen oder auf Dinge richten. Wir dürfen zuerst feststellen, wo wir uns mit unserem Fokus befinden. Sind wir bereits fokussiert oder immer noch zerstreut? Lassen wir den Fokus einen Moment verweilen und lösen wir ihn dann wieder? Wollen wir ziellos umherschweifen und uns treiben lassen?

Wenn wir die Aufmerksamkeit im Moment halten möchten, bspw. im Gespräch mit anderen oder wenn wir in einem Raum mit vielen Menschen sind und ganz offen und präsent sein wollen, können wir uns die Aufmerksamkeit wie einen Schmetterling vorstellen, der von Blüte zu Blüte fliegt und sich überall einmal niederlässt, aber sich nicht festsaugt. Das gibt Leichtigkeit. Es ist nicht mit dem Gedankenwandern zu vergleichen, denn dort schweifen die Gedanken planlos umher und lassen sich gar nicht nieder. Bei dem Bild mit dem Schmetterling ist es eine bewusste Entscheidung, erst diesen, dann jenen Platz einzunehmen, erst dieses, dann jenes Gespräch zu führen, erst diese und dann die nächste Erfahrung zu machen.

Zum Erreichen der Fokussierung bieten sich zwei verschiedene Zugänge an:

1. Wir richten die Aufmerksamkeit auf uns selbst, mit uns als Anker, der uns Halt und Orientierung gibt. Dies kann über die Atmung und Körperwahrnehmung geschehen. Wir können ähnlich dem Schmetterling durch unseren Körper fliegen, uns innerlich und äußerlich spüren und von dort aus die Umgebung mit einbeziehen. Wir verorten uns erst in uns selbst und nehmen dann die Umwelt mit hinzu. In dem fließenden Wechsel von uns zur Umgebung darf sich Schwung und Leichtigkeit zeigen. Wir spüren uns und nehmen dann das Umfeld wahr.

2. Wir richten die Aufmerksamkeit zuerst auf etwas von außerhalb. Wir können die Natur betrachten: wogende Baumwipfel, fließendes Wasser, fallende Blätter etc. Wir versenken uns in den Anblick der Natur, um dann von dort aus mit dem Fokus zu uns selbst zu wechseln. Auch Kunst, Malerei, Musik, Düfte usw. können dieser Ausgangspunkt sein, von welchem wir dann nach innen wandern. Da wir Menschen verschieden sind, haben wir hier verschiedene Zugänge. Als Ziel darf uns diese kontemplative Situation in den Kontakt mit uns selbst bringen.

Wo lauern die Gefahren?

Wenn wir uns selbst nicht spüren, ist es schwierig, die Balance zwischen Über- und Unterfokus zu finden. Beim Überfokussieren besteht die Gefahr, in einen Tunnelblick zu geraten. Bemühung und Anstrengung sind die Folgen, statt Leichtigkeit und Flow. Beim Unterfokus könnte es wiederum passieren, dass wir in eine Antriebslosigkeit und das Gedankenwandern hineingleiten. Die Folgen wären Zerstreuung und Lethargie, statt Leichtigkeit und Flow.

Kapitel 4 – Praktische Umsetzung im Alltag

Nach der Theorie geht es nun um die Praxis. Im besten Falle kannst du die Interventionen also jetzt direkt ausprobieren!

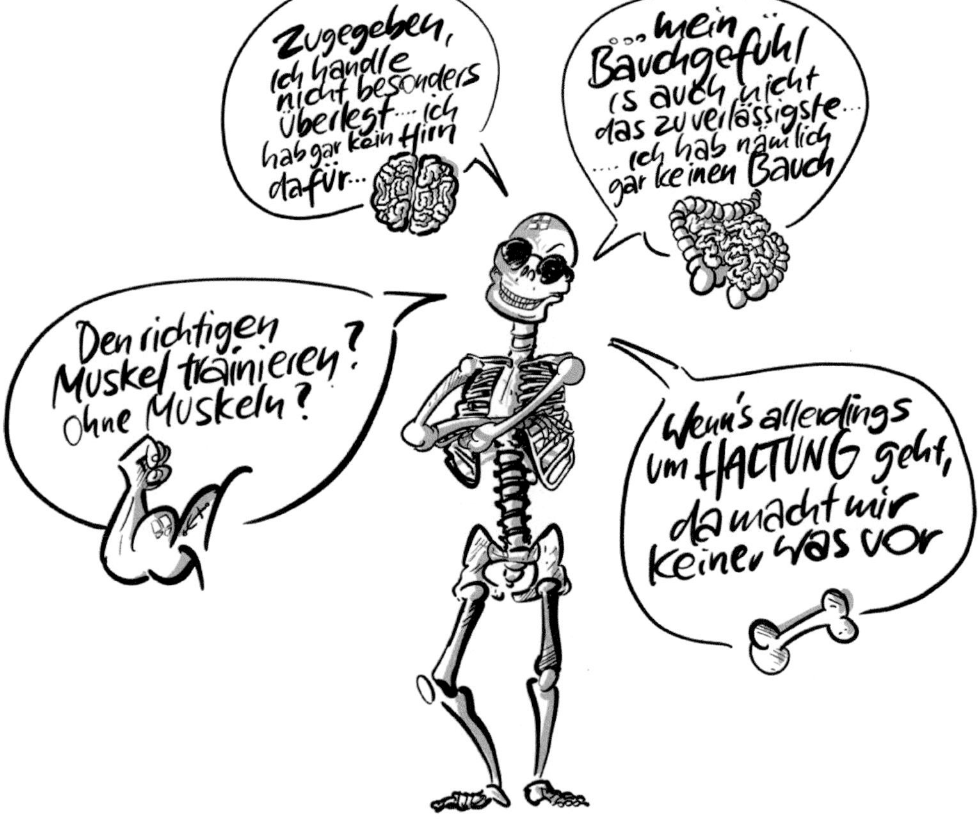

„Ja, ich akzeptiere, dass ich ein Skelett bin. Ein cooles Skelett."

Das 4. Kapitel ist in vier Unterkapitel unterteilt:

4.1 Werkzeuge für mögliche Prozesse und Selbstcoaching

Die Interventionen dieses Kapitels zeigen Wege auf, wie wir Entscheidungen treffen, ohne zu hadern, unbewusste Ressourcen aktivieren, Glaubenssätze bewusst beeinflussen können und durch Visualisierungen Realitäten und Zukünfte gestalten. Die Angebote können allein oder mit einem Begleiter durchgeführt werden.

4.2 Experimentierräume mit den Prinzipien der Alexander-Technik

In diesem Teil können wir unsere Alltagsgewohnheiten entdecken und mit Hilfe der wirkungsvollen Prinzipien der Alexander-Technik nachhaltig verändern, so dass Schmerzen verringert werden, Grazie und Eleganz in der Bewegung sichtbar werden und das Handeln von Authentizität geprägt ist.

4.3 Umgang mit Stresserleben

Dieses Kapitel ist eine Schatztruhe mit wirkungsvollen Sofortmaßnahmen, um immer wieder aus dem Stresserleben herauszufinden, Linderung zu erfahren und den Stress-Auslöser als Herausforderung zu erfahren.

4.4 Praktische Interventionen für Menschen in Organisationen

Die in diesem Kapitel vorgestellten Interventionen dürfen dazu anregen, Teamentwicklung nicht nur als einmaligen Workshop zu verstehen, sondern als alltägliche Praxis in Unternehmen selbstverständlich zu implementieren.

Die Interventionsangebote gehen auf unterschiedliche Methoden zurück, die ich seit vielen Jahren in meiner täglichen Praxis mit Coachees, in der Beratung, in Trainings und Seminaren anwende. Situationsbezogen wähle ich immer im entsprechenden Kontext die jeweilige Methode aus. Hier möchte ich die bewährtesten vorstellen.

Es sind meine Best Practices, sozusagen meine besten Pferde im Stall.

Die Methoden eint ein eigenverantwortliches Menschenbild und die Vorstellung, wie Veränderung gelingen kann. Es geht bei allen Ansätzen darum, bisherige Muster zu entdecken, Unterschiede zu erkennen, neue Bedeutungen zu verleihen und Angebote für neue Wahlmöglichkeiten zu gestalten. Die Fokussierung liegt auf den eigenen Ressourcen und darauf, die Wahlfreiheit zu erhöhen.

Durch den jahrelangen Gebrauch haben sich die ursprünglichen Interventionen verändert, sozusagen den praktischen Ansprüchen angepasst. Ich bin kein Verfechter der Reinkultur, sondern gehe hier mit dem Flow, dennoch empfinde ich großen Respekt und Dankbarkeit den Begründern der jeweiligen Methoden gegenüber. Am Ende einer jeder Methodenbeschreibung zähle ich die darauf beruhenden Interventionen auf.

Die **Alexander-Technik** geht auf F.M. Alexander (1869-1955) zurück. Der Charme dieser Körperbewusstseins Methode liegt in Ihrer Einfachheit. Sie basiert auf Prinzipien die F.M. Alexander benannt und in einer Reihenfolge zusammengefügt hat, die einen multikontextuellen Einsatz möglich macht. Durch die Anwendung der Prinzipien in alltäglichen Situationen findet der Mensch vom funktionierenden Autopiloten zur bewussten Selbstführung. Kapitel 4.1.3; 4.2.1 – 4.2.6; 4.3.7

Focusing, begründet von Eugene T. Gendlin (1926–2017), basiert auf einer achtsamen und wohlwollenden Haltung sich selbst gegenüber. Diese Selbstregulierungsmethode geht davon aus, dass die Antworten auf unsere Fragen in uns selbst zu finden sind und von unserem Körper bereits gewusst werden. Kapitel 4.1.5; 4.3.1; 4.3.2; 4.3.4.

Hypnosystemische Konzepte, geprägt von Gunther Schmidt, verbinden die Methoden der Erickson'schen Hypnotherapie mit systemischen Ansätzen. Innere Kompetenzen, die noch im unbewussten Erfahrungsbereich schlummern, können wirksam aktiviert und zieldienlich genutzt werden. So werden kognitive mit intuitiven Potenzialen zu einer optimalen Synergie zusammengeführt. Kapitel 4.1.1; 4.1.4; 4.3.5; 4.3.6; 4.4.4; 4.4.2.

Systemtheoretische Grundlagen habe ich durch das Future-Leadership-Training bei Intrinsify kennen und schätzen gelernt. Luhmann, Wohland und Kriz sind die Autoren, mit denen ich mich vorwiegend in diesem Zusammenhang beschäftigt habe und die mein Verständnis von Menschen, Gesellschaft und Organisationen sehr geprägt und teilweise auf den Kopf gestellt haben. Kapitel 4.4.1; 4.4.3.

„Theorie und Praxis wirken immer aufeinander; aus den Werken kann man sehen, wie es die Menschen meinen, und aus den Meinungen voraussagen, was sie tun werden."

~Johann Wolfgang von Goethe

4.1 Werkzeuge für mögliche Prozesse und Selbstcoaching

In diesem Kapitel werden verschiedene Coaching-Werkzeuge vorgestellt. Diese können eine Fundgrube für Coaches und Therapeuten sein, um mehr Varianz in ihrem Werkzeugkoffer zu haben.

Außerdem ist es eine Sammlung hochwirksamer Tools, um sich im Selbstcoaching besser kennenzulernen, Wünsche und Ziele klarer zu definieren und den Weg dahin eigenverantwortlich zu gestalten.

Der Begriff des Werkzeugs klingt nach schrauben und hämmern. Aber Achtung! Es geht nicht darum, an Menschen herumzuschrauben. Weder an anderen noch an sich selbst. Es geht nicht darum, sich in eine Form hineinzupressen und sich oder andere anzupassen. Die Interventionen sind keine Rezepte, sondern stellen Angebote dar und erhöhen die Wahlmöglichkeiten im eigenen Verhalten.

Mein Anliegen ist es, die Interventionen im 4. Kapitel als Angebotsbuffet zu verstehen. Wie bei einem Essensbuffet kann man auch hier auswählen, was man probieren möchte, wovon man eher weniger nimmt und von was man mehr nehmen möchte oder wo man nochmal nachholt.

Coaching und Selbstcoaching können sich hervorragend ergänzen. Im Selbstcoaching spürt der Coachee sehr deutlich seine Selbstwirksamkeit. Da wir jedoch alle unsere blinden Flecken und jede Menge Verdrängungsmechanismen im Repertoire haben, es Themen gibt, die uns in dem Moment zu heftig erscheinen, um sie allein anzuschauen, ist es gut, nicht nur Selbstcoaching zu betreiben. Ein Coach hat den wertvollen Blick von außen und die nötige innere Distanz, die ein Coachee nicht haben kann. Ein Sowohl-als-auch ist hier meine Empfehlung.

Das Angebotsbuffet aus Kapitel 4.1

4.1.1 Netzwerke aktivieren
Den Glaubenssätzen mit einem ganzen Netzwerk begegnen.

4.1.2 Anker in die Zukunft werfen
Aus der Krise in die Kraft finden.

4.1.3 Fünf-Finger-Plan
Ein Notfallplan, an einer Hand abgezählt.

4.1.4 Problem-Lösungs-Pendeln
Mit körperlichen Ressourcen vom Ist zum Soll gelangen.

4.1.5 Soll ich dies oder soll ich das?
Entscheidungshilfe bei der Qual der Wahl.

4.1.6 Vom Riechen zum Erleben
Mit allen Sinnen gelangt implizites Wissen an die Oberfläche.

4.1.1 Netzwerke aktivieren, um gedankliche Muster zu verändern

Wofür ist es gut?

Das Prinzip „Netzwerke aktivieren" kann in vielen Kontexten angewendet werden. Vor allem, wenn du Verhaltensweisen oder Denkmuster verändern möchtest und dafür deine unbewussten Ressourcen nutzen willst.

Für die Intervention hier im Buch geht es um den Umgang mit Glaubenssätzen.

Du kannst damit Glaubenssätze verändern. Du lernst, deinen stärkenden Satz in der konkreten Situation in Sekundenschnelle abzurufen und die Situation mit Bravour zu meistern.

Was du zur Durchführung brauchst

→ Dich und deinen Körper
→ Einen ruhigen Ort
→ Optional: Papier und Stifte, Postkarten, Aroma-Essenzen

Wie lange es dauert

15–30 Minuten für die Modellierung des gesamten Netzwerkes, das Aktivieren gelingt dann in Sekunden.

Ablauf

Überlege dir zu Beginn, welches Glaubensmuster du verändern möchtest und/oder für welche Situation du dich stärken willst.

Ich stelle dir hier ein paar häufig vorkommende Glaubensmuster vor:

→ Ich bin nicht gut genug.

→ Das ist zu schwer, das schaffe ich nicht.

→ Ich falle bestimmt durch die Prüfung.

→ Allen anderen geht es besser.

→ Keiner mag mich.

→ Das Leben ist anstrengend.

→ Erst die Arbeit, dann das Vergnügen.

Wähle einen Glaubenssatz aus, der deiner Meinung nach auf dich zutrifft. Wenn du nichts Passendes findest, dann überlege noch einmal oder suche im Netz nach Glaubenssätzen. Vielleicht ist diese Übung für dich im Moment auch nicht relevant und du blätterst einfach weiter.

Für die Beschreibung des Ablaufes werde ich das erste Glaubensmuster „Ich bin nicht gut genug“ verwenden. Ein Glaubenssatz gilt nicht in jedem Moment, sondern ist davon abhängig, in welchem Kontext wir uns befinden.

Die Situation könnte sein, dass du ein Gespräch mit deinem Chef hast, um ein neues Projekt zu besprechen, oder dass du im Meeting etwas Wichtiges sagen möchtest. Wähle eine Situation, in der sich der Glaubenssatz für dich echt anfühlt.

Sage dir den Satz einige Male laut vor oder denke ihn leise im Kopf. Nimm wahr, in welchen Körperzustand du kommst, wenn du den Satz in dich eindringen lässt und ihn für diesen Moment als wahr annimmst.

Registriere die Reaktionen in deinem Körper:
Wie ist deine Körperhaltung? Eng – weit, groß – klein, verspannt – locker?
Wie ist deine Blickrichtung? Zum Boden, zur Decke, nach innen, in die Ferne, unruhig oder starr? Wie geht deine Atmung? Flach – tief, fließend – stockend, seufzend – stöhnend?

Nimm dir Zeit, deine Eindrücke zu sammeln. Dies ist die körperliche Auswirkung des Satzes. Kein Wunder, dass in einem solchen Zustand das Gespräch mit dem Chef über das neue Projekt nicht so richtig gut läuft.

Achtung, Gefahr!

An dieser Stelle versuchen einige Menschen, eine Veränderung zu bewirken, indem sie genau das Gegenteil tun von dem, was sie soeben wahrgenommen haben.

Sie strecken dann z. B. die Brust raus, heben den Blick, schicken die Atmung tief in den Bauch und sagen sich dann den Satz möglichst laut und kräftig vor: „Ich bin sehr wohl gut genug, so wie ich bin.“

Hinter diesem Vorgehen liegt ein verständlicher Ansatz, der jedoch nicht zum gewünschten Erfolg führt. Damit schießt du über das Ziel hinaus. Das Gegenteil einer Gewohnheit führt nicht in eine ausbalancierte Mitte.

Zuerst einmal darfst du anerkennen, dass es so ist, wie es ist. Und du darfst Verständnis für dich entwickeln, dass du es noch nicht geschafft hast, aus diesem Glaubenssatz herauszukommen. Bedenke, was für eine Auswirkung der Satz hat, obwohl du ja weißt, dass dies nur eine Übung in einem Buch ist. Nach einer Runde ehrlich gemeinten Selbstmitgefühls ist ein Wandel erst möglich.

Du kannst jetzt die Situation vor deinem inneren Auge visualisieren, wie du mit deinem Chef im Besprechungszimmer sitzt, und dich fragen:

Wie würde ich sitzen oder wie würden wir stehen, so dass ich meine innere Stärke spüre?

Wie wäre meine Körperhaltung, wenn ich mich weder klein noch groß mache, sondern mich in meiner Mitte ausbreite?

Wie würde meine Atmung fließen, wenn ich ganz in meiner Kraft bin?

Wo würde ich hinschauen, wenn ich ganz in mir ruhe und gleichzeitig meine Energie spüre?

Du kannst diese Fragen immer wieder lesen und danach deinen Körper die Antwort darauf finden lassen. Du kannst dir aber auch die Fragen aufsprechen (z. B. mit der Sprachmemo-App auf deinem Smartphone) und sie dann wiederholt anhören. Finde heraus, was dein Weg ist.

Du kannst so deinen optimalen Zustand für die entsprechende Situation modellieren. Überprüfe immer wieder und justiere nach. Selten gelingt es im ersten Anlauf.

Wenn **Körperhaltung**, **Blick** und **Atmung** in einem stimmigen Einklang sind, kannst du nach weiteren Bestandteilen Ausschau halten, die das Netzwerk deines gesamtheitlichen Systems unterstützen.

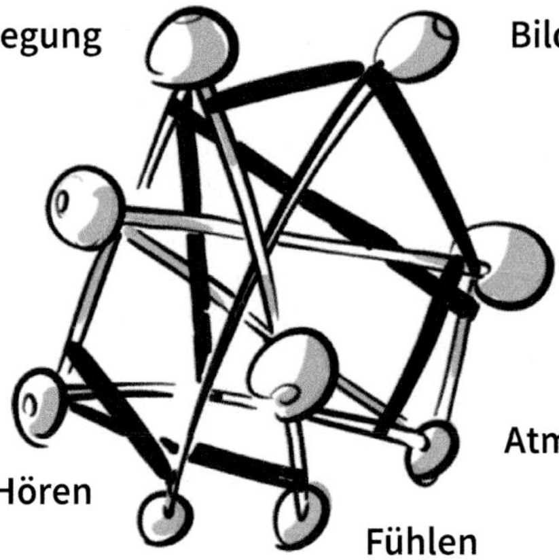

Gibt es ein **Bild** oder eine Postkarte, die dazu passen, wie du dich gerade jetzt hier in deiner Kraft spürst? Vielleicht taucht klar ein inneres Bild in dir auf, dann ist es gut, dafür eine Entsprechung zu suchen. Entweder malst du es auf oder du suchst mit Keywords im Internet. Vielleicht lässt du dich aber auch von einer Bildersammlung inspirieren und schaust, welches Bild davon passt.

Gibt es eine **Aroma-Essenz**, die dich unterstützt? Es gibt Aroma-Essenz-Mischungen, die heißen „Mut" oder „Transformation" und könnten hilfreich sein. Aber auch Zitrone für einen klaren Geist und eine gute Konzentration wäre möglich. Probiere es aus. Nimm einen Tropfen Aroma-Essenz in deine Handfläche, verreibe sie und inhaliere den Duft direkt aus der Hand. Dieser Duft ist nun mit dem gesamten Netzwerk verknüpft.

Gibt es einen **Gegenstand**, der dich an dieses kraftvolle Erleben in der entsprechenden Situation erinnern kann? Zum Beispiel einen Stein oder eine kleine Figur, die für dich eine Bedeutung haben? Diesen Gegenstand kannst du in deine Hosentasche stecken und in der Situation danach greifen und dich daran festhalten.

Welche **Geste** passt zu deiner Visualisierung, so dass du ganz in deine Kraft kommen und darin bleiben kannst? Probiere aus, wie dein Körper sich bewegen mag, vielleicht beschreiben deine Hände eine sich öffnende Geste nach außen, vielleicht legst du eine Hand auf dein Brustbein oder du findest noch ganz andere Bewegungen – spüre nach, was sich für dich stärkend anfühlt.

Das hier aufgebaute Netzwerk umfasst Körperhaltung, Blick, Atmung, Bild, Aroma-Essenz, Gegenstand und eine Körpergeste.

Hier sind nun sieben Bereiche deines Netzwerkes angesprochen und wenn du in der bestimmten Situation auf diese Erfahrung zugreifen möchtest, brauchst du nur eine von den sieben Modalitäten zu aktivieren und dadurch werden die anderen sechs Bereiche mit aktiviert.

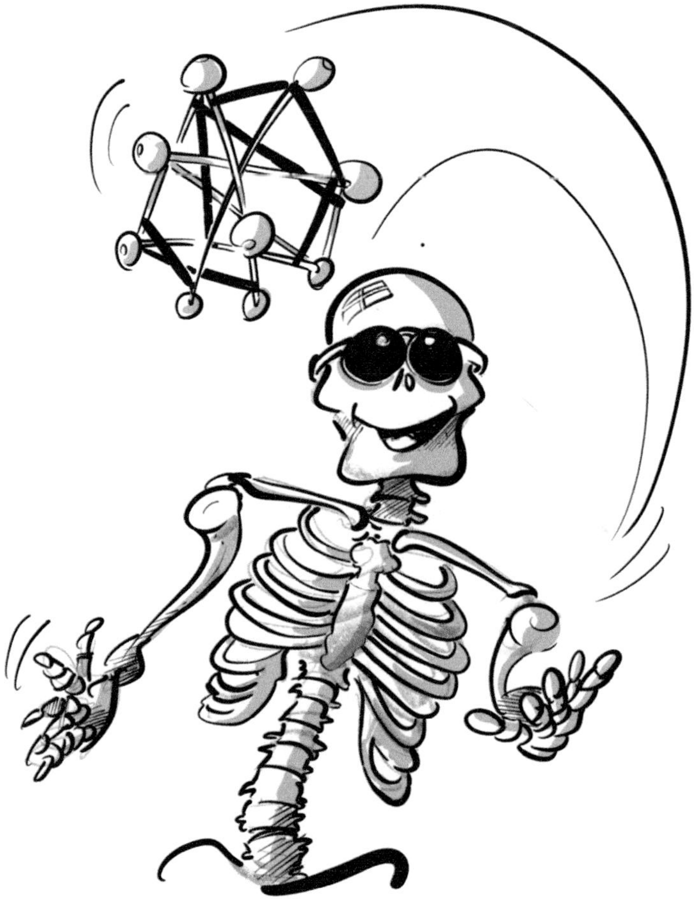

Varianten

Das Netzwerk könntest du durch folgende Elemente noch bereichern, um das gewünschte Erleben in der Zukunft selbst zu gestalten: Metaphern, Alters-, Größen- und Raumerleben, Emotionen, Empfindungen, Mimik, Töne, Klänge, Lieder, innere Filme, die in der Vergangenheit, Gegenwart oder Zukunft spielen...

Und selbst dies ist noch nicht vollständig. Vielleicht fallen dir selbst noch weitere Modalitäten ein.

Hintergrundinformationen

Es gibt nicht nur eine Ursache und eine darauffolgende Wirkungsmöglichkeit. Wir leben in komplexeren Kontexten, die permanent miteinander in Wechselwirkung stehen. Das Phänomen der Netzwerkaktivierung geht auf die Hebb'sche Lernregel oder das Hebb'sche Gesetz des Psychologen Donald Olding Hebb zurück, der sich mit der Plastizität des Gehirns beschäftigte. In der Kurzform macht es der folgende Satz sehr deutlich: What fires together, wires together.

Im Deutschen können wir sagen, dass Zellen, die miteinander feuern, sich auch miteinander vernetzen. Und sind sie mal miteinander verbunden, dann feuern sie auch wieder miteinander.

Für Veränderungsprozesse bedeutet dies eine Komplexitätsreduzierung. Wenn du einen Teil veränderst, verändert sich das gesamte System. Der Geruchssinn ist ein Teil des Netzwerkes, den du durch Aroma-Essenzen ansteuern kannst. Die Geruchsmoleküle der Aroma-Essenzen sind bahnende Reize, die Gedächtnisinhalte aktivieren. Über Körperhaltung, -bewegung und -gesten können Veränderungen am einfachsten umgesetzt werden. Das Handflächenparadigma ist hier der beste Beweis. Siehe dazu auch das Kapitel 3.3 **Realitäten gestalten, indem ich die Körperhaltung ändere**. Die Hände hat jeder immer dabei und damit eine Geste auszuführen, ist für jeden machbar. Hast du also im entscheidenden Moment keine Aroma-Essenz zur Hand, dann kannst du die entsprechende Geste einige Male ausführen und das ganze Netzwerk von „Ich bin gut, so wie ich bin“ wird aktiviert. Wenn wir eine neue Lernerfahrung auf möglichst vielen Ebenen modellieren, dann wird die nachhaltige Wirkung deutlich größer.

4.1.2 Anker in die Zukunft werfen – aus der Zukunft die Gegenwart gestalten

Wofür ist es gut?

Um aus der Krise in die Kraft zu kommen. Für einen konstruktiven Umgang mit Krisen: mit Situationen, in denen Unsicherheit herrscht oder der notwendige anstehende Wandel unvorstellbar erscheint, die bisherige Zukunftsvorstellung jedoch hinfällig geworden ist.

Es könnte zum Beispiel sein, dass du stark übergewichtig bist und aus Gesundheitsgründen jetzt umgehend abnehmen musst. Womöglich hast du schon viele missglückte Versuche hinter dir und keine Idee, wie es gelingen könnte. Vielleicht ist ein enges Familienmitglied gestorben und du hast keine Idee, wie du auch ohne diese Person gut und erfüllt leben kannst. Es könnte aber auch sein, dass sich dein Partner in einer monogamen Beziehung eine Öffnung wünscht, du dich in große Verunsicherung gestürzt fühlst und keine Idee hast, wie das gehen könnte. Oder es kann sich um eine Pandemie handeln, von der du nicht weißt, wie sie sich entwickelt und welche Konsequenzen sich für die Gesellschaft und dich selbst ergeben. Du hast bis zum jetzigen Zeitpunkt keine Idee, wie du damit umgehen könntest.

Die Zukunft liegt im Ungewissen und erlaubt uns keine absolut sicheren Pro-Gnosen. Es geht darum, im Heute zu leben, Entscheidungen zu treffen und sich dabei auf eine unbekannte Zukunft zuzubewegen.

Um nicht immer wieder die gleichen altbekannten Situationen in einem neuen Gewand zu erzeugen, gibt es die Möglichkeit, eine Re-Gnose[1] vorzunehmen. Damit eröffnest du Möglichkeiten und gestaltest variable Zukünfte.

Es ist wichtig, sich nicht auf die Zukunft in Form eines vorhersagbaren Endergebnisses zu fixieren, sondern durch die Zukunftsvision Orientierung zu schaffen und mögliche Zukunftsräume zu eröffnen.

Eigene Visionen entwickeln, eigene Zukünfte kreieren und eigene Realitäten gestalten.

„Lebendig sein heißt, uns in unseren Krisen zu verwandeln.“

~Matthias Horx

Was du zur Durchführung brauchst

- → Zeit und Ruhe, einen ablenkungsfreien Raum
- → Deine innere virtuelle Gestaltungskraft
- → Deine Fähigkeit, dich zu wundern

Wie lange es dauert

Mindestens 20–30 Minuten

Ablauf

Wenn du dich gerade in einer Krise befindest, kannst du diese aktuelle Situation als Thema nehmen. Du kannst auch eine gesellschaftliche Krise auswählen, von der du auch betroffen bist. Mache dir bewusst, welche Einschränkungen es gibt und was in der Zukunftsvision nicht vorkommen wird. Es ist wichtig, dies zu akzeptieren. Wir wollen hier kein Wunschkonzert spielen und nicht die rosarote Brille aufsetzen. Male dir deine Vorstellung von einer möglichen Zukunft aus, in der du glücklich und zufrieden bist. Male dir diese Zukunft möglichst bunt, vielfältig und lebendig aus. Stelle dir vor, in welchem Raum du dich befindest und wie es dort genau aussieht. Oder bist du in der Natur? Ist noch jemand bei dir? Wenn du dich umschaust – was siehst du? Was hörst du? Was spürst du?

Drehe dich in Gedanken um und schaue dahin, wo du herkommst. Schaue auf dein vergangenes Ich.

Von dort aus richte deine Aufmerksamkeit wieder nach vorne, zu deiner Zukunftsversion von dir selbst. Wechsele einige Male die Perspektive. Wieder zurück, wieder nach vorn. Was hat sich verändert?

Rückblick aus der Zukunft

Frage dich, welche Schritte dich in die Zukunft geführt haben. Was hast du konkret getan? Was hast du bewusst unterlassen?

Der Blick zurück nach vorn

Schaue nun aus deiner heutigen Perspektive auf deine Zukunftsvision und deinen Rückblick und finde heraus, was deine nächsten Handlungsschritte sein könnten, die dich deiner Zukunftsvision näher bringen würden. Was gibt dir Orientierung? Was könnten Leitplanken sein, innerhalb derer du das Spektrum deines Tuns verortest?

Du wirfst also den Anker in die Zukunft und bewegst dich dann darauf zu.

Wenn du einen Anker in die Zukunft wirfst, dann hat dieser Anker auch eine Ankerkette. Diese Ankerkette ist nicht starr und fest, sondern durch die Kettenglieder beweglich, so dass sie auf Wellen und Wind im Laufe der Gezeiten angemessen reagieren kann. Das Bild der Ankerkette steht auch für deine Herangehensweise. Denn du solltest versuchen, dich mit Öffnung und Erweiterung auf deine Zukunft zuzubewegen, und Verengung und Fixierung vermeiden.

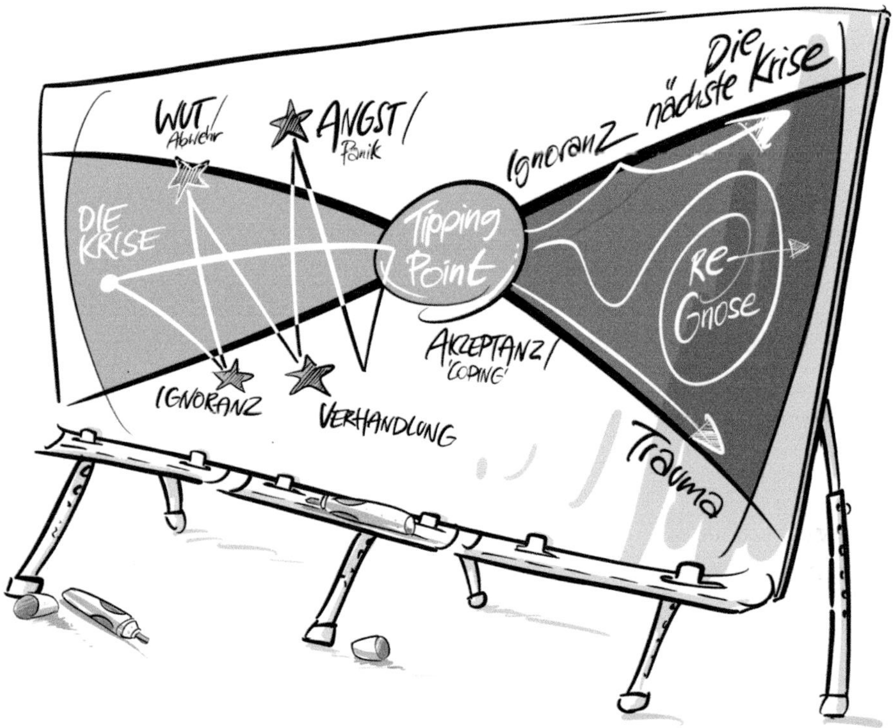

Nach Matthias Horx, „Die Zukunft nach Corona“, Ullstein Verlag, Seite 4

Das Diagramm beschreibt die einzelnen Phasen der Krise, die durchlaufen werden, bevor es durch Akzeptanz zum Wendepunkt (Tipping Point) kommen kann. Dies ist eine Wegkreuzung, die in die Re-Gnose führen kann oder aber auch in die beiden extremen Außenbereiche. Das Diagramm zeigt viele Momente für Entscheidungen auf.

Varianten

Um eine Zukunftsvision entwickeln zu können, kannst du auch die Wunderfrage stellen: Wenn ein Wunder geschehen würde und über Nacht alles gut wäre, das Problem gelöst wäre, wie wäre es denn dann? Woran würdest du das Wunder zuerst bemerken?

Dies wäre aber nur der Beginn. Um eine Re-Gnose zu gestalten, brauchst du jetzt noch weitere Fragen, um zu erfahren, wie du dahin gekommen bist, welche Schritte du unternommen hast und was dir Orientierung gegeben hat.

Eine Re-Gnose kann auch im Unternehmenskontext von der Geschäftsleitung oder von ernannten Teams durchgeführt werden und aus einer Krise hinausführen. Innovationen entstehen durch Visionen. In der Re-Gnose-Phase beginnt ernsthafte Neuorientierung, die Suche nach dem Zukunfts-Sinn, wie man den vielgesuchten „Purpose" auch nennen könnte.

Hintergrundinformationen

„Zukunft entsteht durch einen magischen Prozess, in dem wir uns innerlich dem Morgen nähern, das Neue in uns selbst üben, prüfen und uns dabei selbst neu erschaffen. Und dabei wiederum unsere Umwelt verändern. Dieses seltsame Schleifen-Phänomen nenne ich auch ‚Re-Gnose'[1] – im Unterschied zu Pro-Gnose, die die Zukunft immer nur als externe Veränderung beschreibt."

~Matthias Horx[2]

Was hält uns so oft davon ab, in die eigene Gestaltungskraft zu gehen?

Es ist die Angst. Die Angst vor dem Ungewissen. Die Angst vor der Unsicherheit. Die Angst, die bisherigen Sicherheiten loszulassen, ohne neue Gewissheiten zu spüren.

Und was brauchst du, damit aktive Zukunftsgestaltung gelingen kann?

Akzeptanz. Mut. Bewusstheit.

Wir dürfen Mut zur Angst erlernen. Zur Unsicherheit. Und dazu, die Unsicherheit zu akzeptieren. Und dazu, durch die Angst hindurchzugehen[3] in eine unserer Wirklichkeiten und möglichen Zukünfte hinein. Wirf den Anker in die Zukunft und bewege dich dann darauf zu.

Fußnote 1: Der Begriff Re-Gnose geht zurück auf den Zukunftsforscher Matthias Horx. Bei der Re-Gnose springen wir geistig in die Zukunft und fragen von dort aus rückblickend, wie wir es geschafft haben, dahin zu kommen. Außerdem finden wir heraus, was geändert werden musste und konnte, um diesen Punkt zu erreichen. Durch dieses Vorgehen erkennen wir unsere eigene Verantwortlichkeit, dass nämlich nicht die Zukunft auf uns zukommt, sondern wir auf sie, durch unsere Einstellungen, Glauben und Handlungen.

Fußnote 2: Matthias Horx, „Die Zukunft nach Corona", Ullstein Verlag, Seite 12.
Im genannten Buch analysiert der Zukunftsforscher Matthias Horx die Auswirkungen der Corona-Pandemie, wobei er darauf hinweist, dass diese ein großer Spiegel ist, in dem wir uns selbst erkennen. Horx betrachtet die Veränderungen in der Gesellschaft, in Familien, Staaten, Individuen und Unternehmen. Sein wichtigstes Augenmerk liegt auf der Frage, wie wir selbstverantwortlich die Zukunft beeinflussen können und Angst in Zuversicht wandeln. Horx prognostiziert nicht. Er übt mit seinen Lesern die Re-Gnose. Ein Instrument, um durch rückblickende Vorausschau die Zukunft zu ändern.

Fußnote 3: Matthias Horx, „Die Zukunft nach Corona", Ullstein Verlag, Seite 57, 58

4.1.3 Fünf-Finger-Plan

Wofür ist es gut?

Wenn man in Situationen feststeckt, sei dies eine körperliche Verspannung, ein gedanklicher Tunnelblick oder ein emotionales Durchgerütteltsein, braucht es manchmal Hilfe, um da rauszukommen und sich wieder als handlungsfähig zu erleben. Es ist eine Art Notfallplan, den man sich ausdrucken kann und sich in die Hosentasche steckt, damit man ihn im entscheidenden Moment hervorholen kann. Natürlich kann man auch ein Foto mit dem Smartphone machen und auf diese Weise darauf zurückgreifen. Wichtig ist, dass der Plan leicht und schnell aufzufinden ist, denn es ist das Wesen des Feststeckens, dass man erstmal keinen Ausweg weiß. Sich in so einem Moment an den Notfallplan zu erinnern, ist der erste Schritt heraus.

Was du zur Durchführung brauchst

→ Dich selbst und als Merkhilfe die 5 Finger einer Hand sowie deinen wachen und neugierigen Geist
→ Die Entscheidung, an dem Feststecken selbst etwas ändern zu wollen

Wie lange es dauert

3–10 Minuten, je nachdem wie vertraut man mit diesem Werkzeug ist und wie herausfordernd sich das Thema darstellt.

Ablauf

Du bemerkst, dass du feststeckst in einem selbstkreierten Drama, einer Problemtrance, einem Schmerz, du dich ungerecht behandelt fühlst oder verärgert bist.

Du erinnerst dich an den Fünf-Finger-Plan und gehst in Gedanken die einzelnen Finger durch.

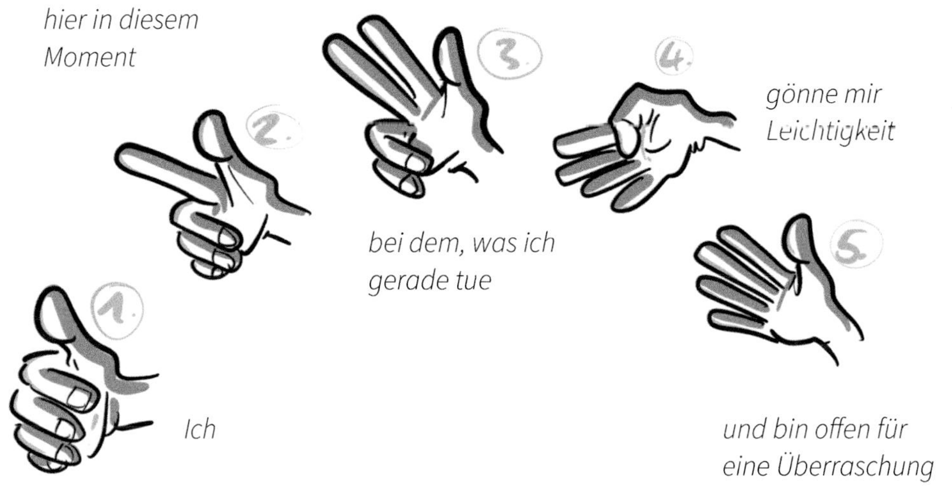

Der Daumen steht für „Ich" – ich selbst. Ich spüre mich, ja, es geht hier um mich.

Der Zeigefinger steht für „hier in diesem Moment". Statt den Text der Vergangenheit im Kopf in einer Dauerschleife ständig zu wiederholen oder mir Sorgen um die Zukunft zu machen, öffne ich mich für das Jetzt – hier und jetzt – an dem Ort und in der Umgebung, in der ich mich im gegenwärtigen Moment befinde.

Der Mittelfinger steht für „bei dem, was ich gerade tue" – ganz konkret. Was tue ich in diesem Moment, was ist meine aktuelle Tätigkeit, womit bin ich beschäftigt?

Der Ringfinger steht für „gönne mir Leichtigkeit". Dies tue ich, indem ich konkrete Gedanken an meinen Körper schicke, z. B.: *Ich erlaube meinen Halsmuskeln loszulassen, mein Kopf kann sich ausbalancieren, mein gesamter Rumpf kann sich dreidimensional weiten, so dass Leichtigkeit geschehen kann.*

Der kleine Finger steht für „und bin offen für eine Überraschung". Eine absichtslose und neugierige innere Einstellung ermöglicht, dass Neues geschehen kann.

Aber lassen wir doch Sabine erzählen, wie es ihr ergangen ist und wie der Fünf-Finger-Plan sie gerettet hat.

Ich habe mich am Abend über meinen Mann geärgert und bin mit einem Groll ins Bett gegangen und auch am nächsten Morgen aufgewacht. Das Blöde war nur, dass ich an dem Tag einen wichtigen Termin in der Schule hatte. Wir hatten gerade einen Austausch mit der englischen Partnerschule und heute sollte das gemeinsame Projekt starten. Als ich mit dem Auto auf dem Weg zur Schule war, bemerkte ich, dass der Groll immer noch in mir festsaß. Meine Schultern und der Nacken waren angespannt, meine Hände pressten sich um das Lenkrad, meine Zähne drückten aufeinander, meine Gedanken drehten sich im Kreis und spielten das Geschehen vom Abend zuvor immer wieder durch.

Mir wurde bewusst, dass dies keine gute Voraussetzung war, um den beiden Klassen und den englischen Lehrerkolleginnen zu begegnen. Der Ärger hatte von mir Besitz ergriffen. Glücklicherweise fiel mir genau jetzt der Fünf-Finger-Plan ein und ich ging in Gedanken die einzelnen Punkte durch.

Als ich auf den Parkplatz fuhr, hatte ich meinen Ärger loslassen können und stieg mit einem Lächeln aus. Zum einen schmunzelte ich über mich selbst und zum anderen war ich dankbar, dass ich über dieses wirkungsvolle Tool verfüge und es mir genau im richtigen Moment eingefallen ist.

Varianten

Der Fünf-Finger-Plan kann während einer Aktivität oder danach durchgeführt werden. Im Rückblick hilft er einem dabei, das eigene Verhalten besser zu verstehen.

Während einer gleichförmigen Bewegung, wie beispielsweise Gehen, kann man die fünf Punkte immer wieder an einer Hand abzählen und sich dadurch in einen ausgeglicheneren Gesamtzustand bringen.

Es kann hilfreich sein, die zweite Hand zu Hilfe zu nehmen und damit den jeweiligen anderen Finger leicht zu umschließen. Dies kann bei der Reihenfolge helfen und das Abschweifen in eine mögliche Problemtrance verringern.

Eine weitere Möglichkeit ist es, komplett virtuell vorzugehen, was sich auch empfiehlt, wenn man z. B. Auto fährt und beide Hände am Lenkrad hat. Man stellt sich dann vor, die Finger abzuzahlen.

Hintergrundinformationen

Der Fünf-Finger-Plan geht auf eine Intervention von Rosa-Luisa Rossi, einer Alexander-Technik-Kollegin aus Zürich, zurück.

Ich schätze diesen Notfallplan, weil er ermöglicht, in die Eigenverantwortung zu gehen. Selbst etwas ändern zu können an einer vermeintlich ausweglosen oder belastenden Situation, führt zu Erleichterung.

4.1.4 Problem-Lösungs-Pendeln

Wofür ist es gut?

Wenn du in einer Problemtrance feststeckst, kommst du da oft nicht so leicht heraus. Vielleicht hast du eine Idee davon, was du dir wünschst, wie du es gerne hättest, jedoch hast du keine Ahnung, wie das gehen soll.

In der Businesssprache ausgedrückt, ist es ein Weg, wie du unter Einbeziehung deiner körperlichen Ressourcen und intuitiven Kompetenzen vom Ist zum Soll gelangst.

Was du zur Durchführung brauchst

→ Dich und deinen Körper
→ Zeit und Aufmerksamkeit
→ Klarheit über das Problem
→ Die Ahnung von einer möglichen Lösung

Wie lange es dauert

10–20 Minuten

Ablauf

Mache dir bewusst, wie und wo du dich jetzt befindest und welches Erleben zu deinem als Problem wahrgenommenen Ist-Zustand gehört. Finde dafür eine entsprechende Körperhaltung. Lass dir Zeit, um deinen gesamten Körper detailliert durchzugehen, bis du deine Haltung als stimmig und zum Problem passend empfindest. Merke dir diese Haltung, so dass du sie wiederholen kannst. Du kannst sie auch in Stichworten aufschreiben.

Nun lockere dich ein wenig, schüttle dich und bewege dich so, dass sich dein Körper aus der vorherigen Haltung löst.

Modelliere nun deinen gewünschten zukünftigen Zustand mit deinem Körper: Wie würdest du dich erleben, wenn das Problem gelöst wäre? Wie wäre dann deine Körperhaltung?

Wichtig ist es hier, einfach auszuprobieren, vielleicht auch mal etwas zu übertreiben oder was Komisches zu machen. Man kennt das Neue noch nicht und kann daher nicht auf Muster zurückgreifen oder darüber nachdenken. Hier ist wichtig, es körperlich zu tun und dann zu spüren, ob es sich stimmig anfühlen könnte. Präge dir auch diese Haltung ein, so dass du sie wiederholen kannst. Du kannst auch das notieren.

Nun hast du zwei Zustände körperlich definiert und kannst sie einnehmen.

A – die Problemhaltung und B – die Haltung für das gewünschte zukünftige Erleben.

Du kannst jetzt beginnen, zwischen A und B hin- und herzupendeln. Widme dich diesem Pendelprozess einige Zeit und variiere die Intensität der Haltung – gelöst, locker, fest und gehalten, ruckhaft, geschmeidig, mit viel oder wenig Kraftaufwand. Verändere auch die Dauer, die du in A und B verweilst. Bleibe bspw. mal nur kurz in Position A und länger in B, dann umgekehrt. Und noch ein anderes Mal wechselst du ganz schnell oder wie in Zeitlupe, um dich von dem einen zum anderen Zustand zu bewegen. Probiere aus, erlebe dich flexibel.

Wechsele zwischen dem gewünschten neuen Zustand B und dem bisherigen, alten Zustand A. Du kannst immer zurückkommen in das vertraute Bisherige und von da aus wieder in die gewünschte neue Körperhaltung wechseln.

Varianten

Um dich besser in die beiden Zustände hineinzuversetzen, kannst du entsprechende Postkarten oder Bildkarteien nutzen. Du kannst auch Töne machen, die zum jeweiligen Zustand passen. Nutze alles, was dir hilft, den jeweiligen Zustand zu erleben. Vielleicht gibt es auch einen Satz, der zur jeweiligen Haltung passt. So etwas wie eine Überschrift.

Hintergrundinformationen

Diese Intervention wurde ursprünglich von Gunther Schmidt entwickelt und von ihm als Problem-Lösungs-Gymnastik angeboten. Meist ist es leichter, in die Problemhaltung hineinzufinden, da du dich meist schon einige Zeit darin befindest. Um die gewünschte zukünftige Haltung zu finden, brauchst du eher etwas mehr Zeit oder die Unterstützung einer weiteren Person, die Vorschläge macht, auf die du selbst nicht kommen würdest.

Das ist so ähnlich, wie wenn du mit einer Freundin shoppen gehst und diese die Kleidung für dich aussucht, die du selbst nie wählen würdest und meist nicht mal wahrnimmst. Wenn du sie dann anprobierst, bist du erstaunt, wie gut du darin aussiehst.

Ebenso wie Kleidung kannst du im Zusammenhang mit dem Pendeln Bewegungen, Gesten und Haltungen anprobieren und für dich entdecken. Das Pendeln ist besonders wertvoll wegen des Wechsels zwischen beiden Zuständen. Die Problemhaltung wird nicht abgelehnt und vermieden oder etwa nur nach der Lösung geschaut, sondern sie gilt als gleichwertige Möglichkeit, die du in das Pendeln einbeziehen kannst. Durch die häufigen pendelnden Wiederholungen wird es immer leichter, den Weg vom Ist zum Soll zu gehen.

4.1.5 Soll ich dies oder soll ich das – der Körper weiß die Antwort, wenn der Kopf sich nicht entscheiden kann

Wofür ist es gut?

Manche Entscheidungen fallen leicht, andere nicht. Vielleicht kannst du zum Beispiel nicht entscheiden, ob du die eine oder die andere Wohnung mieten sollst. Ob du lieber nach Spanien oder nach Italien reisen möchtest. Ob du mit dem einen Kooperationspartner weiter zusammenarbeiten oder doch das Angebot des anderen annehmen solltest oder ob du deine alte Stelle behalten möchtest oder doch lieber wechselst. Wenn es also viele gute Gründe für und gegen eine Sache gibt. Du hast eine Liste mit Vor- und Nachteilen schon geschrieben. Eigentlich ist es auf dem Papier klar, du kannst dich dennoch nicht genau entscheiden. Oder du traust dich nicht, dazu zu stehen und es nach außen zu vertreten.

Bei all diesen Situationen ist es äußerst hilfreich, ein klares inneres, körperliches Zeichen zu spüren, an dem du dich orientieren kannst. Wenn du die Entscheidung auf Grundlage des gesamtheitlichen Systems triffst, hilft dir das bei der Entscheidungsfindung und kann dir als Rückversicherung dienen. Die Entscheidung ist getroffen, man lebt schon die neue Situation, in der neuen Arbeitsstelle, in der neuen Wohnung, und bekommt dadurch die Bestätigung, es richtig gemacht zu haben. Es ist auch hilfreich für Menschen, die sich nach vielem Hin-und-her-Überlegen zu einer Entscheidung durchgerungen haben und dann im Nachhinein damit hadern. Wer sich immer wieder an das klare Körperempfinden erinnern kann, stellt die getroffene Entscheidung eher nicht in Frage.

Was du zur Durchführung brauchst

Zur Durchführung brauchst du nur dich selbst und natürlich Zeit, deine Aufmerksamkeit und den Wunsch, auf diese Art auf deine drängende Entscheidungsfrage zu schauen und zu spüren. Bei manchen Themen kann es allerdings auch sehr hilfreich sein, eine gute Freundin oder einen Coach an deiner Seite zu haben, die oder der dich begleitet.

Wie lange es dauert

Je nachdem wie vielschichtig das Thema ist und wie vertraut du mit dieser Übung bist, ist die Dauer sehr unterschiedlich: von einem kurzen inneren Abklären, das 5–10 Minuten dauert, bis zu einer intensiven Session, die eine Stunde dauern kann.

Ablauf

Vergegenwärtige dir zunächst dein Thema, deine unterschiedlichen Optionen. In vielen Fällen ist es eine Entscheidung zwischen zwei Möglichkeiten. Es könnte aber auch mehrere Optionen geben. Eventuell tauchen auch weitere Optionen während des Prozesses auf. Vielleicht magst du dir die Optionen mit einem Stichwort auf einen Zettel schreiben oder durch ein Symbol verdeutlichen.

Wir gehen für diesen Übungsprozess davon aus, dass du ein Thema mit zwei Optionen anschaust.

Begib dich in einen Zustand der inneren Aufmerksamkeit. Du kannst deine Augen geöffnet lassen oder auch schließen, wie es für dich angenehmer ist. Du kannst dies auf unterschiedliche Weise tun, indem du eine mentale Körperreise machst oder ein paar sanfte Bewegungen oder eine andere dir vertraute Form wählst. Lass Stille einkehren und spüre deinen Atem.

Sage dir dein Thema innerlich vor oder sage dir, dass es um die Entscheidung zwischen A und B geht. Spüre nach, wie sich das anfühlt. Gibt es in deinem Körper eine Resonanz dazu? Alles, was sich zeigt, darfst du willkommen heißen. Welcher Entscheidungsoption willst du dich zuerst zuwenden? Meist poppt eine hoch und will angeschaut werden. Wenn nicht, dann nimmst du, ganz pragmatisch, die Option auf dem zuoberst liegenden Zettel.

Stelle die Option A auf eine Seite von dir. Fühlt es sich stimmiger an, wenn sie auf der rechten oder auf der linken Seite von dir platziert ist? Wie nah oder wie weit weg von dir fühlt sie sich gut positioniert an?

Wenn du einen guten Platz für Option A gefunden hast, gehe mit deiner Aufmerksamkeit nach innen und spüre, welche Resonanz das in dir auslöst. Häufig bekommt man Rückmeldung von der Stelle im Körper, wo man auch spürt, dass man Hunger hat. Es kann aber auch an jeder anderen Stelle im Körper sein.

Zieht sich etwas zusammen? Wird etwas weit? Ist es fest, weich oder beweglich? Wie fließt deine Atmung? Stockend, flach, angehalten, tiefgehend, leicht, ausfüllend? Taucht ein Satz auf, eine Überschrift? Gibt es ein Bild, wenn ja, wie sieht es genau aus? Ist da eine Emotion, die zu dieser Option gehört? Zeigen sich eine oder mehrere Farben?

Was auch immer sich zeigt, begrüße es und bleibe bei dem, was sich zeigt. Vielleicht zeigt sich auch gar nicht viel und es fühlt sich eher neutral an. Auch das ist wunderbar. Oder es zeigt sich eine Art Nebel oder ein Schleier liegt vor etwas. Auch das ist willkommen.

Bedanke dich bei dem, was sich gezeigt hat, und benenne für dich, was am klarsten und eindrücklichsten war. Schließe nun diesen ersten Teil ab.

Ziehe deine Aufmerksamkeit von der ersten Option ab und führe sie hin zu dir. Spüre dich in deiner Körperlichkeit, wie du gerade sitzt, liegst oder stehst. Vielleicht magst du dich auch etwas bewegen oder schütteln, gähnen. Nimm dir die Zeit, die du brauchst, um in einen neutralen Zustand zurückzufinden. Lass nun wieder innere Ruhe einkehren.

Wende dich nun Option B zu, sage dir innerlich die Überschrift und platziere dieses Thema auf der anderen Seite von dir. Wo ist ein guter Platz, der sich stimmig für dich anfühlt? Lasse in dir alles hochkommen, was für dich in diesem Moment dazugehört. Wende deine Aufmerksamkeit nun deinem Körper zu. Welche Resonanz entsteht in dir, wenn du dieses Thema dort betrachtest? Lausche, wie dein Körper reagiert, welche Auswirkung das Thema auf deine Atmung hat. Stell dir hier die Frage nach Bildern, Farben, Emotionen, Worten, die du weiter oben schon bei Option A verwendet hast.

Was auch immer sich zeigt, heiße es willkommen. Es kann völlig anders oder auch ähnlich sein wie auf der anderen Seite.

Du wirst spüren, wenn du ausreichend Informationen von deiner inneren Weisheit erhalten hast. Schließe dann diesen Teil des Prozesses ab, indem du auch hier für dich festhältst, was für dich am prägnantesten war.

Komme mit deiner Aufmerksamkeit ins Alltagsbewusstsein zurück – räkele dich, gähne oder tue, was auch immer für dich stimmig ist.

Nun kannst du vor deinem inneren Auge beide Optionen mit den jeweiligen Rückmeldungen deines Körpers sehen. Manchmal ist die Entscheidung an dieser Stelle sehr einfach, weil sich A sehr angenehm und wohl anfühlt und B dagegen anstrengend und einengend. Klar, dann entscheidest du dich gerne für A.

Es kann aber auch sein, dass es sich nicht so eindeutig zeigt oder die Unterschiede nicht klar erkennbar sind. Dann ist es hilfreich, mit einer weiteren Person (Freundin oder Coach) darüber zu sprechen, um dem, was sich gezeigt hat, Bedeutung zu geben als eine mögliche Hypothese. Vielleicht ist es auch nicht der Zeitpunkt, um eine Entscheidung zu treffen. Vielleicht fehlen noch Informationen oder es braucht mehr Optionen.

Varianten

Mein Körper sagt dies, aber mein Kopf sagt das. Der Kopf steht häufig für die Stimme des Kritikers. Wie kannst du mit dem inneren Kritiker umgehen? Begrüße ihn, schaue hin. Er meint es meist gut und will dich beschützen. Wofür steht dein Kritiker? Was ist seine heutige Aufgabe? Versuche, die berechtigten Anliegen des Kritikers zu integrieren.

Hintergrundinformationen

Diese Übung kommt aus dem Focusing.
Ich empfehle dir eine Grundhaltung von Absichtslosigkeit und innerer Aufmerksamkeit, um diesen Prozess durchzuführen. Erkenne, dass die Rückmeldungen des gesamtheitlichen Systems Zeichen sind, die auf bisher gemachten Erfahrungen beruhen.

Es gibt keine Entscheidungen für immer

Entscheidungen können jeweils nur auf der Grundlage der Informationen getroffen werden, die du in diesem Moment zur Verfügung hast. Jede Entscheidung ist eine Moment-Entscheidung. Jede Entscheidung darf geändert werden. Sie ist nicht für immer. Ändern sich die Gegebenheiten, ändert sich die Entscheidungsgrundlage. Oft hindert dich die Annahme, dass du diese Entscheidung für einen längeren Zeitraum oder sogar für immer treffen sollst, daran, überhaupt eine Entscheidung zu treffen.

Du musst gar nichts entscheiden

Häufig entsteht ein Druckgefühl, wenn andere oder du selbst meinst, dass du dich doch jetzt für oder gegen etwas entscheiden müsstest. Es kann sehr erleichternd sein, wenn du dir bewusst machst, dass du dich in einem Entscheidungsprozess befindest und zum jetzigen Zeitpunkt noch keine abschließende Entscheidung treffen kannst. Gerade wenn es darum geht, Entscheidungen mit ungewissem Ausgang zu treffen, ist es hilfreich, sich auf diese Körperreferenz beziehen zu können.

4.1.6 Vom Riechen zum Erleben

Wofür ist es gut?

Wenn ein Thema schon gut durchdacht und bearbeitet ist und du einen frischen Blick darauf werfen möchtest, hilft das Riechen, einen neuen Zugang zum Thema zu finden. Dies ist besonders bei sogenannten Lebensthemen geeignet, denen man, wie der Name schon sagt, immer wieder in seinem Leben begegnet. Durch Riechen kannst du unbewusste Ressourcen nutzen als Ergänzung zu kognitiven Verfahren wie Reden, Analysieren und Nachdenken.

Es bringt Saiten zum Klingen, die vorher geschwiegen haben.

Was du zur Durchführung brauchst

- → Mindestens eine Flasche mit Aroma-Essenz[1]. Zum intuitiven Auswählen benötigst du mehrere Aroma-Essenzen, um, ohne hinzuschauen, zu wählen. Du kannst Einzel-Essenzen oder auch Mischungen verwenden.
- → Einen ruhigen und ungestörten Ort
- → Papier und Stifte

Wie lange es dauert

Mindestens 5–10 Minuten oder auch länger

Ablauf

Im ersten Schritt geht es darum, die Aroma-Essenz zu deinem Thema auszuwählen. Das kannst du intuitiv machen oder kognitiv entscheiden, indem du nachliest, was dir in deiner momentanen Situation guttun würde. Gib einen Tropfen Aroma-Essenz in deine Handfläche, verreibe die Essenz in beiden Händen und halte sie vor deine Nase, atme ein und breite dich mit allen Sinnen in dem Riecherlebnis aus, weite dich in den Duft hinein, schwelge darin. Bemerke, wie dein Körper in Resonanz geht.

Nimm wahr, welche Bewegungen, Gedanken und Gefühle sich zeigen ... Nimm an, was sich zeigt, lade es ein, da zu sein ... Es kann sich ausdrücken, dich durchzucken, drehen, strecken, biegen, ausbreiten, zusammenziehen ... Lass es ohne Plan geschehen ... tönen, grummeln, schreien, lachen, summen ... Lass es laufen und spüre, wann es zu Ende ist und zur Ruhe kommen mag.

Male oder schreibe auf, was du gerade erlebt hast, möglichst frei von Interpretationen und Verstehen-Wollen. Lass Assoziationen auftauchen und ergänze damit dein Bild. Das Bild wird jeden Tag, an dem du das Riech-Ritual ausführst, etwas vollständiger und vielschichtiger.

Variante

Du kannst die Praxis „Vom Riechen zum Erleben“ über einen längeren Zeitraum regelmäßig als Ritual ausführen. Wähle dafür eine Essenz aus, mit der du für die nächsten 21 bis 40 Tage arbeiten möchtest. Kläre dein Thema und lass dich dann von der Aroma-Essenz mit auf die Reise nehmen.

Dokumentiere deinen Prozess (durch Malen, Schreiben oder Fotografieren) über die gesamte Zeit und reflektiere deine Entwicklung.

Hintergrundinformationen

Was geschieht beim „Vom Riechen zum Erleben“?

Durch diesen Prozess gibst du dem unbewussten Wissen in deinem Körpersystem Raum. Das implizite, noch unbewusste Erleben kann sich explizit zeigen und findet Ausdruck in Ton, Form, Farbe und Worten.

Ein Duft ist nicht nur einfach etwas, was gut riecht. Er ist wie ein Stein, den man in einen See wirft. Das Wasser schlägt Wellen und der Stein sinkt und verbindet sich mit den tiefen Schichten ganz unten. Es verändert die Oberfläche und es verändert in der Tiefe dein Sein. Der Duft ist der Reiz, das gesamtheitliche System reagiert unwillkürlich mit Bewegung, Gedanken und Gefühlen. Das ganze System Mensch geht in Resonanz mit dem Geruch. Es ist ein Impuls, der von außen kommt, in dir schwingt, dich innerlich bewegt und sanft verändert.

Fußnote 1: Ich verwende Aroma-Essenzen mit therapeutischer Wirkkraft der Firma Young Living. Im Anhang findest du einen Link zum Bestellen.

4.2 Experimentierräume mit den Prinzipien der Alexander-Technik – Gewohnheiten entdecken und Optionen erkennen und nutzen

Diese Experimentierräume stellen eine Laborsituation dar, in der du für dich herausfinden kannst, welche Gewohnheiten dich daran hindern, dein volles Potenzial zu leben. Ganz konkret bedeutet das hier: Was hindert dich daran, mit Leichtigkeit zu sitzen, mit Grazie zu gehen, gelassen zu stehen, entspannt auf den Bildschirm zu schauen, in dir ruhend vor Publikum zu sprechen oder authentisch mit deiner Freundin zu reden?

Es geht hier nicht darum, Rezepte zu finden, wie man es besser machen kann, oder Routinen zu entwickeln, die durch Wiederholung zum Erfolg führen. Dies wäre eine andere Vorgehensweise.

Die Grundannahme ist, dass alles schon da ist, um unser angestrebtes Ziel zu erreichen und kraftvoll zu erblühen. Mit diesen Experimenten schauen wir, was uns davon abhält. Welche Gewohnheit funkt uns dazwischen? Wo spannen wir zu viel oder zu wenig an? Welche Gedanken sind nicht förderlich und wo hängen wir in alten Gefühlen fest?

In einem Experiment wirst du etwas entdecken und kannst dann entscheiden, was du mit der Erkenntnis machst. Das Vorgehen findet auf Grundlage der von F. M. Alexander entwickelten Prinzipien statt.

Ich habe Themen ausgewählt, die im Coaching mit meinen Klienten oder in Trainings immer wieder auftauchen und von daher für viele Menschen Relevanz haben. Dies trifft nie für alle zu, deshalb wähle aus, womit du dich beschäftigen möchtest und womit noch nicht. Die Prinzipien kannst du aber auch auf jede andere Aktivität anwenden. Sie wirken multikontextuell.

Im Folgenden stelle ich die Aktivitäten Gehen, Stehen, Sitzen, Sehen, Reden vor Publikum und mit einer Freundin vor.

Wozu dienen diese Experimente?

→ Dich selbst besser kennenlernen

→ Gewohnheiten entdecken

→ Neue Optionen und Handlungsalternativen erkennen und nutzen

→ Bewusst wählen, wie du auf einen Reiz reagierst und nicht länger Opfer deiner eigenen unbewussten Gewohnheiten bist

Es ist immer die gleiche Vorgehensweise bei den unterschiedlichen Aktivitäten zu finden, da sie alle mit den Prinzipien der Alexander-Technik betrachtet werden. Diese Prinzipien sind eben multikontextuell einsetzbar. Die gewählten Aktivitäten sind nur eine kleine Auswahl von dem, was möglich ist, wenn man mit der Alexander-Technik arbeitet.

Alle Aktivitäten werden nach dem gleichen Grundschema dargestellt, um die gleiche Vorgehensweise bei so unterschiedlichen Aktivitäten zu verdeutlichen:

Es beginnt mit einer allgemeinen Betrachtung des Themas, gefolgt von

1. Situationsbeschreibung

2. Beobachtungsfragen – körperlich, gedanklich und emotional

3. Entscheide, WELCHE Gewohnheiten du WIE unterbinden möchtest

4. Mentale Anweisungen – Gedanken für eine gute Körperkoordination

5. Komm ins Handeln

Für einige Leserinnen wird dieser Experimentierraum im Selbststudium funktionieren, während er für andere nicht so gut allein umsetzbar ist. Wenn du merkst, dass dich die Alexander-Technik anspricht und etwas für dich ist, du aber ohne Unterstützung nicht so gut zurechtkommst, kannst du mich sehr gerne für eine Online-Alexander-Technik-Stunde kontaktieren. Andernfalls gibt es sicher auch in deiner

Nähe Alexander-Technik-Lehrer (Links findest du im Anhang) und du kannst einen Termin in Präsenz vereinbaren.

Selbstbeobachtung

Wenn du dich selbst beobachtest, geht es immer wieder auch um die Interpretation dessen, was du beobachtest. Es ist hilfreich, möglichst wertfrei zu benennen, was du beobachtest. Stelle dir vor, du würdest diese Experimente mit einer guten Freundin machen und so wohlwollend mit dir selbst umgehen, wie du es auch mit einer Freundin tun würdest. Deine Beobachtungen fühlen sich wahrscheinlich normal an, da du keinen anderen Referenzpunkt hast, wie es sich auch noch anfühlen könnte. Versuche dennoch, möglichst genau und detailliert zu beschreiben, was du bemerkst, auch wenn es dir unwesentlich erscheint.

Es kann sein, dass es sich unangenehm anfühlt, dich selbst zu beobachten, oder dass du Verspannungen entdeckst und das Schmerzempfinden ansteigt. Dies wäre nichts Ungewöhnliches. Erinnere dich daran, dass du jederzeit die Wahl hast aufzuhören. Du kannst den Beobachtungsprozess unterbrechen und später wieder einsteigen. Es ist ein hohes Maß an Reflexionsbereitschaft sowie Offenheit und Ehrlichkeit gegenüber dir selbst notwendig, damit du diese Lernexperimente mit dir durchführen kannst.

Entscheidungen

Unter Punkt 3 geht es darum, Entscheidungen zu treffen. Zum einen, welche Gewohnheiten du unterbinden möchtest und zum anderen, wie du das tun möchtest. Die erste Entscheidung ist relativ einfach zu treffen. Bei der Zweiten geht es um das Wie und hier braucht es mindestens drei Optionen, um eine echte Wahlmöglichkeit zu offerieren. Dadurch wird aus einer „entweder-oder“ eine „sowohl als auch“ Entscheidung.

1. Wie bisher, jedoch bewusst? Es macht einen Unterschied im Erleben, ob man sich dessen bewusst ist, was man tut oder nicht.

2. Wie bisher, mit mentalen Anweisungen? Zuerst mentale Anweisungen für eine gute Körperkoordination denken und dann die Aktivität ausführen.

3. Etwas völlig anderes tun? Sich ehrlich fragen, ob man das, was man geplant hatte, wirklich jetzt tun möchte oder vielleicht statt aufzustehen eher einen Arm heben möchte, oder ein Lied singen, oder ein Glas Wasser trinken, oder, oder.

Egal, welche Option du wählst, jede ist als gleichwertig gut zu betrachten.

Widerstehe dem Impuls, direkt zu reagieren. Nutze deine Fähigkeit des Innehaltens und Entscheide bewusst, wie du reagieren möchtest, wenn du deine Gewohnheit wahrnimmst.

Innehalten und sich selbst mentale Anweisungen geben, bevor man eine geplante Aktivität ausführt, ist ein Kernelement der Alexander-Technik.

Ein praktisches Beispiel findest du unter 3.5.3 **Kernkompetenz Impulse steuern.**

Neuer Plan

Bei der Formulierung eines neuen Planes unter Punkt 4 erhältst du Vorschläge, die es auszuprobieren lohnt. Diese gedanklichen Anweisungen beziehen sich auf ein übergeordnetes Zusammenspiel der einzelnen Knochen, Muskeln, Bänder und Sehnen miteinander für eine bestmögliche Koordination bei der jeweiligen Aktivität. In der Beschreibung und auf dem Arbeitsblatt wird hier die Überschrift „Gedanken für eine gute Körperkoordination“ verwendet.

Die vorgeschlagenen Gedanken kannst du an die entsprechenden Körperbereiche projizieren, d. h. bewusst dorthin denken, und deinen Körper einladen, den Gedanken zu folgen. Dann lässt du die Gedankenprojektion wieder los und betrachtest beispielsweise deine Umgebung.

Widerstehe der Versuchung, das Gegenteil tun zu wollen von dem, was du beobachtet hast. Das Gegenteil zu machen, ist nicht die Lösung. Diese liegt vielmehr darin, das gesamtheitliche System übergeordnet auf mentaler Ebene anzusprechen, was mit der vorgeschlagenen gedanklichen Anweisung geschieht.

Im Anhang findest du das Arbeitsblatt „Alexander-Technik-Prinzipien in Aktion“ zum Ausfüllen. Wenn du dieses Experiment machen möchtest, ist es sicherlich hilfreich, vorher die Seite zu kopieren und dann deine Eintragungen vorzunehmen. Die Fragen findest du hier in der Beschreibung des jeweiligen Experimentes. Deine Antworten kannst du dann im Arbeitsblatt eintragen.

Annehmen und in den Alltag integrieren

Wenn du dich entscheidest, die Erkenntnisse aus deinem Experiment in deinen Lebensalltag zu integrieren, gibt es verschiedene Möglichkeiten. Du kannst gewiss sein, dass das Neue sich von selbst, unbewusst, in dir niederlässt und beheimatet. Eine einmal gemachte Erfahrung kann man nicht mehr rückgängig machen. Sie macht etwas mit einem. Heraklit sagte schon so treffend: „Niemand kann zweimal in denselben Fluss steigen, denn alles fließt und nichts bleibt."

Erfahrungen verändern den Menschen. Man ist hinterher nicht mehr derselbe wie vorher. Alles ist in Bewegung, alles fließt.

Wenn du die Erkenntnisse nachhaltig integrieren möchtest, ist es gut, die neuen Erfahrungen immer wieder einmal wachzurufen, da die Ablenkungen des Alltags enorm sind.

Frage dich, wie du die Erfahrungen, die du bei einem Experiment gemacht hast, am leichtesten in deinen Alltag integrieren kannst.

Die folgenden Fragen können dabei hilfreich sein:

Annehmen und integrieren

→ Wie kannst du das Neue annehmen und zu deinem machen?

→ Wie passt die neue Erfahrung in das bisherige Erleben deiner Realitäten?

→ Welche bisherigen Konzepte bist du bereit zu hinterfragen oder loszulassen?

Hindernisse auf dem Weg

→ Was steht dem vielleicht im Wege und braucht deine Aufmerksamkeit?

→ Welches bestehende Wissen aus anderen Kontexten korreliert oder wird sogar von den neuen Erfahrungen bedroht?

Zuversicht

→ Welche deiner Kompetenzen werden dadurch bereichert?

→ Wie viele Wiederholungen oder Erinnerungen an das Neue erscheinen dir sinnvoll?

→ Willst du dir positive Erinnerungshilfen setzen, um dich daran zu erinnern?

Aktivitäten

4.2.1 Aktivität Gehen

4.2.2 Aktivität Stehen

4.2.3 Aktivität Sitzen

4.2.4 Aktivität Sehen

4.2.5 Aktivität Reden vor Publikum

4.2.6 Aktivität Reden mit einer Freundin

4.2.1 Aktivität Gehen

Allgemeine Betrachtung des Themas

> Gehen ist die natürlichste Fortbewegungsart für uns Menschen. Sie bringt uns sicher von A nach B. Wir können das Tempo regulieren und es der Situation und unserem gesamtheitlichen Zustand anpassen. Regelmäßiges Gehen dient unserer Gesunderhaltung, Resilienz, Kreativität und unserer Stimmungslage ganz erheblich.

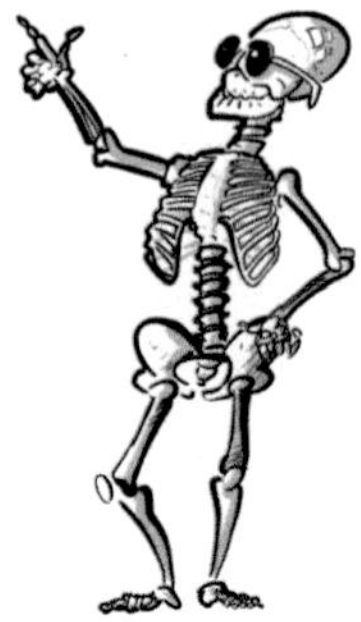

Erst durch die evolutionäre Leistung der Menschheit hin zum aufrechten Gang ist es möglich, dass wir auf zwei Beinen gehen können. Dies ermöglicht schnelle Richtungswechsel, rückwärts-, seitwärts- und im Kreis gehen, begleitet von Kopfbewegungen und einem erweiterten Sichtfeld. Durch das Gehen kommt das Denken in Bewegung. Unsere Hirnaktivität wechselt in einen anderen Modus und so ist es nicht verwunderlich, dass viele Erkenntnisse beim Gehen kommen oder Ereignisse im Gehen „verdaut“ werden. Auch der soziale Aspekt des gemeinschaftlichen Gehens ist nicht zu unterschätzen. Vom Spazierengehen mit Freunden bis zum „wir gehen gemeinsam protestieren“ ist es eine Form, mit der wir uns als Gesellschaft ausdrücken.[1]

1. Situationsbeschreibung

Für das Entdecken von Gewohnheiten beim Gehen nimm dir ein wenig Zeit und wähle einen Ort mit genügend Bewegungsspielraum (z. B. den Flur), so dass du ausschreiten kannst.

Ich empfehle, das Beobachtungsexperiment zuerst in einem geschlossenen Raum zu machen, da hier die Ablenkung durch äußere Reize gering ist. Wenn du etwas Routine gewonnen hast, kannst du dieses Experiment wunderbar bei Spaziergängen oder Wanderungen einsetzen. Sehr hilfreich ist es auch im beruflichen Kontext, auf dem Weg vom Schreibtisch zum Drucker, zur Teeküche, zur Kantine und wieder zurück an den Schreibtisch.

Nehmen wir einmal an, es wäre dein Wunsch, mit größtmöglicher Leichtigkeit zu gehen, dann wäre dies dein anvisiertes, gewünschtes Ziel für dieses Experiment.

Woran würdest du bemerken, dass du mit Leichtigkeit gehst? Überlege dir ein bis zwei Kriterien, anhand derer du beurteilen kannst, ob du deinem Ziel näher kommst. Mögliche Kriterien könnten sein: Bewegungsspielraum, Körperspannung, Atemfluss, Gleichgewicht, Schrittmaß, Schmerz, Konzentrationsfähigkeit, Wohlbefinden, Energielevel ...

2. Beobachtungsfragen – körperlich, gedanklich und emotional → alter Plan

Während du durch den Raum gehst, beobachte dich. Wie verhält sich dein Körper, welche Gedanken gehen dir durch den Kopf und welche Emotionen kommen hoch?

Körper: Wie setzt du deine Füße auf? Welcher Teil der Füße berührt zuerst den Boden, welcher folgt? Wo ist dein Blick, wenn du gehst? Wie bewegen sich deine Arme? Wo befindet sich dein Kopf im Verhältnis zur Wirbelsäule – davor oder dahinter, seitlich?

Gedanken: Welche Gedanken gehen dir durch den Kopf, während du durch den Raum gehst? Hast du Überzeugungen, wie dein Gehen sein sollte? Entspricht dein Gehen deinem Bild von dir selbst? Tauchen Sätze auf, die andere über dein Gehen gesagt haben?

Emotionen: Gibt es eines der Grundgefühle (Freude, Angst, Trauer, Wut)[2], das sich bei dir zeigt, während du durch den Raum gehst? Oder gibt es Empfindungen, die sich bei dieser Aktivität zeigen, wie Langeweile, Aufgeregtheit, Genervtheit, Unruhe, Neugier oder ...?

Welche Auswirkung haben deine Beobachtungen auf dein Erleben von Leichtigkeit?

Wenn du dir deine Antworten durchliest, erkennst du deinen teilweise unbewussten bisherigen Plan, um durch den Raum zu gehen. All die Gewohnheiten, die du gesammelt hast, scheinen momentan notwendig zu sein, um zu gehen.

Hier kannst du dir schon einmal gratulieren, dass du diese Gewohnheiten entdeckt hast und sie dir jetzt bewusst sind.

3. Entscheide, welche Gewohnheiten du unterbinden möchtest

Wenn du z. B. die Gewohnheit des Luftanhaltens bemerkt hast und diese unterbinden möchtest, dann ist es hilfreich, den Impuls des Festhaltens möglichst früh mitzubekommen und dir dann gedanklich die Anweisung zu geben: „Meine Atmung darf fließen." Dein Körper wird der mentalen Einladung folgen.

Punkt 3 und 4 sind eng miteinander verwoben. Wenn du bemerkst, dass sich eine Gewohnheit einschleichen möchte, kannst du diesen Impuls unterbinden und die Gedanken für eine ausgewogene Körperkoordination wiederholen. Du kannst dich bewusst entscheiden, wie du die Aktivität ausführen möchtest:

1. Wie bisher, oder 2. Wie bisher, mit mentalen Anweisungen, oder 3. Etwas völlig anderes tun.

4. Gedanken für eine gute Körperkoordination -> neuer Plan

„Ich erlaube meinen Halsmuskeln loszulassen, mein Kopf kann sich nach oben und vorne – im Verhältnis zur Wirbelsäule – orientieren, mein Rumpf breitet sich dreidimensional im Volumen aus, so dass ich mit Leichtigkeit gehen kann."

„Beim Gehen lassen meine Knie nach vorne los."

Trage eine dieser beiden gedanklichen Anweisungen unter Punkt 4 im Arbeitsblatt ein. Dies sind übergeordnete Gedanken an dein gesamtheitliches System, die indirekt dein Gangmuster beeinflussen.

Dies ist der mentale neue Plan, der dich durch die Aktivität trägt und an den du dich immer wieder erinnern kannst. Vor allem dann, wenn du deine Gewohnheit bemerkst, die du unterbinden möchtest. Zuerst den neuen Plan vergegenwärtigen, denken und dann den Körper folgen lassen. Dies kann während der Aktivität begleitend geschehen oder mit einer kurzen zeitlichen Pause verbunden sein.

5. Komm ins Handeln

Führe die Aktivität aus und projiziere die mentalen Anweisungen an die entsprechenden Körperbereiche, während du weiter bzw. wieder durch den Raum gehst. Beobachte die Auswirkungen deiner Gedanken auf die Qualität deines Gehens. Was verändert sich? Was bleibt gleich?

Du kannst den Ablauf von 2.-5. mehrfach wiederholen. Wann immer du bemerkst, dass deine Gewohnheit aktiv werden möchte, halte bewusst inne und entscheide dich, wie du die Aktivität ausführen möchtest.

Gleiche deine Beobachtungen immer wieder ab – mit deinem gewünschten Ziel, mit Leichtigkeit zu gehen.

Hier eine Aufzählung dessen, was ich oder meine Klienten beim Gehen auf der körperlichen Ebene beobachtet haben. Die folgenden Punkte sind nicht als Abhakliste gedacht, sondern können dir als Orientierung dienen.

Der Kopf geht vor – das Becken befindet sich hinter den Schultern; Kinn nach unten gedrückt und (als ob der viel beschworene Stock verschluckt worden wäre) der Rücken gerade gestreckt; das Brustbein hochgezogen; das Becken ist nach vorne geschoben und führt die Bewegung an; die Arme seitlich am Oberkörper gehalten; die Atmung ist flach oder stockend; die Schultern ziehen zurück; der Blick ist auf den Boden gerichtet; die Oberschenkel heben das Bein hoch; Belastung vermehrt auf der Innen- oder Außenseite des Fußes und, und, und.

Es ist auch sehr interessant, die Gehmuster von Menschen im öffentlichen Raum zu betrachten und damit eine Art Feldforschung zu betreiben.

Fußnote 1: Zum Thema Gehen empfehle ich das Buch „Das Glück des Gehens“ von Prof. Shane O’Mara.

Fußnote 2: Sogenannte Grundgefühle gelten als angeborene Gefühle, aus deren Mischung sich andere Gefühle ableiten lassen. Wie viele und welche Grundgefühle es gibt, ist umstritten.
Über die Grundgefühle Angst, Freude, Trauer und Wut scheinen sich die Forscher einig zu sein. Für mich gehören ebenfalls Ekel oder Scham dazu. Außerdem können noch Verachtung, Erregung oder Verlegenheit einbezogen werden. Oft werden Hass und Liebe hinzugezählt. Liebe kann aber auch als Bedürfnis verstanden werden.

4.2.2 Aktivität Stehen

Allgemeine Betrachtung des Themas

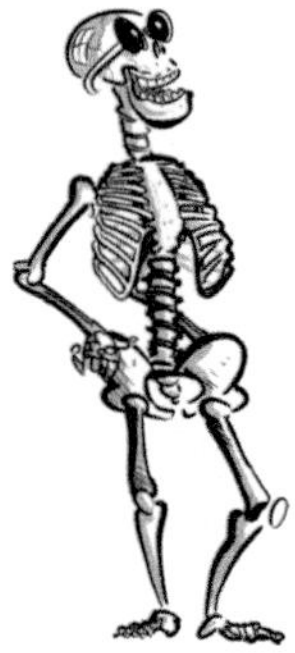

Stehen ist nicht Stillstand – Stehen ist Bewegung und Balance. Da wir auf zwei Füßen stehen, kann unser Stehen nicht komplett still sein. Wir befinden uns permanent in einem positiv instabilen Gleichgewicht.

Vor der Gruppe stehen, hinter der Theke stehen oder als Alternative zum Sitzen wird Stehen am Stehpult ausgeführt. Stehen macht einen aktiven Eindruck oder auch nicht. Mitunter hat Stehen auch etwas mit Warten zu tun, und wer das nicht mag, der sackt schon mal in sich zusammen und schiebt einen Körperteil nach vorne oder zur Seite raus. Dies schwächt das gesamtheitliche System und die Aufrichtungsenergie kann nicht vom Boden durch den Körper nach oben fließen. Wer über einen längeren Zeitraum steht, der steht sich auch schon mal die Beine in den Bauch.

Und es geht auch um das „Zu-mir-Stehen“, das „Für-mich-Einstehen“ und darum, meinen Standpunkt zu vertreten.

Viele Momente, in denen das Stehen eine Rolle spielt, sind Grund genug, sich einmal die Zeit zu nehmen und das eigene Stehen genauer zu betrachten. Wie mache ich das eigentlich?

1. Situationsbeschreibung

Für das Entdecken von Gewohnheiten beim Stehen nimm dir ein wenig Zeit und wähle einen Ort, an dem du einen Spiegel seitlich von dir hast, so dass du dich im Profil betrachten kannst. Dieser sollte möglichst so groß sein, dass du dich in voller Größe sehen kannst.

Wähle in Gedanken eine Situation aus, in der du häufig stehst, und stelle dir dann vor, dass du dich in der Situation befindest. Bleibe für einen Moment so stehen.

Nehmen wir einmal an, es wäre dein Wunsch, mit größtmöglicher Leichtigkeit zu stehen, dann wäre das dein anvisiertes, gewünschtes Ziel für dieses Experiment.

Woran würdest du bemerken, dass du mit Leichtigkeit stehst? Überlege dir ein bis zwei Kriterien, anhand derer du beurteilen kannst, ob du deinem Ziel näher kommst. Mögliche Kriterien könnten sein: Beweglichkeit, Körperspannung, Atemfluss, Körperbalance, Schmerz, Konzentrationsfähigkeit, Wohlbefinden, Energielevel ...

2. Beobachtungsfragen – körperlich, gedanklich und emotional → alter Plan

Beobachte dich nun, während du stehst. Wie verhält sich dein Körper, welche Gedanken gehen dir durch den Kopf und welche Emotionen kommen hoch?

Körper: Wo befindet sich dein Becken im Verhältnis zu deinen Schultern und deinen Fußgelenken – davor, mittig darauf oder dahinter? Wo ist dein Blick, wenn du stehst? Wo befinden sich deine Arme? Wo befindet sich dein Kopf im Verhältnis zur Wirbelsäule – davor oder dahinter, seitlich? Wie fließt deine Atmung? Spürst du Bewegung? Wenn ja, wo?

Gedanken: Welche Gedanken gehen dir durch den Kopf, während du an diesem Platz stehst? Hast du Überzeugungen, wie dein Stehen sein sollte, wie es wirken sollte? Entspricht dein Stehen deinem Bild von dir selbst? Tauchen Sätze auf, die andere über dein Stehen gesagt haben?

Emotionen: Gibt es eines der Grundgefühle (Freude, Angst, Trauer, Wut), das sich bei dir zeigt, während du an diesem Platz in der vorgestellten Situation stehst? Oder gibt es Empfindungen, die sich bei dieser Aktivität zeigen, wie Langeweile, Aufgeregtheit, Genervtheit, Unruhe, Neugier oder ...?

Welche Auswirkungen haben deine Beobachtungen auf dein Erleben von Leichtigkeit?

Wie ist dein Gefühl von Aktivität, Energie und Leichtigkeit?

Wenn du dir deine Antworten durchliest, erkennst du deinen teilweise unbewussten bisherigen Plan, um zu stehen. All die Gewohnheiten, die du gesammelt hast, scheinen momentan notwendig zu sein, um zu stehen.

Jetzt kannst du dir schon einmal gratulieren, dass du diese Gewohnheiten entdeckt hast und sie dir nun bewusst sind.

3. Entscheide, welche Gewohnheiten du unterbinden möchtest

Vielleicht hast du z. B. beobachtet, dass dein Becken nach vorne geschoben ist, deine Knie durchgedrückt sind und du dich eher etwas defensiv, zurückgenommen fühlst. Widerstehe nun dem wahrscheinlich ersten Impuls, dein Becken manuell zurückzuschieben. Unterbinde diesen Impuls, sag „Stopp“ dazu und denke die Gedanken für eine ausgewogene Körperkoordination unter Punkt 4. Anschließend lasse deinen Körper folgen. Diese Gedanken sprechen einen übergeordneten Teil in dir an, den F. M. Alexander die Primärsteuerung nannte.

Weiter unten findest du weitere mögliche Stehgewohnheiten.

Punkt 3 und 4 sind eng miteinander verwoben. Wenn du bemerkst, dass sich eine Gewohnheit einschleichen möchte, kannst du diesen Impuls unterbinden und die Gedanken für eine ausgewogene Körperkoordination wiederholen. Du kannst dich bewusst entscheiden, wie du die Aktivität ausführen möchtest:

1. Wie bisher, oder 2. Wie bisher, mit mentalen Anweisungen, oder 3. Etwas völlig anderes tun.

4. Gedanken für eine gute Körperkoordination -> neuer Plan

„Ich erlaube meinen Halsmuskeln loszulassen, mein Kopf kann sich nach oben und vorne – im Verhältnis zur Wirbelsäule – orientieren, meine Füße lassen los in den Boden und alles zwischen Fußsohlen und Schädeldach ist beweglich und kann sich dreidimensional ausbreiten, so dass ich mit Leichtigkeit stehen kann.“

Trage diese gedanklichen Anweisungen unter Punkt 4 im Arbeitsblatt ein. Dies sind übergeordnete Gedanken an dein gesamtheitliches System, die indirekt dein Stehmuster beeinflussen.

Dies ist der mentale neue Plan, der dich durch die Aktivität trägt und an den du dich immer wieder erinnern kannst. Vor allem dann, wenn du deine Gewohnheit bemerkst, die du unterbinden möchtest. Zuerst den neuen Plan vergegenwärtigen, denken und dann den Körper folgen lassen. Dies kann während der Aktivität begleitend geschehen oder mit einer kurzen zeitlichen Pause verbunden sein.

5. Komm ins Handeln

Führe die Aktivität aus und projiziere die mentalen Anweisungen an die entsprechenden Körperbereiche, während du weiterhin an dem Platz stehst in der von dir imaginierten Situation. Beobachte die Auswirkungen deiner Gedanken auf die Qualität deines Stehens. Was verändert sich? Was bleibt gleich?

Du kannst den Ablauf von 2.-5. mehrfach wiederholen. Wann immer du bemerkst, dass deine Gewohnheit aktiv werden möchte, halte bewusst inne und entscheide dich, wie du die Aktivität ausführen möchtest.

Gleiche deine Beobachtungen immer wieder ab mit deinem gewünschten Ziel, mit Leichtigkeit zu stehen.

Hier eine Aufzählung dessen, was ich oder meine Klienten beim Stehen auf der körperlichen Ebene beobachtet haben. Die folgenden Punkte sind nicht als Abhakliste gedacht, sondern können dir als Orientierung dienen.

Der Kopf geht vor – das Becken befindet sich hinter den Schultern; Kinn nach unten gedrückt und (als ob der viel beschworene Stock verschluckt worden wäre) der Rücken gerade gestreckt; das Brustbein hochgezogen; die Arme seitlich an den Oberkörper gepresst; die Atmung ist flach oder stockend; die Knie sind dauerhaft leicht gebeugt; die Knie sind durchgedrückt; der untere Rücken ist vorgeschoben; die Schultern ziehen zurück; der Blick ist auf den Boden gerichtet; der Blick geht unruhig umher; ein Bein eingeknickt und das andere gestreckt, so dass sich das Becken zur Seite des gestreckten Beines seitlich verschiebt; Belastung vermehrt auf der Innen- oder Außenseite des Fußes und, und, und.

Es ist auch sehr interessant, die Stehmuster von Menschen im öffentlichen Raum zu betrachten und damit eine Art Feldforschung zu betreiben.

4.2.3 Aktivität Sitzen

Allgemeine Betrachtung des Themas

Obwohl der Mensch von seiner Anlage her ein Bewegungswesen ist, wird er schon zu Schulzeiten zum Stillsitzen genötigt, was häufig zum Erstarren, Zusammensacken und zur Bewegungslosigkeit führt. Sitzen kann Bewegung sein, wenn man ein dynamisch-lebendiges Sitzen praktiziert.

Viel Sitzen macht krank und hat ähnlich verheerende Wirkungen wie das Inhalieren von Tabak. Der Satz „Sitzen ist das neue Rauchen" geht auf einen US-amerikanischen Endokrinologen und Ernährungswissenschaftler zurück, der damit träge und übergewichtige Menschen aus dem Sessel hervorlocken möchte.

Doch es geht uns alle an. Wir sitzen alle zu viele Stunden. Der normale Wissensarbeiter sitzt zwischen 8 und 13 Stunden am Tag. Hierbei werden auch die Zeiten von An- und Abreise und das Sitzen am Abend nach der Arbeit zu Hause mitgerechnet. Dem gesamtheitlichen System ist es egal, bei welcher Tätigkeit es sitzt. Dass so viele Stunden Sitzen eindeutig zu viel sind, leuchtet jedem ein. Was kannst du aber tun, wenn der Arbeitsplatz eine vorwiegend sitzende Tätigkeit abverlangt?

Ein Problem sind die Sitzelemente, auf denen wir sitzen. Es gibt genormte Größen, die nicht unbedingt zu unseren einzigartigen Körpern passen. Auch Schreibtischstühle können trotz individueller Anpassungsmöglichkeiten nicht allen Bedürfnissen gerecht werden. Ein anderes Problem sind die Sitzgewohnheiten, die wir uns häufig schon sehr früh angeeignet haben.

Es gibt nicht den perfekten Stuhl, so ergonomisch er auch sein mag. Die Lösung liegt in der Abwechslung. Es ist artgerecht für Menschen, in kurzen Abständen zwischen verschiedenen Sitzeinstellungen sowie Stehen und Gehen zu wechseln.

Und wenn schon Sitzen, dann möglichst dynamisch, mit innerer Beweglichkeit.

1. Situationsbeschreibung

Für das Entdecken von Gewohnheiten beim Sitzen nimm dir ein wenig Zeit und setze dich auf den Stuhl, auf dem du am häufigsten sitzt. Sitzen ist meistens kein Selbstzweck, sondern wir sitzen, um etwas tun zu können. Dies kann sehr vielfältig sein, wie beispielsweise Computerarbeit, essen, ein Musikinstrument spielen, schreiben, etwas anschauen, zuhören oder auf jemanden oder etwas warten.

Widerstehe dem Impuls, dich vermeintlich gut und korrekt hinzusetzen. Wähle eine vertraute Tätigkeit und mache das auf dem Stuhl, was du immer tust. Stelle dir einen Wecker nach 5 Minuten und dann beginne, dich zu beobachten. Auf diese Weise kannst du deiner gewohnten Haltung am ehesten auf die Schliche kommen.

Nehmen wir einmal an, es wäre dein Wunsch, dynamisch und beweglich zu sitzen bei der Tätigkeit, die du gewählt hast, dann wäre das dein anvisiertes, gewünschtes Ziel für dieses Experiment.

Woran würdest du bemerken, dass du dynamisch und beweglich sitzt? Überlege dir 1–2 Kriterien, anhand derer du beurteilen kannst, ob du deinem Ziel näher kommst. Mögliche Kriterien könnten sein: Bewegungsradius, Körperspannung, Atemfluss, Schmerz, Konzentrationsfähigkeit, Leichtigkeit, Wohlbefinden, Energielevel ...

2. Beobachtungsfragen – körperlich, gedanklich und emotional → alter Plan

Beobachte dich nun, während du sitzt. Wie verhält sich dein Körper, welche Gedanken gehen dir durch den Kopf und welche Emotionen kommen hoch?

Körper: Welche Bereiche deines Körpers berühren die Sitzfläche und/oder die Rückenlehne? Worauf sitzt du? Kannst du deine Sitzknochen spüren? Wo sind deine Schultern im Verhältnis zur Wirbelsäule, wenn du dich selbst im Profil anschauen würdest? Befinden sie sich davor, dahinter oder auf gleicher Höhe? Welcher Teil deiner Füße befindet sich auf dem Boden? Ziehst du deinen Kopf nach hinten in den Nacken oder schiebst du dein Gesicht nach vorne? Wo ist dein Blick, wenn du – bei deiner gewohnten Tätigkeit – sitzt? Wo befinden sich deine Arme? Wie fließt deine Atmung? Spürst du Bewegung/kleine Gewichtsverlagerungen? Wenn ja, wo?

Gedanken: Welche Gedanken gehen dir durch den Kopf, während du bei dieser Tätigkeit sitzt? Hast du Überzeugungen, wie dein Sitzen sein sollte, damit es ein „gutes" Sitzen ist? Entspricht deine Art des Sitzens deinem Bild von dir selbst? Tauchen Sätze auf, die andere über dein Sitzen gesagt haben?

Emotionen: Gibt es eines der Grundgefühle (Freude, Angst, Trauer, Wut), das sich bei dir zeigt, während du an diesem Platz in der gewohnten Situation sitzt? Oder gibt es Empfindungen, die sich bei dieser Aktivität zeigen, wie Langeweile, Aufgeregtheit, Genervtheit, Unruhe, Neugier oder …?

Welche Auswirkung haben deine Beobachtungen auf dein Erleben von Dynamik und Beweglichkeit?

Wie lebendig und beweglich fühlst du dich? Geben dir deine gewählten Kriterien zuverlässige Orientierung, um dein Ziel zu verfolgen?

Wenn du dir deine Antworten durchliest, erkennst du deinen teilweise unbewussten bisherigen Plan, um zu sitzen. All die Gewohnheiten, die du gesammelt hast, scheinen momentan notwendig zu sein, um zu sitzen.

Applaus! Jetzt kannst du dir erst einmal gratulieren, dass du diese Gewohnheiten entdeckt hast und sie dir nun bewusst sind.

3. Entscheide, welche Gewohnheiten du unterbinden möchtest

Vielleicht hast du beobachtet, dass du hinter den Sitzknochen, mit einem runden Rücken und einer zusammengesackten Vorderseite, auf dem Stuhl sitzt, wobei die Schultern nach vorne und unten hängen, dein Gesicht nach vorne geschoben ist und deine Fersen vom Boden hochgezogen sind.

Widerstehe nun dem wahrscheinlich ersten Impuls, den Rücken zu strecken und die Schultern nach hinten zu ziehen und das Gegenteil von dem zu tun, was du beobachtet hast.

Unterbinde diesen Impuls, sag „Stopp" dazu und denke die Gedanken für eine ausgewogene Körperkoordination unter Punkt 4. Anschließend lasse deinen Körper folgen. Diese Gedanken sprechen einen übergeordneten Teil in dir an, den F. M. Alexander die Primärsteuerung nannte.

Wenn du bisher noch keine Bekanntschaft mit deinen Sitzknochen gemacht hast, empfehle ich dir, mit dem Becken leicht vor- und zurückzurollen. Rolle weit nach vorne vor die Sitzknochen, weit nach hinten hinter die Sitzknochen und dann finde die Mitte auf dem markanten spitzen Teil der Sitzknochen, auf dem ein ausbalanciertes Sitzen möglich ist. Verlagere nun das Gewicht im Wechsel zwischen rechtem und linkem Sitzknochen. Nimm jetzt wieder deine gewohnte Sitzhaltung ein, die du unter Punkt 2 beobachtet hast. Vielleicht fühlt sie sich jetzt nach dieser kleinen Sitzknochen-Exkursion schon etwas anders an.

Weiter unten findest du weitere mögliche Sitzgewohnheiten.

Punkt 3 und 4 sind eng miteinander verwoben. Wenn du bemerkst, dass sich eine Gewohnheit einschleichen möchte, kannst du diesen Impuls unterbinden und die Gedanken für eine ausgewogene Körperkoordination wiederholen. Du kannst dich bewusst entscheiden, wie du die Aktivität ausführen möchtest:

1. Wie bisher, oder 2. Wie bisher, mit mentalen Anweisungen, oder 3. Etwas völlig anderes tun.

4. Gedanken für eine gute Körperkoordination -> neuer Plan

„Ich erlaube meinen Halsmuskeln loszulassen, mein Kopf kann sich nach oben und vorne – im Verhältnis zur Wirbelsäule – orientieren, meine Füße lassen los in den Boden und alles zwischen Fußsohlen und Schädeldach ist beweglich und kann sich dreidimensional ausbreiten, so dass ich mit Leichtigkeit sitze."

Oder:

„Ausbalanciert auf den Sitzknochen, lasse ich meine Knie nach vorne los und gebe das Gewicht meiner Füße an den Boden ab, während mein Kopf sich auf dem Atlas ausbalanciert, die Wirbelsäule sich mitsamt ihren Kurven ausbreitet und ich beweglich sitze, während ich ... tue."

Trage eine dieser beiden gedanklichen Anweisungen unter Punkt 4 im Arbeitsblatt ein. Dies sind übergeordnete Gedanken an dein gesamtheitliches System, die indirekt dein Sitzmuster beeinflussen.

Dies sind zwei mögliche mentale neue Pläne, die dich durch die Aktivität tragen und an die du dich immer wieder erinnern kannst. Vor allem dann, wenn du deine Gewohnheit bemerkst, die du unterbinden möchtest. Vergegenwärtige dir zuerst den neuen Plan, denke ihn und lass dann den Körper folgen. Dies kann während der Aktivität begleitend geschehen oder mit einer kurzen zeitlichen Pause verbunden sein.

5. Komm ins Handeln

Führe die Aktivität aus und projiziere die mentalen Anweisungen an die entsprechenden Körperbereiche, während du auf dem Stuhl sitzt bei der gewählten Tätigkeit. Beobachte die Auswirkungen deiner Gedanken auf die Qualität deines Sitzens. Was verändert sich? Was bleibt gleich?

Du kannst den Ablauf von 2.-5. mehrfach wiederholen. Wann immer du bemerkst, dass deine Gewohnheit aktiv werden möchte, halte bewusst inne und entscheide dich, wie du die Aktivität ausführen möchtest.

Gleiche deine Beobachtungen immer wieder mit deinem gewünschten Ziel ab, beweglich und dynamisch zu sitzen. Überprüfe deine Kriterien.

Hier eine Aufzählung dessen, was ich oder meine Klienten beim Sitzen auf der körperlichen Ebene beobachtet haben. Die folgenden Punkte sind nicht als Abhakliste gedacht, sondern können dir als Orientierung dienen.

Vor den Sitzknochen mit durchgedrücktem Rücken und zurückgezogenen Schultern sitzen; die Nackenmuskeln ziehen den Kopf nach hinten und unten; statt dass der Rumpf sich selbst trägt, stützen die Arme und Hände sich ab; die Beine sind übereinandergeschlagen, die Füße auf vielfältige Weise um die Stuhlbeine geschlungen; die Atmung ist eingeschränkt; die Schultern sind hochgezogen – vor allem dann, wenn die Unterarme nicht aufliegen können – und, und, und.

Es ist auch sehr interessant, die Sitzgewohnheiten von Menschen im öffentlichen Raum zu betrachten und damit eine Art Feldforschung zu betreiben.

4.2.4 Aktivität Sehen

Allgemeine Betrachtung des Themas

Die Augen sind mit dem gesamten Körper in Wechselwirkung verbunden. Sind die Augenmuskeln angespannt, weil man mit Tunnelblick auf etwas starrt, sind automatisch auch weitere Bereiche des Körpers angespannt.

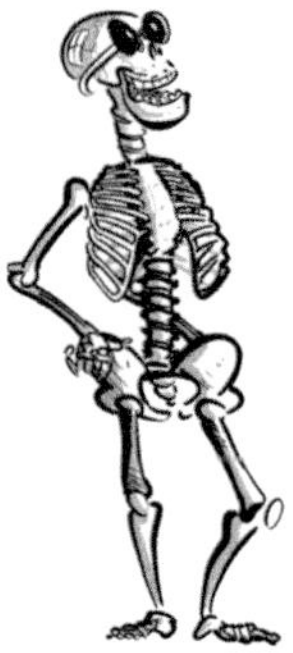

Die gute Nachricht ist: Wenn die Spannung in den Augen nachlässt, tut sie dies auch im Rest des Körpers.

Von daher stellen die Augen und unser Sehen eine wichtige Schlüsselfunktion dar, um Veränderung mit Leichtigkeit zu gestalten.

Unter peripherem Sehen verstehen wir die Wahrnehmung eines erweiterten Sichtfeldes, das dadurch in der Gesamtheit übersichtlicher und gleichzeitig unschärfer wird.

1. Situationsbeschreibung

Dieses Experiment bietet sich an, wenn einige Stunden Bildschirmarbeit hinter dir liegen und du über längere Zeit im Tunnelblick (verengtes Sichtfeld) auf den Bildschirm gestarrt hast. Diese Situation nehmen wir als Grundlage für den folgenden Verlauf an.

Wenn du nicht viel Zeit am Bildschirm verbringst, dann mache dieses Experiment in einem anderen Kontext, wo du zum Tunnelblick neigst, z. B. beim Autofahren, Fotografieren, in Videokonferenzen, in Gesprächen.

Nehmen wir einmal an, es wäre dein Wunsch, entspannter zu sehen, dann wäre dies dein anvisiertes, gewünschtes Ziel für dieses Experiment.

Woran würdest du bemerken, dass du entspannter siehst? Überlege dir ein bis zwei Kriterien, anhand derer du beurteilen kannst, ob du deinem Ziel näher kommst. Mögliche Kriterien könnten sein: Beweglichkeit, Körperspannung, Atemfluss, Schmerz, Konzentrationsfähigkeit, Leichtigkeit, Wohlbefinden, Energielevel ...

2. Beobachtungsfragen – körperlich, gedanklich und emotional → alter Plan

Beobachte dich, während du an deinem Büroarbeitsplatz auf dem Stuhl sitzt und auf den Bildschirm starrst, sozusagen einen bewussten Tunnelblick einnimmst. Wie verhält sich dein Körper, welche Gedanken gehen dir durch den Kopf und welche Emotionen kommen hoch?

Körper: Was siehst du? Worauf ist dein Blick hauptsächlich gerichtet? Wie nimmst du den Rest deines Körpers wahr? Wie fühlen sich Nacken und Rücken an? Wie nimmst du deine Umgebung über den Bildschirm hinaus wahr?

Gedanken: Welche Gedanken gehen dir durch den Kopf, während du auf den Bildschirm schaust? Hast du Überzeugungen, wie dein Sehen sein sollte? Entspricht deine Art des Sehens deinem Bild von dir selbst? Tauchen Sätze auf, die andere über deine Art des Sehens gesagt haben?

Emotionen: Gibt es eines der Grundgefühle (Freude, Angst, Trauer, Wut), das sich bei dir zeigt, während du auf den Bildschirm schaust? Oder gibt es Empfindungen, die sich bei dieser Aktivität zeigen, wie Langeweile, Aufgeregtheit, Genervtheit, Unruhe, Neugier oder ...?

Welche Auswirkung haben deine Beobachtungen auf dein Erleben von entspanntem Sehen?

Fühlst du dich gelöst und entspannt?

Wenn du dir deine Antworten durchliest, erkennst du deinen teilweise unbewussten bisherigen Plan, um scharf zu sehen.

Gratuliere dir, dass du die unterschiedlichen Auswirkungen auf deinen Körper entdeckt hast und sie dir jetzt bewusst sind. Jetzt kannst du wählen.

3. Entscheide, welche Gewohnheiten du unterbinden möchtest

Wenn du z. B. beobachtet hast, dass du wenig von deiner Umgebung – außerhalb des Bildschirmes – mitbekommst, und du damit verbunden Spannung im Nacken bemerkst, dann ist es genau dieses Muster, das du loslassen möchtest.

Wenn du die Anspannung im Nacken und das eingeschränkte Sichtfeld bemerkst, dann kannst du dich erst einmal darüber freuen, dass du es bemerkt hast, und dich dann entscheiden, es zu unterbinden. Du kannst die Gedanken für eine gute Körperkoordination denken und danach bemerken, wie dein Körper darauf reagiert.

Punkt 3 und 4 sind eng miteinander verwoben. Wenn du bemerkst, dass sich eine Gewohnheit einschleichen möchte, kannst du diesen Impuls unterbinden und die Gedanken für eine ausgewogene Körperkoordination wiederholen. Du kannst dich bewusst entscheiden, wie du die Aktivität ausführen möchtest:

1. Wie bisher, oder 2. Wie bisher, mit mentalen Anweisungen, oder 3. Etwas völlig anderes tun.

4. Gedanken für eine gute Körperkoordination -> neuer Plan

„Ich erlaube meinen Halsmuskeln loszulassen, so dass sich mein Kopf nach oben und vorne – im Verhältnis zur Wirbelsäule – ausrichten und mein Blick weit werden kann, so dass ich entspannt sehen kann.“

Mit „mein Blick weit werden kann“ ist gemeint, dass ich mein Sichtfeld erweitere, während ich auf den Bildschirm vor mir schaue, und dass ich sehe, was sich rechts und links des Bildschirmes befindet, und auch, was sich ober- und unterhalb des Bildschirmes befindet. Dadurch entsteht eine Art dreidimensionales Sehen.

„Zwischen Fußsohlen und Kopf kann sich mein gesamter Körper dreidimensional im Volumen ausbreiten, während ich die Lichtimpulse des Bildschirms zu mir kommen lasse.“

„Ich lasse die Welt zu mir kommen. Meine Augen sind passiv und nehmen Informationen auf.“

„Das eigentliche Sehen findet im Hinterkopf statt, da, wo sich die Sehrinde befindet. Meine Augen brauchen nichts zu tun.“

Trage eine dieser vier gedanklichen Anweisungen unter Punkt 4 im Arbeitsblatt ein. Dies sind übergeordnete Gedanken an dein gesamtheitliches System, die indirekt deine Art des Sehens beeinflussen.

Dies sind vier mögliche mentale neue Pläne, die dich durch die Aktivität tragen und an die du dich immer wieder erinnern kannst. Vor allem dann, wenn du deine Gewohnheit bemerkst, die du unterbinden möchtest. Vergegenwärtige dir zuerst den neuen Plan, denke ihn und lass dann den Körper folgen. Dies kann während der Aktivität begleitend geschehen oder mit einer kurzen zeitlichen Pause verbunden sein.

5. Komm ins Handeln

Führe die Aktivität aus und projiziere die mentalen Anweisungen an die entsprechenden Körperbereiche, während du vor dem Bildschirm sitzt und hineinschaust. Beobachte die Auswirkungen deiner Gedanken auf die Qualität deines Sehens, die Anspannung im Nacken und darauf, wie du dich insgesamt wahrnimmst. Was verändert sich? Was bleibt gleich?

Du kannst den Ablauf von 2.-5. mehrfach wiederholen. Wann immer du bemerkst, dass deine Gewohnheit aktiv werden möchte, halte bewusst inne und entscheide dich, wie du die Aktivität ausführen möchtest.

Gleiche deine Beobachtungen immer wieder mit deinem gewünschten Ziel ab, entspannter zu sehen. Überprüfe deine Kriterien.

Hier eine Aufzählung dessen, was Klienten beim Schauen auf den Bildschirm auf der körperlichen Ebene an sich selbst beobachtet haben. Die folgenden Punkte sind nicht als Abhakliste gedacht, sondern können dir als Orientierung dienen.

Augen zusammenkneifen; Augen aufreißen, Kopf (mit den darin liegenden Augen) nach vorne schieben; bei Gleitsichtbrillenträgern ist es oft das Zurückziehen des Kopfes in den Nacken, um durch das untere Feld der Brille scharf sehen zu können.

Da Bildschirmarbeit meist im Sitzen stattfindet, hat es natürlich auch viel mit den Gewohnheiten im Sitzen zu tun. Siehe dazu Kapitel 4.2.3 **Aktivität Sitzen**.

Es ist auch sehr interessant, die Sehgewohnheiten von Menschen im öffentlichen Raum zu betrachten und damit eine Art Feldforschung zu betreiben. Man kann zwar nicht beobachten, was im Auge passiert, dafür umso mehr die Auswirkungen, die das Sehen auf die Körperhaltung hat (sehr interessant auch beim Betrachten des Smartphone-Displays).

Ein interessantes Experiment zum Sehen findest du im Kapitel 4.3.7 **Psychohygiene und Interventionen zum Ausgleich von Stresserleben.**

4.2.5 Aktivität Reden vor Publikum

Allgemeine Betrachtung des Themas

Die einen lieben es, auf der Bühne zu stehen, und die anderen versuchen, es zu vermeiden, wo es nur geht. In vielen beruflichen Kontexten ist es notwendig, Projekte zu präsentieren oder Vorträge zu halten.

Ein wenig Lampenfieber ist normal und sorgt für einen energievollen Auftritt. Wenn daraus Auftrittsangst wird und diese dazu führt, dass du Chancen im Leben nicht ergreifst, dann ist es gut, genauer hinzuschauen.

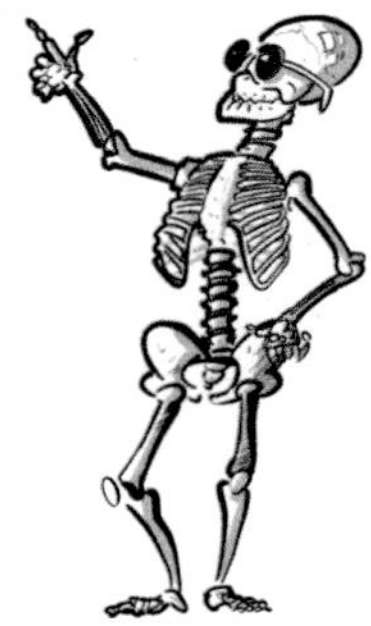

Laut einer amerikanischen Studie empfinden manche Menschen davor, eine Rede zu halten, größere Angst als vor dem eigenen Tod. Diese Umfrageergebnisse sollten nicht losgelöst vom Kontext betrachtet werden. Sie verdeutlichen aber die Brisanz des Themas.

1. Situationsbeschreibung

Bei diesem Experiment ist es günstig, die Situation zu Beginn mit der eigenen Vorstellungskraft zu gestalten oder in einem Workshop-Setting mit wohlwollenden Kollegen.

Zur Anordnung des Experiments empfehle ich dir, einen Raum mit mehreren Stühlen zu wählen, die du so positionierst, dass du dir gut vorstellen kannst, dass auf jedem Stuhl ein Zuhörer sitzt. Die Anzahl bestimmst du und du kannst jederzeit noch ein paar hinzuimaginieren. Überlege dir, in welchem Kontext du diesen Vortrag hältst. Stellst du ein Projekt vor? Dankst du einem Mitarbeiter für sein jahrelanges Engagement in der Firma? Teilst du bei einer Betriebsversammlung mit, dass ein Standort geschlossen wird? Hältst du auf dem 70. Geburtstag von Tante Hilde eine Rede und erinnerst an gemeinsame Zeiten? Hältst du einen Vortrag über dein Lieblingsthema? Findet der Vortrag live oder virtuell statt?

Wähle zu Beginn eine Situation aus, die dir eher leichtfällt, und später dann herausfordernde Versuchsanordnungen. Dir mag diese imaginierte Versuchsanordnung vielleicht seltsam und künstlich vorkommen. Ja, sie ist künstlich und dennoch hat die Erfahrung immer wieder gezeigt, dass es funktioniert. Für unser Gehirn ist es egal, ob ich mir etwas vorstelle oder mich tatsachlich in der Situation befinde. Es triggert die gleichen Impulse.

Nehmen wir einmal an, es wäre dein Wunsch, authentisch und professionell vor Publikum zu sprechen, dann wäre dies dein anvisiertes, gewünschtes Ziel für dieses Experiment.

Woran würdest du bemerken, dass du authentisch und professionell vor Publikum sprichst? Überlege dir ein bis zwei Kriterien, anhand derer du beurteilen kannst, ob du deinem Ziel näher kommst. Mögliche Kriterien könnten sein: Beweglichkeit, Blick, Körperspannung, Atemfluss, Schmerz, Konzentrationsfähigkeit, Leichtigkeit, Wohlbefinden, Energielevel, Stimme mit Klang und Lautstarke.

Da es sich hier um eine Aktivität mit Publikum handelt und du nur deine Innen-Wahrnehmung zum Orientieren hast, empfehle ich dir, dich mit Video aufzunehmen und auch die Außen-Wahrnehmung in deine Beurteilung einzubeziehen.

2. Beobachtungsfragen – körperlich, gedanklich und emotional → alter Plan

Beobachte dich, während du vor deinem Publikum stehst und sprichst (bitte wirklich laut sprechen). Wie verhält sich dein Körper, welche Gedanken gehen dir durch den Kopf und welche Emotionen kommen hoch?

Körper: Worauf ist dein Blick gerichtet? Wie nimmst du deinen Körper wahr? Was von deinem Körper ist dir präsent oder drängt sich dir sogar auf? Wo gibt es eine erhöhte Spannung? Wo spürst du eher eine Unterspannung? Was nimmst du von deiner Umgebung wahr? Wie klingt deine Stimme? Was macht deine Atmung?

Gedanken: Welche Gedanken gehen dir durch den Kopf, während du vor deinem Publikum sprichst? Hast du Überzeugungen, wie dein Auftritt sein sollte? Entspricht deine Art, dich zu präsentieren, deinem Bild von dir selbst? Tauchen Sätze auf, die andere über deine Art, wie du vor Publikum sprichst, gesagt haben?

Emotionen: Gibt es eines der Grundgefühle (Freude, Angst, Trauer, Wut), das sich bei dir zeigt, während du vor der Gruppe sprichst? Oder gibt es Empfindungen, die sich bei dieser Aktivität zeigen, wie Langeweile, Aufgeregtheit, Genervtheit, Unruhe, Neugier oder ...?

Welche Auswirkung haben deine Beobachtungen auf dein Erleben, wie du authentisch und professionell vor der Gruppe sprichst?

Fühlst du dich im Einklang mit dir, überzeugend und glaubwürdig?

Wenn du dir deine Antworten durchliest, erkennst du deinen teilweise unbewussten bisherigen Plan, um in dieser Situation vor Publikum zu sprechen.

Gratuliere dir, dass du die unterschiedlichen Auswirkungen auf deinen Körper entdeckt hast und sie dir jetzt bewusst sind. Jetzt kannst du wählen.

3. Entscheide, welche Gewohnheiten du unterbinden möchtest

Wenn du z. B. beobachtet hast, dass du deinen Körper fast gar nicht wahrnimmst, dann ist es genau dieses Muster, das du loslassen möchtest.

Vielleicht gibt es unangenehme Körperempfindungen, die dein System dadurch auszublenden versucht. Das wäre dann ein hochkompetenter Lösungsversuch.

Wenn du bemerkst, dass deine Körperwahrnehmung aus deiner Aufmerksamkeit rutscht, dann lade sie freundlich ein, sich wieder zu zeigen. Du kannst die Gedanken für eine gute Körperkoordination denken und danach bemerken, wie dein ganzheitliches System darauf reagiert.

Punkt 3 und 4 sind eng miteinander verwoben. Wenn du bemerkst, dass sich eine Gewohnheit einschleichen möchte, kannst du diesen Impuls unterbinden und die Gedanken für eine ausgewogene Körperkoordination wiederholen. Du kannst dich bewusst entscheiden, wie du die Aktivität ausführen möchtest:

1. Wie bisher, oder 2. Wie bisher, mit mentalen Anweisungen, oder 3. Etwas völlig anderes tun?

4. Gedanken für eine gute Körperkoordination -> neuer Plan

„Ich erlaube meinen Halsmuskeln loszulassen, so dass mein Kopf sich auf der Wirbelsäule ausbalanciert, mein gesamter Körper sich dreidimensional zwischen Fußsohlen und Schädeldach ausbreiten kann und ich mein Publikum anschaue, während ich spreche."

Oder:

„Ich erlaube mir, meinen Körper zu spüren, während ich die Menschen im Publikum sehe und ich über mein Thema spreche."

Oder:

„See and be seen. – Ich schaue und ich erlaube, dass andere mich anschauen dürfen."

Oder:

„50 % der Aufmerksamkeit sind bei mir selbst und 50 % beim Publikum."

Trage eine dieser vier gedanklichen Anweisungen unter Punkt 4 im Arbeitsblatt ein. Dies sind übergeordnete Gedanken an dein gesamtheitliches System, die indirekt deine Art, vor Publikum zu sprechen, beeinflussen.

Dies sind vier von vielen Möglichkeiten für einen mentalen neuen Plan, der dich durch die Aktivität trägt und an den du dich immer wieder erinnern kannst. Vor allem dann, wenn du deine Gewohnheit bemerkst, die du unterbinden möchtest. Zuerst den neuen Plan vergegenwärtigen, denken und dann den Körper folgen lassen. Dies kann während der Aktivität begleitend geschehen oder mit einer kurzen zeitlichen Pause verbunden sein.

5. Komm ins Handeln

Führe die Aktivität aus und projiziere die mentalen Anweisungen an die entsprechenden Körperbereiche, während du vor der Gruppe sprichst. Beobachte die Auswirkungen deiner Gedanken auf die Qualität deines Sprechens und deines Kontaktes mit dir und dem Publikum. Was verändert sich? Was bleibt gleich?

Du kannst den Ablauf von 2.-5. mehrfach wiederholen. Wann immer du bemerkst, dass deine Gewohnheit aktiv werden möchte, halte bewusst inne und entscheide dich, wie du die Aktivität ausführen möchtest.

Gleiche deine Beobachtungen immer wieder mal mit deinem gewünschten Ziel ab, authentisch und professionell vor Publikum zu sprechen.

Hier eine Aufzählung dessen, was ich oder meine Klienten beim Sprechen vor Publikum beobachtet haben. Die folgenden Punkte sind nicht als Abhakliste gedacht, sondern können dir als Orientierung dienen.

Körpersymptome übermäßig oder gar nicht wahrnehmen; der bekannte Kloß im Hals erschwert das Schlucken; die Finger werden schweißfeucht; es steigt Hitze auf; den Kopf in den Nacken ziehen; das Kinn nach vorne schieben; die Augen zwar geöffnet haben, aber dennoch das Publikum nicht sehen; über die Leute hinwegschauen; eine Person anstarren, sich an ihr „festhalten" und die anderen ignorieren; starr und steif stehen oder herumzappeln; sehr schnell sprechen, um es schnell hinter sich zu bringen; einen gedanklichen Aussetzer befürchten; sich beim Sprechen verhaspeln; sehr laut oder leise sprechen.

Auch beim Thema „Sprechen vor Publikum" kann man Feldforschung betreiben und andere Menschen bei dieser Aktivität beobachten. Aber Vorsicht! Es wird gefährlich, wenn man das eigene innere Erleben beim Reden vor Publikum mit dem vergleicht, wie andere Redner auf einen wirken, wenn sie vor Publikum sprechen. So ein Vergleich kann nur zuungunsten von einem selbst ausfallen. Die eigene innere Nervosität ist meist nicht von außen zu sehen.

4.2.6 Aktivität Reden mit einer Freundin

Allgemeine Betrachtung des Themas

Gespräche mit einer Freundin können Kraft geben, inspirieren und ein Quell der Freude sein. Im besten Falle fühlen wir uns verstanden, gesehen und gehört und von unserem Gegenüber wertgeschätzt. Diese Gespräche können aber auch ebenso gut misslingen und genau das Gegenteil bewirken.

Sich mit einer Freundin oder einem Kollegen zu unterhalten, ist eine hochkomplexe Angelegenheit und verlangt so einiges. In einem Eins-zu-eins-Gespräch setzen wir oft voraus, wir wüssten, was beim anderen ankommt, weil wir es ja sagen. Wir wissen jedoch nie, wie es beim anderen ankommt und was er in mein Gesagtes hineininterpretiert. Vorauszusetzen, dass Missverständnisse die Regel sind, ist eine hilfreiche Annahme, damit Kommunikation möglichst häufig gelingen kann. Wer dann noch bereit ist, Irritationen dann anzusprechen, wenn sie auftauchen, hat einen weiteren Garanten für gelingende Gespräche.

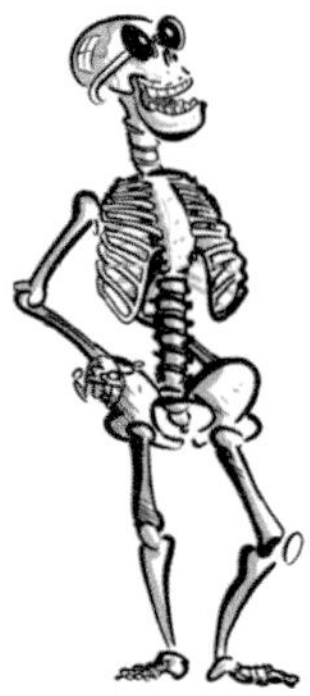

Miteinander reden erfordert zwei aktive Tätigkeiten. Zum einen das aktive Zuhören, ermuntern zum Weiterreden und nachfragen, ob man etwas richtig verstanden hat; zum anderen das aktive Sich-selbst-Mitteilen, hinspüren, wie wir in Resonanz miteinander sind: Erreiche ich den anderen? Traue ich mich, brenzlige Themen anzusprechen? Will ich mich zumuten?

1. Situationsbeschreibung

Wähle für dieses Experiment eine Situation, in der du mit einer Kollegin oder einem guten Freund zusammensitzt und du entweder über ein wichtiges berufliches Thema sprechen möchtest oder eben ein privates. Wähle kein oberflächliches Smalltalk-Thema, es sei denn, Smalltalk ist etwas, was dir schwerfällt. Stelle zwei Stühle so zueinander, dass es deiner gewünschten Gesprächssituation entspricht. Vielleicht steht ihr aber auch nebeneinander oder ihr geht spazieren und unterhaltet euch dabei. Wähle die für dich stimmige Situation mit der Person deiner Wahl und dem Thema deiner Wahl.

Nehmen wir einmal an, es wäre dein Wunsch, dich lebendig und authentisch mit einem Herzensthema zu zeigen, dann wäre dies dein anvisiertes, gewünschtes Ziel für dieses Experiment.

Woran würdest du bemerken, dass du dich lebendig und authentisch mit deinem Herzensthema zeigst? Überlege dir ein bis zwei Kriterien, anhand derer du beurteilen kannst, ob du deinem Ziel näher kommst. Mögliche Kriterien könnten sein: Beweglichkeit, Körperspannung, Atemfluss, Schmerz, Konzentrationsfähigkeit, Leichtigkeit, Wohlbefinden, Energielevel, Stimme etc.

2. Beobachtungsfragen – körperlich, gedanklich und emotional → alter Plan

Beobachte dich, während du mit deiner Freundin auf zwei Stühlen am Tisch sitzt und du ihr von deinem Thema erzählst. Das Zuhören kannst du allein nicht praktizieren, dafür aber das Dich-Mitteilen. Wenn du mit der Absicht zu sprechen auf deinem Stuhl sitzt, kannst du schon einiges beobachten. Wie verhält sich dein Körper, welche Gedanken gehen dir durch den Kopf und welche Emotionen kommen hoch? Wenn du nun beginnst, (laut) zu sprechen, beobachte dich weiterhin und sammle deine Informationen.

Körper: Wo befindet sich dein Kopf im Verhältnis zur Wirbelsäule? Wie stehen deine Füße im Kontakt zum Boden? Wie nimmst du deine Umgebung wahr? Wie klingt deine Stimme? Wie fließt deine Atmung? Wohin ist dein Blick gerichtet?

Gedanken: Welche Gedanken gehen dir durch den Kopf, während du über das für dich wichtige Thema sprichst? Hast du Überzeugungen, wie du sprechen solltest? Entspricht deine Art des Erzählens deinem Bild von dir selbst? Tauchen Sätze auf, die andere über deine Art des Redens gesagt haben?

Emotionen: Gibt es eines der Grundgefühle (Freude, Angst, Trauer, Wut), das sich bei dir zeigt, während du deinen Gesprächspartner anschaust? Oder gibt es Empfindungen, die sich bei dieser Aktivität zeigen, wie Langeweile, Aufgeregtheit, Genervtheit, Unruhe, Neugier oder …?

Welche Auswirkung haben deine Beobachtungen auf dein Erleben, dich lebendig und authentisch mit deinem Herzensthema zu zeigen? Fühlst du dich lebendig und zufrieden oder angespannt und zurückgenommen?

Wenn du dir deine Antworten durchliest, erkennst du deinen teilweise unbewussten bisherigen Plan, um mit einer Freundin zu sprechen.

Gratuliere dir, dass du die unterschiedlichen Auswirkungen auf dein gesamtheitliches System entdeckt hast und sie dir jetzt bewusst sind. Nun kannst du wählen.

3. Entscheide, welche Gewohnheiten du unterbinden möchtest

Wenn du z. B. beobachtet hast, dass du vor Aufregung vorne auf der Stuhlkante hockst und insistierend auf dein imaginäres Gegenüber einredest, um es zu überzeugen, dann ist es genau dieses Muster, das du loslassen möchtest.

Du kannst die Gedanken für eine gute Körperkoordination denken und danach bemerken, wie dein gesamtheitliches System darauf reagiert.

Punkt 3 und 4 sind eng miteinander verwoben. Wenn du bemerkst, dass sich eine Gewohnheit einschleichen möchte, kannst du diesen Impuls unterbinden und die Gedanken für eine ausgewogene Körperkoordination wiederholen. Du kannst dich bewusst entscheiden, wie du die Aktivität ausführen möchtest:

1. Wie bisher, oder 2. Wie bisher, mit mentalen Anweisungen, oder 3. Etwas völlig anderes tun?

4. Gedanken für eine gute Körperkoordination -> neuer Plan

„Ich erlaube meinen Halsmuskeln loszulassen, so dass mein Kopf sich auf der Wirbelsäule ausbalanciert und mein Rumpf sich zwischen Sitzknochen und Schultern dreidimensional ausbreitet, mein Atem ruhig fließt und ich lebendig und authentisch über mein Herzensthema spreche."

„50 % der Aufmerksamkeit sind bei mir und 50 % bei meiner Freundin."

Trage eine dieser gedanklichen Anweisungen unter Punkt 4 im Arbeitsblatt ein. Dies sind übergeordnete Gedanken an dein gesamtheitliches System, die indirekt dein Gespräch beeinflussen.

Dies ist ein möglicher mentaler neuer Plan, der dich durch die Aktivität trägt und an den du dich immer wieder erinnern kannst. Vor allem dann, wenn du deine Gewohnheit bemerkst, die du unterbinden möchtest. Vergegenwärtige dir zuerst den neuen Plan, denke ihn und lass dann den Körper folgen. Dies kann während der Aktivität begleitend geschehen oder mit einer kurzen zeitlichen Pause verbunden sein.

5. Komm ins Handeln

Führe die Aktivität aus und projiziere die mentalen Anweisungen an die entsprechenden Körperbereiche, während du mit deinem Gegenüber sprichst. Beobachte die Auswirkungen deiner Gedanken auf die Qualität deines Erzählens. Wie authentisch erlebst du dich? Was verändert sich? Was bleibt gleich?

Du kannst den Ablauf von 2.-5. mehrfach wiederholen. Wann immer du bemerkst, dass deine Gewohnheit aktiv werden möchte, halte bewusst inne und entscheide dich, wie du die Aktivität ausführen möchtest.

Gleiche deine Beobachtungen immer wieder mal mit deinem gewünschten Ziel ab, dich lebendig und authentisch mit deinem Herzensthema mitzuteilen.

Hier eine Aufzählung dessen, was ich oder meine Klienten in Gesprächen auf der körperlichen Ebene beobachtet haben. Die folgenden Punkte sind nicht als Abhakliste gedacht, sondern können dir als Orientierung dienen.

Beim Mitteilen: sich zurücknehmen und den Kopf nach hinten ziehen; sich größer machen, als man ist; sich zusammenziehen und kleiner machen, als man ist; sich körperlich nicht spüren.

Beim Zuhören: schon nach dem halben Satz meinen zu wissen, was die andere sagen will; die Freundin unterbrechen mit einem „Ach ja, das kenne ich auch, bei mir war das …"; in Gedanken mit etwas anderem beschäftigt sein; sich körperlich nicht spüren; den Blick selten auf die Freundin richten, sondern irgendwo anders im Raum hinschauen; während des Zuhörens in Gedanken Lösungen konstruieren; meinen zu wissen, was die Freundin braucht.

Auch beim Thema „Sprechen mit Freunden" kann man Feldforschung betreiben und andere Menschen bei dieser Aktivität beobachten oder ihnen zuhören. Besonders gut geeignet sind Filme mit viel Dramatik.

4.3 Umgang mit Stresserleben

Der Begriff Stress (lateinisch „stringere“ – in Spannung versetzen) wurde ursprünglich von dem Biochemiker Hans Selye in den 1930er Jahren geprägt und beschreibt eine physiologische Anpassungsreaktion des Körpers auf jegliche Art von Belastung. Selye unterschied zwischen positivem und negativem Stress.

Die Spannung, die durch Stress entsteht, ist erstmal neutral und ist ein Motivator, der uns in Bewegung versetzt und ins Handeln bringt.

Positiver Stress (Eustress) und negativer Stress versetzen unser System gleichermaßen in Wallung. Es geht also nicht um die stressauslösenden Reize oder Stressoren, sondern um die Reaktionen unseres Systems auf die Reize. Je nach unseren Prägungen und Gewohnheiten laufen sie immer in gleichen Mustern ab.

Es ist sehr hilfreich, zwischen Reiz und Reaktion zu unterscheiden, um sich bewusst zu machen, dass es zwei unterschiedliche Dinge sind und wir in dem Raum dazwischen die Möglichkeit der Veränderung haben. Wer diesen Raum der Möglichkeiten nutzt, übernimmt Verantwortung für sein Handeln.

Ob ein Mensch eine Situation als belastend wahrnimmt oder nicht, ist individuell sehr unterschiedlich und geprägt durch Werte, Einstellungen, Haltungen, Annahmen, Interpretationen, Überzeugungen und Konzepte auf Grundlage der im Leben gemachten Erfahrungen. Die gleiche Situation, der gleiche Reiz, kann von einer Person als Ansporn und Herausforderung gesehen werden und von einer anderen Person als Belastung und nicht bewältigbar. Und auf den gleichen Reiz kann zu einem anderen Zeitpunkt, in einem anderen Kontext, die gleiche Person völlig anders reagieren.

Nicht der Reiz ist das Problem, sondern die Art und Weise, wie wir gelernt haben, ihn wahrzunehmen und zu interpretieren. Und vor allem, dass diese Vorgänge vorwiegend unbewusst stattfinden.

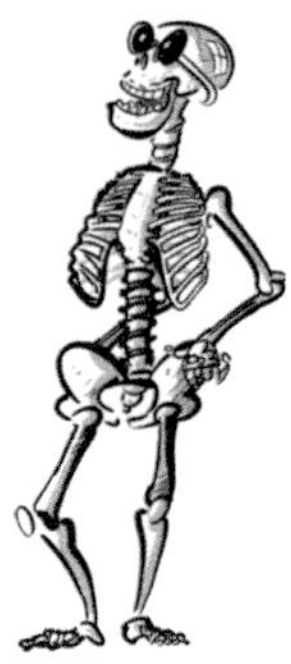

Führt das individuelle Stresserleben dazu, dass die Belastung als zu groß wahrgenommen wird und dies zu starken Einschränkungen im Beruf oder im Privatleben führt, dann sollte man etwas unternehmen. Sich professionelle Unterstützung von einem Coach oder Therapeuten zu holen, kann ein guter Schritt sein. Es ist unausweichlich, sich in diesem Zuge mit sich selbst zu beschäftigen. Die Verantwortung für das eigene Verhalten zu übernehmen, sich selbst immer besser kennenzulernen und bewusster zu agieren.

In diesem Kapitel gibt es eine Vielzahl an Interventionen, um konstruktiv mit belastendem Stresserleben umzugehen. Den Weg zu finden von unbewusstem Reagieren zu bewusstem Agieren.

4.3.1 Guter Ort
Ein sicherer Ort, der Orientierung gibt.

4.3.2 Päckchen packen
Sortieren, wenn zu viel auf einen einprasselt.

4.3.3 Die Flow-Rutschbahn
Wie es gelingt, die Wahrscheinlichkeit für Flow-Erleben zu erhöhen.

4.3.4 Von der Problemtrance zum Freiraum
Der richtige Abstand ermöglicht einen Perspektivwechsel.

4.3.5 Das innere Team
Mit dem Mehrseitenmodell der gesamten Person gerechter werden.

4.3.6 Umgang mit Restriktionen
Flexible Zielgestaltung führt zu Kompetenzerleben.

4.3.7 Psychohygiene und Ausgleichsübungen
Kurzinterventionen, die sofort für Erleichterung sorgen.

Gute Voraussetzungen schaffen

Für jede Intervention ist es gut, wenn du dir vorher einen Raum schaffst, in dem du ungestört bist. Wenn du nur begrenzt Zeit hast, dann stell dir einen Wecker, so dass du anschließend noch 5–10 Minuten hast, um den Prozess nachklingen zu lassen, bevor du zum nächsten Tagespunkt wechselst.

Nimm dir Zeit, um das für dich passende Setting zu schaffen. Sitzen, stehen, liegen, gehen – alles ist in Ordnung. Spüre in dich hinein, was sich gerade stimmig anfühlt.

Lies zuerst die Beschreibung komplett durch und dann beginne die Interventionen nacheinander durchzugehen. Du kannst jederzeit wieder unterbrechen und nachlesen. Es kann hilfreich sein, sich Papier und einen Stift bereitzulegen, wenn du zwischendurch etwas aufschreiben möchtest. Dann brauchst du dir keine Sorgen zu machen, es zu vergessen, und kannst dich wieder auf den Prozess konzentrieren. Vielleicht magst du ja auch Erkenntnisse nach dem Prozess aufschreiben.

Wenn eine Freundin oder ein Freund dich begleitet, kann sie oder er dich durch den Ablauf führen und auch aufschreiben, was dir wichtig ist. Es kann eine schöne und verbindende Erfahrung sein, sich gegenseitig durch einen Prozess zu begleiten.

4.3.1 Guter Ort

In Situationen, die als stressig erlebt werden, siehst du manchmal nur noch das Problem und fühlst dich haltlos und ohne Orientierung. In solchen Momenten ist es sehr hilfreich, einen guten Ort zu haben, wohin du deine Aufmerksamkeit richten kannst. Dieser gute Ort kann ein kraftvoller Anker sein, der wieder Orientierung gibt und von wo aus du gelassener zu den Herausforderungen schauen kannst.

Schaffe zu Beginn gute Voraussetzungen wie unter 4.3 beschrieben.

Nimm wahr, wie du dich gerade fühlst, an dem Platz, an dem du dich befindest. Schicke deine Aufmerksamkeit nach innen und bemerke, wo in deinem Körper du dich wohlfühlst. Dies kann an jedem Ort in deinem Körper sein.

Verweile an diesem Ort für einen Moment und schaue dich etwas um. Wie sieht es hier aus? Wie groß ist dieser Ort? Welche Struktur gibt es hier? Welche Stimmung passt zu diesem Ort? Gibt es eine Farbe, die zu diesem Ort passt? Wie ist die Temperatur? Taucht ein Satz oder ein Wort in dir auf, wenn du dich ganz behaglich an diesem Ort niederlässt? Wenn du magst, dann bleibe gern noch einen Moment an deinem guten Ort und genieße die Geborgenheit, die er dir schenkt.

Frage dich zum Schluss, was das Beste an diesem guten Ort ist.

Bedanke dich bei dem guten Ort, dass er sich dir gezeigt hat. Verabschiede dich nun in der Gewissheit, dass du jederzeit zurückkommen kannst.

Falls du im ersten Moment keinen guten Ort findest, dann wähle einen neutralen Ort in deinem Körper und schicke dort wohlwollende und freundliche Aufmerksamkeit hin. So als ob du diese Stelle anlächeln würdest. Mit der Zeit fühlt es sich dort wahrscheinlich etwas wärmer und lebendiger an als zuvor.

Anwendungsmöglichkeiten

Der gute Ort im Körper kann ein kraftvoller Startpunkt für einen längeren Prozess sein, um dorthin immer wieder einmal zurückzukehren und das Thema von diesem sicheren Ort aus zu betrachten.

Wenn das Stresserleben gerade sehr intensiv ist, kann der gute Ort auch als Kraftort dienen, an den du immer wieder zwischendrin kommen kannst, um dich selbst zu beruhigen, aufzutanken und das Stresserleben zu senken.

4.3.2 Päckchen packen

Eigentlich möchtest du dich mit Thema X beschäftigen und gleichzeitig poppen andere Themen hoch, die dich ablenken. Die Sorge um die Mutter, der Partner, der heute Morgen irgendwie komisch gestimmt war, die Überweisung, die noch nicht getätigt wurde, das Meeting, das noch vorbereitet werden will, der Kollege, der zurückgerufen werden möchte, und, und, und. Der Film im Kopf rattert und verhindert, dass du dich Thema X widmen kannst.

Wegschieben und verdrängen funktioniert meistens nicht. Manchmal hilft es schon, die verschiedenen Themen auf einen Zettel zu schreiben, und du bist beruhigt, da du sicher sein kannst, dass du sie nicht vergisst: aus dem Kopf – auf den Zettel.

Manche Themen sind allerdings so penetrant, dass sie sich doch immer wieder nach vorne schieben. Es kann auch sein, dass du in einer schlechten allgemeinen Verfassung bist, dich nur schlecht konzentrieren kannst und keinen Freiraum verspürst.

Es ist, wie es ist. Akzeptiere, dass es unmöglich ist, sich um alles gleichzeitig zu kümmern, und packe Päckchen. Das Päckchenpacken hilft dir beim inneren Sortieren und schafft Ordnung im Kopfkino. Du findest wieder in deine Kraft, kannst dich leichter konzentrieren und den nächsten kleinen Schritt angehen. An einem aufgeräumten Schreibtisch arbeitet es sich besser als an einem unaufgeräumten. Mit dieser Intervention räumst du deinen inneren Schreibtisch auf. Ja, das Aufräumen dauert einen Moment. Und es lohnt sich, weil du hinterher viel effizienter arbeiten kannst.

Bereite dich auf die Intervention vor wie unter 4.3 beschrieben.

Auch wenn der Film in deinem Kopf spielt, schicke deine Aufmerksamkeit in den gesamten Körper. Spüre in deinen Körper hinein und nimm wahr, wie es sich anfühlt, wenn dir die Probleme zu nahe rücken. Welche körperlichen Reaktionen gibt es? Wie fühlt sich deine Atmung an? Zieht sich irgendwo etwas zusammen? Entsteht ein Ton in dir? Wie hoch oder niedrig ist deine Körperspannung? Lass dir Zeit, um mit deiner Aufmerksamkeit im Körper anzukommen. An manchen Tagen geht es schneller, an anderen dauert es etwas länger. Erlaube dir nun ganz offiziell, die verschiedenen Episoden des Films anzuschauen. Beginne mit der, die sich als Erstes aufdrängt. Schau dir an, was alles dazugehört und was eine passende Überschrift für diese Szene wäre.

Wähle nun in deiner Vorstellung einen verschließbaren Behälter aus und lege alles, was zu diesem Thema gehört, in den Behälter hinein. Ein Behälter kann z. B. ein Koffer, ein Umzugskarton, ein Tresor, ein Schraubglas, eine Handtasche, ein kleines Kästchen oder vieles mehr sein. Wichtig ist, dass das Objekt verschließbar ist. Es kann auch eine Plastiktüte sein, die man mit einer Kordel zubindet, also schau, welches Gefäß in diesem Moment zu deinem Thema passt.

In Gedanken kannst du die verschiedenen Punkte, die zu dem Thema dazugehören, jeweils auf einen Zettel schreiben und in den Behälter hineinlegen. Lasse dir Zeit, bis sich möglichst alle Bereiche gezeigt haben, die zu dem Thema dazugehören. Schließe nun den Behälter. Sollte sich ein Punkt doch erst später zeigen, kannst du ihn natürlich jederzeit noch hinzufügen.

Finde einen guten Ort für den Behälter in dem Raum, der dich umgibt, oder in einem anderen Raum oder auch in der Natur. Es ist wichtig, einen guten Ort zu wählen.

Auch wenn es ein unangenehmes Thema sein sollte, stelle das Gefäß nicht in ein dreckiges Kellerregal, sondern suche einen guten Ort. Jedes Thema mag wertgeschätzt werden. Spüre in dich hinein, ob der Abstand stimmig ist. Verändere eventuell den Abstellplatz. Manche Themen brauchen viel Abstand, andere mag man ganz dicht bei sich haben. Deine Atmung und die Körperspannung können dir Informationen geben, wann der Abstand passt, so dass du mehr Freiraum empfindest.

Mit jedem Problem, das sich aufdrängt, gehe gleich vor: Anschauen – Verpacken – Wegstellen.

Wenn alle aktuellen Themen auf diese Art und Weise aufgeräumt wurden, spüre wieder in deinen Körper. Wie fühlt sich deine Atmung nun an? Gibt es Weite und Raum? Ist etwas in Bewegung gekommen? Manchmal kann es hilfreich oder auch notwendig sein, um den eigenen Freiraum zu finden, sich mit einem Thema zu verabreden (Tag und Uhrzeit in den Kalender eintragen) und sich dann auch wirklich damit zu beschäftigen. Schaue dir das Gesamtbild an, wie sich die einzelnen Behälter im jeweils stimmigen Abstand zu dir befinden.

Genieße die innere Ordnung. Du kannst jederzeit einen Behälter öffnen, das Thema bearbeiten oder noch etwas hinzutun und den Behälter wieder verschließen.

Sabine: *„Mit dem Päckchen Packen bringe ich Ordnung ins Chaos, wenn mir alles zuviel wird und ich mich überfordert fühle. Anschließend kann ich wieder durchatmen, bekomme einen Überblick und leichter entscheiden was als nächstes zu tun ist."*

Checkliste für den Ablauf

1. Aufmerksamkeit in den Körper schicken.
2. Filmszenen anschauen.
3. Themen in Behälter verpacken und einen guten Ort auswählen.
4. Den Abstand zwischen dem Behälter und dir selbst überprüfen.
5. 2.–4. mehrmals wiederholen, bis alle Themen verpackt und weggestellt sind.
6. Aufmerksamkeit wieder in den Körper schicken.
7. Die Aufmerksamkeit auch nach außen richten und in ein Alltagsbewusstsein zurückfinden.

4.3.3 Die Flow-Rutschbahn

Der Begriff Flow wurde in den 1970er Jahren von Mihaly Csikszentmihalyi geprägt. Aus diesen Anfängen hat sich eine ganze Flow-Forschung[1] entwickelt, die das Phänomen untersucht, um es für möglichst viele Menschen nutzbar zu machen.

Im Flow gelingen ganz mühelos großartige Leistungen. Das Kopfkino mit der Beurteilungsmaschine hört auf und man ist komplett in die Tätigkeit versunken, was dazu führt, dass die Zeit wie im Fluge vergeht oder sich das Zeitempfinden verlangsamt.

Echtes Interesse zu haben an dem, was man tut, ausreichend gefordert zu sein (ohne überfordert zu sein) und über die Fähigkeiten zu verfügen, es auch tun zu können, sind die optimalen Voraussetzungen für einen Flow. Sind diese drei Komponenten (Interesse, Anforderung, Fähigkeit) in der Schieflage, geht es darum, diese Balance wiederherzustellen.

Es gibt allerdings noch einige andere Faktoren, die dem Flow-Zustand im Wege stehen.

- → Selbstkritik, Perfektionismus und ein übertrieben hoher Anspruch an sich selbst; Situationen und Menschen kontrollieren wollen; Zielfixierung, heißt, es gibt nur einen Weg
- → Multitasking, Second Screening; enges Zeitmanagement, ohne Puffer einzuplanen
- → Häufige Unterbrechungen von außen, Ablenkungen, Ablenkungseinladungen annehmen
- → Mentale Anspannung – festhalten an überholten Glaubenssätzen
- → Körperliche Verspannungen und Schmerzen
- → Extrem hohe Körperspannung oder niedrige Körperspannung
- → Berieselung durch Fernsehen, Computer und soziale Medien

Dies sind negative Stressoren, bei deren Anwesenheit sich der Flow-Zustand nicht zeigt.

Die Aufzählung dient dazu, das eigene Verhalten kritisch zu hinterfragen und dann zu entscheiden, was man besser lässt, wenn man konzentriert arbeiten und im Flow sein möchte.

Wer im Stresserleben ist, fährt innerlich auf Autopilot und ist im Kampf-Modus, strampelt sich ab, rackert wie ein Verrückter oder quält sich durch die Tage. Zum Teil geschieht dies, weil du meinst, das müsste so sein. Aber ganz häufig ist es unbewusst, weil du im Tunnelblick feststeckst und es nicht bemerkst. Wer so feststeckt und sich abmüht, kann nicht einfach auf Flow umschalten. Es wäre süffisant, hier zu sagen: „Lass doch einfach mal locker, sei doch mal ein bisschen mehr im Flow.“ Das würde dem Menschen in seiner Gesamtheit nicht gerecht werden. Es gibt keinen Schalter, den du einfach umlegen kannst, und plötzlich ist dein Flow-Zustand da. Nachdem du bemerkt hast, wie es um dich steht und in welcher Phase du dich befindest, kannst du jedoch ein paar Schritte in die Richtung tun und dich dann der Rutschbahn in den Flow anvertrauen. Dies sind die Schritte des Loslassens, der Weite und der Öffnung.

Durch das Bemerken des Autopiloten, gefolgt vom Loslassen, erhöht sich die Wahrscheinlichkeit, dass ein Flow entstehen kann. Auch hier gibt es keine Garantie und je mehr du dich darum bemühst, umso weniger gelingt es. Welche positiven Trigger in den Flow-Zustand führen können, ist individuell sehr unterschiedlich. Hier geht es darum, sich auf den Weg zu machen und auszuprobieren.

Checkliste für den Flow

1. Bemerken und anerkennen, wenn du im Stresserleben feststeckst und das System unbewusst auf Autopilot fährt.
2. Eine der folgenden Interventionen praktizieren.
3. Das Ziel, dass es mit dem Flow funktionieren soll, loslassen und sich dem Moment des Loslassens anvertrauen.

Die nächsten Schritte unterstützen grundsätzlich auch eine bessere Konzentration sowie eine längere Aufmerksamkeitsspanne und ermöglichen ein Arbeiten im Flow und damit auch im Deep-Work-Modus.

Interventionen zum Loslassen, die als Rutschbahn in den Flow dienen

1. Körperliche Spannung loslassen, so dass Energie durch den Körper fließen kann (im Stehen die Fersen abwechselnd auf den Boden fallen lassen, beschleunigen, bis nur noch die Knie vor- und zurückgehen; den gesamten Körper durchschwingen, allmählich zur Ruhe kommen und die Bewegung nachklingen lassen; die Aufrichtungsenergie vom Boden durch Füße, Beine, Rumpf hindurch bis zum Kopf nach oben fließen lassen).
2. Sinne aktivieren (Riechen von naturreinen Aroma-Essenzen, Musik hören, Geschmacksexplosionen auf der Zunge zergehen lassen).
3. Kreative Prozesse: schreiben, Musik machen, malen, gestalten etc.
4. Naturbegegnungen, spazieren gehen.
5. Bedeutung im eigenen Tun finden: Ist deine Tätigkeit sinnhaft und in Übereinstimmung mit deinen Werten?
6. Präsent sein bei dem, was du tust, sei es am PC sitzen, die Klopapierrollen auswechseln oder mit einem Freund oder einer Kollegin sprechen.
7. Sportliche Risiken eingehen, was für den einen ein Marathonlauf sein kann und für den anderen Freeclimbing oder ein Fernwanderweg.
8. Ablenkungsfreie Zeit kreieren.
9. Ruhe herstellen, evtl. durch Noise-Canceling-Kopfhörer.
10. Zeit mit sich selbst verbringen.
11. Innere Haltung von Dankbarkeit entwickeln; das sehen, was schon alles gut funktioniert.
12. Neugierig sein als Grundhaltung und Dinge immer wieder mal anders ausprobieren (schreiben oder Zähne putzen mit der nicht dominanten Hand, einen anderen Weg zum Arbeitsplatz nehmen, sich auf unterschiedliche Stühle setzen etc.).
13. Die Basics: gutes, frisches Essen, regelmäßig Wasser trinken, regelmäßig ausreichend schlafen, regelmäßige Bewegung, bewusst atmen.

Hintergrundinformationen

Ein Flow kann in Organisationen dafür sorgen, dass die Menschen produktiver arbeiten. Eine 10-jährige McKinsey-Studie mit Führungskräften zeigte, dass die Produktivität verfünffacht werden konnte, wenn sich die Führungskräfte in einem Zustand von Flow befanden. Wenn Menschen den Zeitraum, den sie in einem Flow-Zustand verbringen, nur um 15–20 % vergrößern können, wird ihre Produktivität am Arbeitsplatz fast verdoppelt.

Thomas: „*Seit ich den Flow-Kreislauf kenne, bin ich nicht mehr so erstaunt über meine Erschöpfung nach den Höhenflügen des Flows und plane bewusst Zeit ein, um mich zu erholen. Auch für mein Team ist es wichtig, nach der Flow-Phase mal ein wenig durchzuhängen und zu entspannen, bevor es dann wieder weitergeht.*“

Der Flow-Kreislauf

Das Flow-Cycle-Modell von Steven Kotler und Jamie Wheal beschreibt die vier Phasen Struggle – Release – Flow – Recovery (in der Illustration und im Text weiter oben übersetzt mit den deutschen Wörtern Kampf – Loslassen – Flow – Regenerieren).

Struggle: Du bist vorwiegend unbewusst im Funktionier-Modus oder hast auf Autopilot umgeschaltet. Dies geschieht häufig bei Tätigkeiten wie Recherchen, Routinen und Buchhaltung erledigen, um Automatisierungen vorzubereiten. Es kann aber auch bedeuten, in Problemen festzustecken und vergeblich nach einer Lösung zu suchen.

Release: Wie kannst du Körperliches und Emotionales einfach loslassen? Es ist durchaus hilfreich, etwas komplett anderes zu machen als zuvor und beispielsweise zu duschen. Wenn du dann das Problem unter der Dusche losgelassen hast, kannst du dich eventuell sogar über eine spontane Eingebung für eine Lösung freuen.

Flow: Damit wird ein zeitloser mentaler Zustand bezeichnet, der in völliger Vertiefung und restlosem Aufgehen in einer Tätigkeit bis hin zu einem Schaffensrausch münden kann und sich zutiefst beglückend anfühlt. Sportler vollbringen darin ihre größten Leistungen und Künstler erschaffen großartige Werke.

Recovery: Diese letzte Phase bezeichnet die Erholung nach dem Höhenflug. Während des Flows ist ein neurochemischer Cocktail am Wirken, der sich in der Erholungsphase abbauen kann und muss. Das gefühlte Tief nach dem Hoch ist also sehr verständlich und erklärbar. Wer darum weiß, kann sich besser erholen und in dieser Phase gut für sich selbst sorgen.

Alle vier Phasen des Flow-Kreislaufes werden immer wieder im Uhrzeigersinn durchlaufen (siehe Illustration). So gern du auch möchtest, es kann keine Phase übersprungen werden. Du kannst jedoch darauf Einfluss nehmen, wie kurz oder lange du in der jeweiligen Phase bist. Je bewusster du sie jeweils annimmst und gestaltest, umso größer ist dein Einfluss auf die Dauer.

Fußnote 1: Die Flow-Forschung rund um das Flow Genome Project (Steven Kotler, Jamie Wheal) hat zum Ziel, das 150-jährige Wissen um psychologische Aspekte des Flows mit den neurobiologischen Erkenntnissen der letzten 25 Jahre und den weitgehend noch unbekannten physiologischen Gegebenheiten zusammenzubringen, um dadurch immer mehr über das Phänomen Flow zu lernen.

4.3.4 Von der Problemtrance zum Freiraum

Es ist alles eine Sache des Abstands. Der Abstand entscheidet darüber, als wie belastend ein Problem wahrgenommen wird. Wem das Problem auf der Schulter sitzt, auf dem Schoß hockt, sich ans Bein klammert oder in Form des Chefs im Nacken sitzt, der ist deutlich zu nah an der Sache dran, um die es geht. Verständlicherweise fühlt man sich bedrängt und belastet. Es kann eine Problemtrance entstehen, bei der sich die Gedanken und Gefühle fortwährend um dieses eine Thema drehen.

Wer im Gegensatz dazu zu viel Abstand hat, ist innerlich distanziert und verfolgt eine Art Vermeidungsstrategie und kann nicht genau erkennen, worum es eigentlich geht.

Weder zu weit weg noch zu nah dran – es geht darum, einen guten Abstand zu finden. Gut im Sinne von „der Bedeutsamkeit des Problems angemessen und mit genügend Freiraum für den Betrachter, um Perspektivwechsel vornehmen und Lösungen überhaupt ins Auge fassen zu können".

Indem du dir Freiraum schaffst, erreichst du einen stimmigen Abstand zum Problemerleben.

Schaffe zu Beginn gute Voraussetzungen wie unter 4.3 beschrieben.

Bemerke, wie du dich gerade fühlst, während du dir Zeit lässt, um an deinem Platz anzukommen. Vielleicht hast du gerade ein großes Problem oder mehrere kleine Probleme oder eine Mischung von beidem. Je nachdem kannst du dich fragen, wie du die einzelnen Probleme benennen magst und ob du Symbole für sie verwenden möchtest. Das können kleine Monster, lustige Trolle, ein gefährlicher Wolf oder Kneifzangen oder Fesseln sein, die sich als Problem zeigen. Deiner Fantasie sind hier keine Grenzen gesetzt. Eine neutrale Bezeichnung, beispielsweise auf ein Post-it geschrieben, ist genauso wirkungsvoll.

Wo befinden sich deine Problemsymbole jetzt in diesem Moment? Wie nah sind sie an dir dran? Auf welche Art sind sie mit dir verbunden? Auch wenn es womöglich unangenehm ist, nimm für einen Moment wahr, was sich dir zeigt. Vielleicht kannst du Hallo sagen. Alles, was sich zeigt, mag gesehen werden.

Atme und spüre in dich hinein. Wie viel Freiraum nimmst du wahr?

Wähle nun ein Symbol aus, dem du deine Aufmerksamkeit schenkst und lass die anderen für einen Moment los. Verändere den Abstand indem du das Symbol weiter weg rückst. Nun rücke es wieder etwas dichter an dich heran. Du wirst spüren, was ein guter Abstand für den Moment ist, so dass du durchatmen kannst, sich dein Brustkorb weitet oder du ein allgemeines Gefühl von mehr Platz und Freiraum hast.

Problemsymbole neigen manchmal dazu, sich seitlich oder hinter einem zu platzieren, so dass sie nicht direkt sichtbar sind. Es kann ein erster Schritt sein, diese Problemsymbole nach vorne zu holen und in einem angemessenen Abstand ins Blickfeld zu rücken.

Du kannst entscheiden, wie nah dir das Problem auf die Pelle rückt. Du kannst es weiter weg stellen. Entscheide, wo du deine rote Linie ziehst.

Wenn es im Moment mehrere Probleme gibt, dann wende deine Aufmerksamkeit nacheinander den weiteren Symbolen zu.

→ Aufmerksamkeit auf Symbol richten.

→ Begrüßen, was sich zeigt.

→ Den Abstand zwischen dir und dem Symbol verändern.

→ Freiraum spüren.

Zu diesem Zeitpunkt geht es nicht darum, sich inhaltlich mit dem Problem auseinanderzusetzen. Lass dich nicht in die Geschichte des Problems hineinziehen. Wenn du Freiraum geschaffen hast, wirst du viel eher in der Lage sein, eine Lösung für dein Problem zu finden.

Wenn du für alle Symbole einen stimmigen Abstand gefunden hast, spüre in dich hinein und nimm wahr, wie du dich jetzt fühlst im Vergleich zum Beginn der Intervention, als die Symbole noch dicht an dir dransaßen. Nimmst du einen Unterschied wahr? Wenn ja, wo und wie spürst du ihn?

Wo und wie fühlst du, ob etwas stimmig ist?

Es gibt sogenannte positive somatische Marker[1], die sich zeigen, also körperliche und emotionale Signale, die uns wertvolle Hinweise geben in Form von einem Aufatmen, von Weite im Brustkorb, Wärme im Bauch, einem Kribbeln, einem Seufzen, einem Lächeln, das unwillkürlich im Gesicht erscheint.

Das Prinzip Freiraum ermöglicht es uns, eine stimmige Distanz zu einem Problemerleben herzustellen. Der als stimmig erlebte Abstand verändert sich immer wieder, je nach Situation.

Fußnote 1: Der Begriff „somatische Marker" stammt von dem Neurowissenschaftler António Damásio. Er unterscheidet in positive und negative somatische Marker, die sich in Form von emotionalen und physiologischen Signalen zeigen. In unserem Erfahrungsgedächtnis sind die positiven Marker mit „wieder machen" verknüpft und die negativen mit „künftig vermeiden".

Über die somatischen Marker hat man einen Zugang zum Unbewussten und den gesammelten Lebenserfahrungen.

4.3.5 Das innere Team

Wer sich mit seinem Problem identifiziert, verwendet Formulierungen wie „Ich habe Angst“, „Ich bin unsicher“ oder „Ich kann das nicht“.

Alle diese Behauptungen über sich selbst sind Teilwahrheiten. Im gleichen Moment gibt es andere Anteile oder Seiten, die für andere Wahrheiten stehen und gerade nur nicht bewusst sichtbar sind. Dies führt zu einer Kompetenzeinschränkung, einem Erleben von Mangel und Unvermögen. Dies ist keine Haltung, aus der heraus eine kompetente Lösung entstehen kann.

Wenn wir Menschen als multiple Persönlichkeiten mit unterschiedlichen Ego-States (Ich-Anteilen) betrachten, werden wir dem gesamten System Mensch gerechter und deshalb wird an dieser Stelle das Mehrseiten-Modell vorgestellt. Es gibt von verschiedenen Autoren unterschiedliche Bezeichnungen für dieses Modell, wie z. B. inneres Parlament, innere Familie, innere Konferenz, inneres Team.

Das Experiment „Wahrnehmen von Unterschieden“

Lies die folgenden Sätze und spüre nach jedem Satz in dich hinein, welche körperliche Resonanz auftaucht. Zeigen sich positive oder negative somatische Marker?

Erstes Sprachmuster:
„Ich habe solche Angst davor, die Präsentation zu halten. Aber dann denke ich wieder, du brauchst doch gar keine Angst zu haben, und finde es blöd von mir, dass ich immer wieder in diese Angst hineinrutsche und mich kleinmache.“

Zweites Sprachmuster:
„Eine Seite von mir hat Angst, die Präsentation zu halten, und das bin ich nicht als ganze Person. Eine andere Seite von mir findet die Angst blöd und kritisiert die ängstliche Seite.“

Bei welcher Version spürst du mehr körperliche Weite und Raum, Wahlfreiheit, Kompetenz und Zuversicht?

Das erste Sprachmuster verwendet jemand, der mit seinem Problem identifiziert ist. Das zweite Sprachmuster benutzt eine Person, die sich ihrer verschiedenen Seiten bewusst ist.

Nachdem du nun die direkte Wirkung der unterschiedlichen Formulierungen bemerkt hast, kannst du entscheiden, welche du verwenden möchtest. Wie du mit dir selbst sprechen möchtest und du dich dir im inneren Dialog zuwendest.

Die verschiedenen Seiten zur inneren Teambesprechung einladen

Sind die verschiedenen Seiten klar und benannt, kannst du sie als gleichwertige Teile des inneren Teams verstehen. Die bewusste Seite in dir übernimmt die Steuerung (Steuerungsposition) und kann nun die unterschiedlichen Teammitglieder zu einer inneren Konferenz zusammenholen. Alle setzen sich gemeinsam an einen Tisch und die Steuerungsposition übernimmt die Moderation, indem sie das Wort erteilt, zuhört und zusammenfasst. Sollte sich eine Seite in den Vordergrund drängen, wird sie aufgefordert, sich zurückzuhalten, oder kann für einen Moment gebeten werden rauszugehen.

An dem Tisch sitzen die angsthabende Seite, die kritisierende Seite, die zuversichtliche Seite und die Steuerungsposition.

Elly:
„Seit ich mein inneres Team moderiere, fallen mir die Präsentationen viel leichter.“

4.3.6 Umgang mit Restriktionen

Oft haben wir den Eindruck, äußeren Begrenzungen unterworfen zu sein. So denken wir bspw.: Es wäre so schön, wenn ich nicht jeden Mittag für Essen sorgen müsste, aber die Kinder sind noch im Grundschulalter und können es nicht selbst. Oder: Ich möchte gern einen Segelflugschein machen, aber es gibt kein Flugzeug, in das ich mit meinen 2,12 m Körpergröße hineinpasse. Oder: Ich möchte nach Mallorca fliegen, aber gerade ist Lockdown. Oder, oder ...

Es gibt jedes Mal einen berechtigten Wunsch und es gibt jedes Mal ein unverrückbares Aber, warum es zum jetzigen Zeitpunkt so nicht realisierbar ist. Im Organisationskontext könnten gesetzliche Vorgaben oder das Budget solche Restriktionen in Form nicht überschreitbarer Begrenzungen darstellen. Im individuellen Bereich sind es Zustände oder Prozesse, die nicht zu 100 % eigenverantwortlich, ohne Abhängigkeiten von anderen, verändert werden konnen. Ziele, die nicht aus eigener Kraft erreicht werden können. Es kann hier hilfreich sein, in temporäre und permanente Beschränkungen zu unterscheiden.

Temporäre Beschränkungen, wie z. B. den Führerschein noch nicht zu haben oder den neuen Job noch nicht zu haben, kannst du auf später vertagen und in der Zwischenzeit das tun, was notwendig ist, um die temporäre Beschränkung aufzuheben. Bis dahin kann das Konzept „Gut für jetzt“[1] für Erleichterung sorgen. Damit bringst du dir selbst gegenüber zum Ausdruck, dass die Situation zwar nicht deinem Wunsch entspricht, du sie jedoch für den Moment akzeptierst und die Konsequenzen annimmst. Du kannst aufhören, zu hadern und dagegen anzukämpfen, wenn du einer temporären Beschränkung das Label „Gut für jetzt“ verpasst. Dies schafft wieder Offenheit, um zu erkennen, welche Chancen in der jetzigen Situation liegen.

Dann gibt es noch die permanenten Begrenzungen. Das Problem entsteht, wenn du erkennst, dass du den Wunsch nicht realisieren kannst, die Beschränkung weder jetzt noch später ändern kannst, und du gleichzeitig von dem Wunsch, es dennoch ändern zu wollen, nicht ablässt. Es gibt unterschiedliche Strategien, um mit dieser Situation umzugehen. Du kannst dich als ausgeliefertes und hilfloses Opfer fühlen und in Passivität und Resignation, gepaart mit Frusterleben, verfallen. Oder du kannst extrem aktiv werden und doch alles (Un-)Mögliche versuchen, um es dennoch zu schaffen, und dich dabei verausgaben. Es ist auch möglich, dass du das Ganze verleugnest, um es nicht spüren zu müssen.

Um einen konstruktiven Umgang mit den gegebenen Beschränkungen zu finden, gilt es, die Ziele genauer anzuschauen. Bei restriktiven Bedingungen geht es um andere Zielvorstellungen als bei direkt veränderbaren Bedingungen. Für einen konstruktiven Umgang kann hier zwischen einem „Sehnsuchtsziel“ und einem „zweitbesten Ziel“ unterschieden werden. Das Sehnsuchtsziel ist der Wunsch nach dem berechtigten Bedürfnis, das für sich gesehen verständlich und nachvollziehbar ist. Das zweitbeste Ziel ist sozusagen das Beste vom Möglichen unter den gegebenen Situationsbedingungen und immer im Verhältnis zum berechtigten Sehnsuchtsziel zu sehen. Sie hierzu auch Kapitel 2.16 **Denkwerkzeuge.**

In dieser Intervention geht es darum, einen konstruktiven Umgang mit den permanenten Restriktionen zu finden.

Dabei ist es besonders wichtig, liebevoll mit sich selbst umzugehen und Selbstmitgefühl zu praktizieren. Falls du dich im Laufe des Prozesses selbst abwerten solltest, erinnere dich daran und erwäge die Möglichkeit, dich in dem Prozess begleiten zu lassen. Die Begleitperson kann dich dann immer wieder an eine wohlwollende Haltung dir selbst gegenüber erinnern und dir auch dieses Mitgefühl entgegenbringen.

Sorge zu Beginn für gute Voraussetzungen wie in 4.3 beschrieben.

Nun mache dir bewusst: Was erlebst du gerade als Beschränkung, das du gern verändern möchtest, jedoch nicht aus eigener Kraft verändern kannst? Wenn alles so wäre, wie du es dir wünschst, wie würdest du dieses Sehnsuchtsziel nennen?

Würdige das Ziel als berechtigtes Bedürfnis und würdige auch die begleitenden Gefühle, die auftauchen, weil dieses Ziel momentan nicht realisierbar ist, wie vielleicht Frustration, Resignation, Ärger oder Wut.

Was sind deine bisherigen Lösungsversuche, um das Sehnsuchtsziel zu erreichen? Was hast du schon alles ausprobiert und welche Auswirkungen hatten deine Bemühungen?

Würdige dich für deine gute Absicht und dein Bemühen.

Hast du nach Alternativen geschaut, vielleicht etwas anderes ausprobiert?

Würdige dich dafür, falls innere Spannungen oder ein Gefühl der Zwiespältigkeit aufgetaucht sind.

Hier tut sich manchmal eine Zwickmühle auf. Würdest du einfach etwas anderes, Neues ausprobieren, gäbe es eine Seite in dir, die sich dagegen sträuben würde, da sie sich dem Sehnsuchtsziel verpflichtet fühlt und ihm gegenüber loyal ist. Sie möchte es nicht verraten und damit womöglich gegen die eigenen Werte verstoßen. Gleichzeitig ist einer anderen Seite klar, dass das Ziel so nicht zu realisieren ist, und die ist vielleicht wütend oder traurig.

Würdige deinen inneren Konflikt, den diese Zwickmühle darstellt.

Wenn du im Verhältnis zu deinem Sehnsuchtsziel ein zweitbestes Ziel wählen könntest, wie könnte das denn eventuell aussehen? Ganz wichtig – es geht nicht darum, dass du dein Sehnsuchtsziel aufgeben sollst. Das darf unbedingt weiter bestehen bleiben. Wie könnte das Beste vom Möglichen eventuell aussehen? Wie könnte so ein zweitbestes Ziel aussehen, das du aus eigener Kraft realisieren kannst? Wie würde dieses Ziel heißen? Was würde dazugehören? Und ganz klar, es wäre nur das zweitbeste Ziel im Verhältnis zum Sehnsuchtsziel.

Kannst du dir vorstellen, deinen Umgang mit den bestehenden Begrenzungen etwas zu optimieren? Was kannst du konkret tun? Gibt es vielleicht schon Muster, die du kennst und welche die Wahrscheinlichkeit erhöhen, dass du in Zukunft besser, im Sinne des zweitbesten Ziels, mit den unverrückbaren Beschränkungen umgehen kannst?

Und wenn sich immer wieder das Sehnsuchtsziel in den Vordergrund schieben würde, dann wäre das völlig in Ordnung und wäre eine kompetente Leistung einer Seite von dir, die das Sehnsuchtsziel würdigt.

Würdige diese kompetente und loyale Seite in dir.

Eigentlich weißt du es doch besser, aber trotzdem kommt wahrscheinlich wieder der Frust hoch darüber, dass du das Sehnsuchtsziel nicht erreichen kannst. Das ist okay und kann in Form einer Ehrenrunde begangen werden. Mehr dazu unter Kapitel 6.2 **Gönne dir eine Ehrenrunde**.

Elly: *„Wenn ich schon nicht nach Mallorca fliegen kann, dann hole ich mir Mallorca-Feeling nach Hause."*

Fußnote 1: Dieses Konzept geht zurück auf „Designing Your Work Life" von Bill Burnett & Dave Evans und wird dort „good for now" genannt.

4.3.7 Psychohygiene und Interventionen zum Ausgleich von Stresserleben

Stresserleben führt zu Spannung im gesamtheitlichen System und bedarf der Selbstfürsorge. Wir putzen regelmäßig die Zähne und entfernen Zahnbelag, um möglichst lange gesunde Zähne zu erhalten. Ebenso wichtig ist es, Psychohygiene zu betreiben, um die Anspannungen wieder loszulassen, einen ausgeglichenen Gemütszustand zu erreichen und lange gesund zu bleiben.

Die folgenden acht Kurzinterventionen können als regelmäßige Routinen und auch akut in Notfallsituationen eingesetzt werden.

Es geht inhaltlich immer wieder darum, aus der Starre in die Bewegung zu kommen und Unterschiede im Erleben zu bewirken, um so das Stresserleben positiv zu verändern.

→ Mit der konstruktiven Ruhelage wachsen und Energie tanken

→ Mit den Augen die Selbstheilungskräfte des Körpers aktivieren

→ Das Entchen als Symbol zum Weitermachen

→ Vor sich hinbrabbeln und Sinn-frei entspannen

→ Check-in mit sich selbst

→ Mit der liegenden Acht in Bewegung kommen

→ Vom Tunnelblick zum Weitblick

→ Kelle hoch – Kontaktaufnahme bei Sprachlosigkeit

Mit der konstruktiven Ruhelage wachsen und Energie tanken

Der aufrechte Gang ist eine evolutionäre Errungenschaft des Menschen. Die Art und Weise, wie viele Menschen mit sich selbst umgehen, führt jedoch zu einigen unangenehmen Begleiterscheinungen.

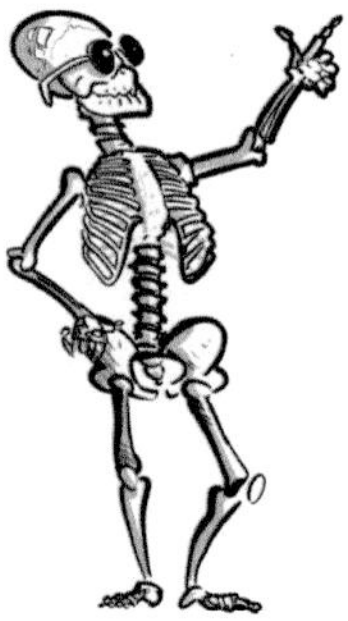

Es ist hilfreich, sich in der Mitte des Tages flach hinzulegen, die Füße aufzustellen, so dass der untere Rücken entlastet ist, und ein Buch oder ein zusammengefaltetes Handtuch unter den Kopf zu legen, damit der Schulter-Nacken-Bereich sich lösen kann. So bekommen die Bandscheiben die Chance, sich wieder voll Flüssigkeit zu saugen und ihre Elastizität für die zweite Hälfte des Tages zurückzugewinnen.

Allein schon diese Lagerung hat einen regenerierenden Effekt, reduziert Schmerzen, bringt Körperlänge zurück und Elastizität in die Bandscheiben. Um die konstruktive Ruhelage noch zu intensivieren, kannst du bewusst Gedanken an den Körper schicken.

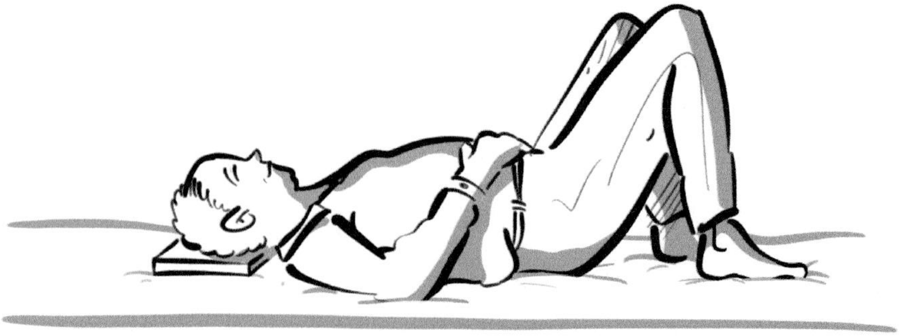

Beginne mit beobachtenden Gedanken. Bemerke, an welchen Stellen dein Körper den Untergrund berührt. Nimm wahr, wo es Hohlräume gibt und wo ein fester, drückender Kontakt ist. Beobachte deine Atmung und erlaube dir immer mehr in dem Moment und auf der Matte anzukommen.

Widerstehe dem Wunsch etwas verändern zu wollen und sammle Informationen über dein Liegen.

Schicke nun bewusst Gedanken an verschiedene Körperbereiche, um deinem Körpersystem Weite und Raum zu erlauben.

„Ich erlaube meinen Halsmuskeln loszulassen, so dass mein Kopf sich nach oben und vorne ausrichtet. Das Gewicht meines Kopfes gebe ich an das Buch ab. Die Wirbelsäule folgt dem Kopf nach oben, der gesamte Rumpf kann sich dreidimensional ausbreiten in Länge, Weite und Tiefe."

Nimm wahr, wie die Atmung deinen Rumpf ganz leicht von innen her bewegt. Die Schultern lassen nach außen los. Die Arme können nach außen loslassen: von der Schulter Richtung Oberarm, Unterarm, Hand und Fingerspitzen.

„Ich erlaube beiden Armen, sich nach außen auszubreiten. Die Füße sind aufgestellt und die Knie zeigen zur Decke hoch. Meine Beine dürfen so wenig wie möglich mithelfen."

Nimm dich nun als Gesamtheit wahr, wie du mit Rumpf, Kopf, Armen und Beinen auf der Matte aufliegst. Genieße diesen Moment so lange wie du möchtest und rolle dann über die Seite zum Sitzen und verweile dort für einen Moment. Erinnere dich an die Größe und Weite, die du gerade im Liegen erfahren hast. Bewege dich dann weiter zum Stehen nach oben.

Du kannst dir diese Selbst-Anweisungen als Sprachnachricht aufnehmen und dann immer wieder anhören, wenn du dich hinlegst. Bedenke beim Aufnehmen Pausen nach den Sätzen zu machen, in denen du deine Gedanken dann fließen lassen kannst.

Unter dem Link www.maikelenz.de/media findest du eine von mir gesprochene Audiodatei zum Herunterladen.

Mit den Augen die Selbstheilungskräfte des Körpers aktivieren

Die Intervention mit den Augen spricht die Funktion des ventralen Vagus-Nervs an, der auch als Selbstheilungsnerv bezeichnet wird.

Die isolierte Augenbewegung ist ungewohnt und wird häufig von einer unbewussten Körperdrehung begleitet. Da es wichtig ist, dass sich ausschließlich die Augen bewegen und sich der Kopf nicht mitbewegt, gibt es verschiedene Hand- und Armhaltungen, um dies zu erleichtern.

Entweder verschränkst du die Hände ineinander wie zum Beten und öffnest sie dann so weit, dass du in die miteinander verbundenen Finger und die Handflächen hineinschaust. Nun führe deine Hände hinter den Kopf und bringe Hinterkopf und Handflächen zueinander. Mit den Händen kannst du nun spüren, wenn der Kopf sich drehen sollte, und dies unterlassen.

Oder du legst deine Unterarme auf dem Brustkorb ab, deine Daumen berühren die Schlüsselbeine und die Fingerspitzen legen sich locker um den Kiefer. Sollte sich dein Kopf mitdrehen wollen, ist dies an den Fingerspitzen zu spüren und kann verhindert werden. Nach einiger Übung kannst du die Hände auch weglassen.

Die Übung kann im Stehen, Sitzen oder in Rückenlage durchgeführt werden.

Ablauf

Du entscheidest dich für eine Körperposition und bringst deine Hände so in Kontakt mit dem Kopf, dass ein Mitdrehen verhindert wird.

→ Schaue geradeaus, dies ist die mittlere Position.

→ Dreh die Augen so weit nach rechts, wie es angenehm ist und verweile in dieser Haltung, mit der Blickrichtung. Nach ca. 30-60 Sekunden erfolgt meist eine körperliche Reaktion in Form von Gähnen, Seufzen oder tiefem Ausatmen. Dies ist ein Hinweis, dass sich das System entspannt und die Augen wieder in die mittlere Position gedreht werden können.

→ Schaue geradeaus

→ Drehe nun die Augen nach links und verweile dort so lange, bis du ein Entspannungs-Zeichen deines Körpers spürst und die Augen wieder zurückdrehst in die mittlere Position.

→ Schaue geradeaus

Achtung:

Nicht verunsichern lassen, wenn es etwas anders abläuft. Beschrieben wurde hier eine mögliche Form. Häufig gibt es auch ein erstes Unwohlsein oder Zucken an verschiedenen Körperstellen, nachdem die Augen zur Seite gedreht wurden und bevor die Entspannungs-Zeichen erfolgen. Es kann auch sein, dass kein Entspannungs-Zeichen des Körpers erfolgt und man einfach nach 60 Sekunden die Augen wieder zurückdreht. Egal wie der Körper reagiert, der ventrale Vagus-Nerv wird durch die isolierte Augenbewegung angesprochen und die Selbstheilungskräfte des Körpers aktiviert.

Hintergrundinformation:

Die leicht abgewandelte Form geht zurück auf die Grundübung von Stanley Rosenberg, der sich damit auf ein neues Verständnis von der Funktion des autonomen Nervensystems nach Dr. Stephen Porges und der von ihm entwickelten Polyvagal-Theorie bezieht.

Das Entchen als Symbol zum Weitermachen

Es gibt für jeden Menschen im Laufe seines Lebens mal schwierige Zeiten. Die Frage ist, wie wir in diesen Phasen mit uns selbst umgehen. Welches Bild oder Prinzip hilft uns weiter?

Der Spruch „Hinfallen – aufstehen – Krönchen richten und weiter geht's“ ist auf einigen Postkarten zu finden und steht für das Weitermachen. Für die Resilienz, die uns Menschen immer wieder aufstehen lässt, wenn wir mal hingefallen sind oder uns „am Boden“ fühlen.

Eine wirkungsvolle Metapher kann hier auch die Ente sein. Tagein, tagaus schwimmt sie auf dem Wasser, läuft über das Gras und sitzt bei jedem Wetter, zu jeder Jahreszeit, irgendwo in der Natur.

Du kannst dir ein sehr interessantes Verhalten bei den Enten abschauen. Wenn es stark regnet und die Ente auf dem Wasser ist, kommt sie irgendwann an Land geschwommen, tippelt die ersten Schritte auf festem Grund, dann hält sie inne, plustert sich auf, löst ihre Flügel und schüttelt sich. Die Wassertropfen spritzen nur so um sie herum. Anschließend legt sie ihre Flügel wieder eng an ihren Körper an und watschelt weiter.

In Momenten, die sich schwieriger als andere anfühlen, kannst du dich an die Ente erinnern und dich immer mal wieder aufplustern und ausschütteln, „bis das Wasser spritzt“, dich dann sammeln und weitergehen. Die belastende Lebenssituation hat sich dadurch nicht verändert. Die Art und Weise, wie du sie erlebst, hat sich jedoch enorm gewandelt.

Vor sich hin brabbeln und Sinn-frei entspannen

Manchmal bringst du in einer Situation einfach keinen Ton raus. Hinterher ärgerst du dich und die ungesagten Worte bleiben, sinnbildlich gesprochen, in den Körperzellen stecken. Dieses Ungesagte setzt sich im Körper fest und führt zu Verspannungen. Mit dieser Intervention kannst du die Spannung besonders effektiv aus dem System rauslassen.

Suche dir eine sichere Umgebung, in der du dir erlaubst, aus deiner gewohnten Rolle zu fallen. Ich bevorzuge für diese Intervention den Wald und habe auch gute Erfahrungen mit Kellerräumen gemacht.

Im Stehen oder Gehen brabbelst du nun laut vor dich hin, mal lauter, mal leiser, mal schreiend, fluchend, flüsternd, zischend, polternd:

Bla bla blu ta ta ta tsss ts ts, brrrrr, grrr, pa, pa, po, pi, bla bla blu ta tä tä tsss ts ts, brrrrr, grrr, ffffff, bla bla blu ta tä tä tsss ts ts, brrrrr, grrr, zsss bla bla blu ta tä tä tsss ts ts, brrrrr, grrr usw.

Du kannst mit dem Mund wie ein Pferd schnauben oder grunzen, seufzen, schnalzen und Wörter, Vokale, Laute, Töne aus dir rauslassen. Begleitet von Mund- und Gesichtsbewegungen, die zu deinen Emotionen passen. Traue dich, zu übertreiben. Schüttle Arme und Beine aus und wirf das Festgehaltene symbolisch von dir.

Mit den Händen halten wir Dinge fest und ziehen sie zu uns heran. Sie sind daher ein geeigneter Körperteil, um loszulassen und die Spannung rauszuschnippen, -schütteln, -zucken, -schleudern, -schmeißen, -reiben und -werfen.

Weg damit! Raus aus dem Körper.

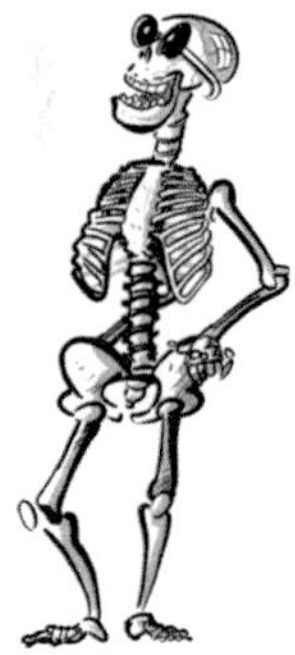

Also, wenn das nächste Mal die Worte im Halse stecken geblieben sind und du es nicht geschafft hast, sie im entscheidenden Moment an die entsprechende Person zu richten, suche einen sicheren Ort aus und brabble vor dich hin.

Check-in mit sich selbst

„Wie geht's dir?" – Dies ist meist eine Frage, die man an andere richtet. Viel zu selten fragen wir uns das selbst. Wer im Erledigungsmodus ist, spürt größtenteils die eigenen Bedürfnisse nicht und macht selten Pausen. Innezuhalten und das eigene innere Rennen zu stoppen, ist ein Akt der Selbstfürsorge.

Also, halte inne und richte folgende Fragen an dich: „Wie geht's mir?", „Wie geht's mir jetzt in diesem Moment?", „Gibt es etwas, das ich jetzt brauche?", „Wie kann ich mir dieses Bedürfnis jetzt erfüllen?"

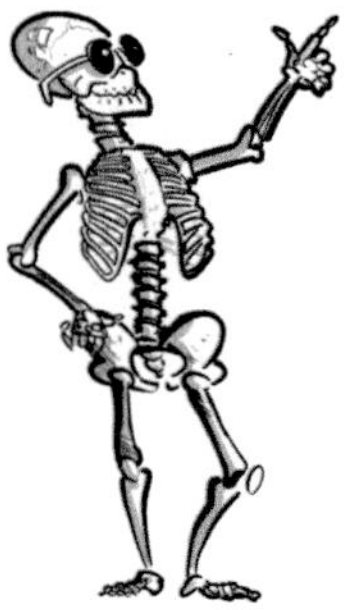

Der Autopilot-Zustand verhindert oft, dass wir überhaupt die Chance bemerken, innezuhalten. Es kann hilfreich sein, sich über den Tag verteilt selbst einige Erinnerungshilfen zu schicken.

Du kannst dir beispielsweise den Timer auf dem Smartphone entsprechend einstellen oder dir selbst terminierte E-Mails schicken, in denen die Fragen stehen.

Mit der liegenden Acht in Bewegung kommen

Stresserleben kann immer wieder zu einer Form von Erstarren im Körper führen. Mit der liegenden Acht kommst du aus der Starre in die Bewegung und zurück in die Lebendigkeit. Durch das Wechseln von der rechten zur linken Körperseite wird jeweils das Zusammenspiel beider Gehirnhälften aktiviert, so dass anschließend wieder mehr Fokus und eine bessere Konzentrationsfähigkeit da ist sowie mehr Empathie und Kommunikationsbereitschaft zur Verfügung stehen.

Wechsle zwischen Mikrobewegungen, Makrobewegungen und gedachten Bewegungen ab. Mikrobewegungen sind miniklein und von außen nur bei genauem Hinschauen sichtbar. Makrobewegungen sind groß und Raum einnehmend, bleiben unbedingt im Wohlfühlbereich und sind von außen sehr gut sichtbar. Gedachte Bewegungen finden in der Vorstellung statt und selbst kannst du durchaus kleinste Reaktionen im Körper spüren, die jedoch von außen nur für ein sehr geschultes Auge sichtbar sind.

Die liegende Acht mit der Nasenspitze reduziert auf indirekte Art Nacken- und Schulterverspannungen.

Beschreibe mit deiner Nasenspitze eine liegende Acht mit einem Kreis über rechts und einem Kreis über links; der Kreuzungspunkt liegt in der Mitte, dort, wo dein Kopf auf der Wirbelsäule ausbalanciert ist.

Wechsele zwischen Mikro- und Makrobewegungen ab. Sei neugierig und überrasche dich dabei selbst.

Stelle dir nun vor, dass du mit der Nasenspitze eine liegende Acht beschreibst, mit einem Kreis über links und einem Kreis über rechts und einem Kreuzungspunkt in der Mitte. Gleichzeitig sind deine Augen offen und du nimmst den Raum um dich herum bewusst wahr.

Die liegende Acht mit der Nasenspitze kann man am Schreibtisch sitzend zwischendurch oder in jeder anderen Situation im Liegen, Stehen, Sitzen und Gehen durchführen.

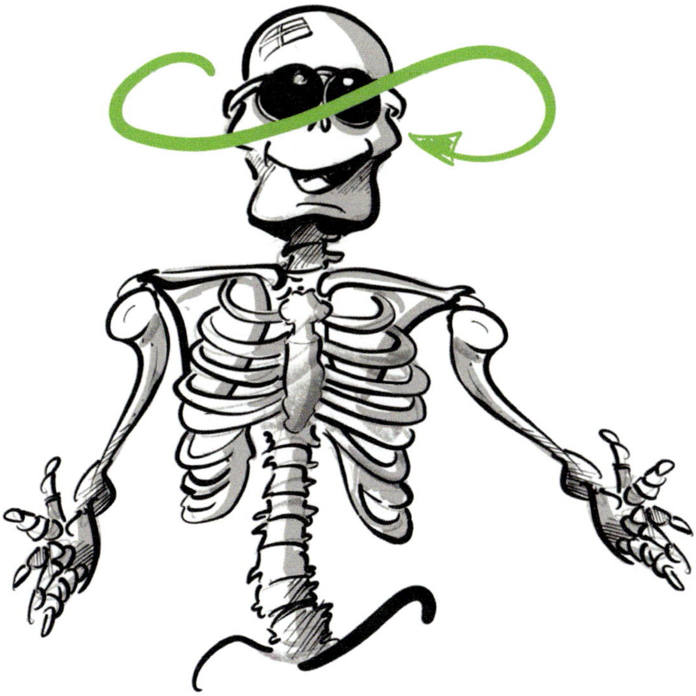

Die liegende Acht mit dem Steißbein reduziert auf indirekte Art Verspannungen im Becken und der gesamten Wirbelsäule.

Beschreibe mit deinem Steißbein eine liegende Acht mit einem Kreis über rechts und einem Kreis über links. Wechsele zwischen Mikro- und Makrobewegungen ab. Sei neugierig und überrasche dich dabei selbst.

Stelle dir nun vor, mit dem Steißbein eine liegende Acht zu beschreiben, mit einem Kreis über links und einem Kreis über rechts und einem Kreuzungspunkt in der Mitte. Gleichzeitig sind deine Augen offen und du nimmst den Raum um dich herum bewusst wahr.

Die liegende Acht mit dem Steißbein gelingt besonders leicht im Vierfüßler-Stand und kann auch im Stehen, Sitzen oder Liegen ausgeführt werden.

Die liegende Acht mit dem Becken im Stehen balanciert den gesamten Körper aus und sorgt für ein ausgewogenes Gleichgewicht.

Beschreibe mit deinem Becken eine liegende Acht mit einem Kreis über rechts und einem Kreis über links. Der Kreuzungspunkt liegt genau zwischen deinen Füßen. An den Fußsohlen kannst du die Auswirkung der Gewichtsverlagerung gut spüren. Wechsele zwischen Mikro- und Makrobewegungen ab. Sei neugierig und überrasche dich dabei selbst.

Stelle dir nun vor, mit dem Becken eine liegende Acht zu beschreiben, mit einem Kreis über links und einem Kreis über rechts und dem Kreuzungspunkt zwischen deinen Füßen. Gleichzeitig sind deine Augen offen und du nimmst den Raum um dich herum bewusst wahr.

Die liegende Acht mit dem Becken im Stehen kann in vielfältigen Situationen angewendet werden, wie z. B. bei einer Präsentation, an der Kasse anstehend, beim Warten auf Zug oder Bus, bei Messebesuchen und bei allen stehenden beruflichen Tätigkeiten, bei Konzerten mit Stehplatz etc.

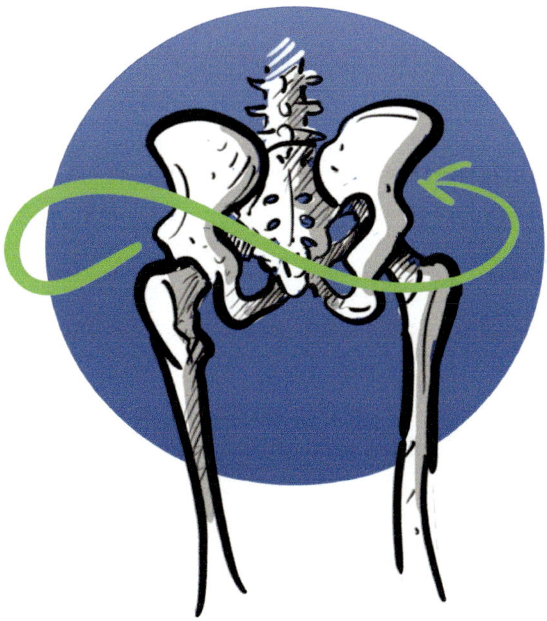

Vom Tunnelblick zum Weitblick

Stresserleben führt zu Spannung in den Augen und einem eingeschränkten Sichtfeld. Den Blick immer wieder weit werden zu lassen, ist ein Schlüssel, um aus dem Stresskreislauf auszusteigen.

In dem Experiment kannst du die Auswirkungen auf den Körper bemerken, wenn du (A) punktuell und flach siehst oder (B) dreidimensional und peripher siehst. Du kannst das Experiment im Stehen oder Sitzen durchführen.

Wähle ein Objekt in Augenhöhe aus, das sich ca. 2–5 m entfernt von dir befindet. Das kann beispielsweise ein Fenstergriff, ein Bild oder der Bildschirm der Kollegin sein.

A: Schaue auf das Objekt, fixiere deinen Blick und starre auf das Objekt. Während du dies tust, bemerke die Auswirkungen auf deinen Schulter- und Nackenbereich, deine Atmung und alles, was sich spontan in deinem Körper zeigt.

B: Schaue weiterhin auf das Objekt, lasse deinen Blick weit werden, indem du die Peripherie rechts und links neben dem Objekt mit einlädst, da zu sein. Dieses Umfeld kannst du wahrnehmen, ohne deine Augen hin- und herzubewegen, nämlich indem du aufhörst, den Blick zu fixieren. Nimm auch den Raum ober- und unterhalb des Objektes wahr. Dein Blick ist weit und offen, während du auf das Objekt schaust, das in der Summe vielleicht etwas unschärfer wird. Erlaube dir auch, die Tiefe hinter dem Objekt wahrzunehmen. Während du mit peripherem Blick auf das Objekt schaust, bemerke gleichzeitig die Auswirkung auf deine Atmung, deinen Schulter- und Nackenbereich und alles, was sich zuvor gezeigt hat.

A: Wechsele zurück zu dem fixierten Tunnelblick und bemerke, wie sich deine Körperspannung wieder verändert.

B: Wechsele wieder zurück zum Weitblick und dem peripheren Sehen und bemerke, wie sich deine Körperspannung abermals verändert.

Die Art, wie du schaust, hat eine enorme Auswirkung auf die Körperspannung und das damit verbundene Stresslevel im gesamtheitlichen Körpersystem. Den Unterschied in deiner Körperspannung hast du durch deine Gedanken und Vorstellungen selbst kreiert. Dieser Schlüssel steht dir jederzeit und überall zur Verfügung und ermöglicht dir, aus dem Stresskreislauf auszusteigen und deine Selbstheilungskräfte zu aktivieren.

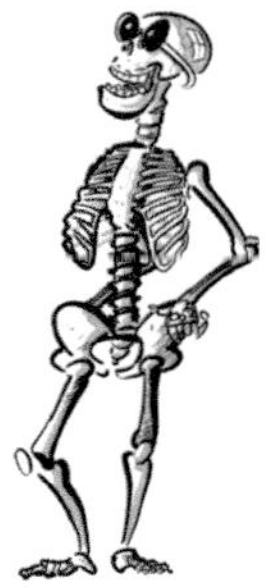

Kelle hoch – Kontaktaufnahme bei Sprachlosigkeit

Wer von sich selbst das Muster „Rückzug mit Sprachlosigkeit" kennt, kann im Vorfeld ein hilfreiches Zeichen vereinbaren. Es gibt Momente, in denen sich eine Seite in dir unverstanden, nicht gesehen oder überrannt fühlt und so vehement mit Rückzug reagiert und dichtmacht, dass es unmöglich erscheint, auch nur ein Wort zu sagen. Gleichzeitig gibt es andere Seiten, die sehr wohl spüren, dass sie jetzt Hilfe brauchten und es guttäte, mit dem Partner oder anderen Menschen in Verbindung zu treten. Du kriegst aber einfach nicht den Mund auf. Innerlich tobt das Stressnetzwerk und äußerlich wirkst du versteinert.

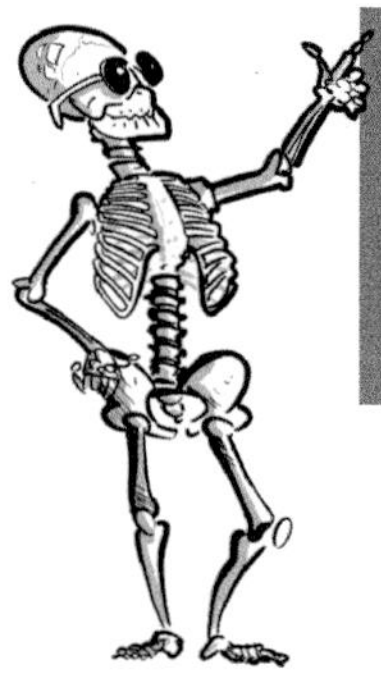

An dieser Stelle kann ein vereinbartes Zeichen hilfreich sein. Du kannst eine echte oder auch eine symbolische Kelle hochhalten. Wichtig ist, dass dieses Zeichen im Vorfeld im Rahmen eines konstruktiven Gespräches mit dem Partner oder der Kollegin vereinbart wurde.

Die Kelle kann bedeuten:

„Frag mich bitte, wie es mir geht und ob ich etwas brauche", oder:

„Schau mir einen Moment liebevoll in die Augen und dann lade mich ein, dir zu erzählen, was mich gerade beschäftigt", oder:

„Lächle mich an und frag mich, was los ist“, oder die Worte deiner Wahl, um die du bitten möchtest und die du mit deiner Partnerin oder dem Kollegen abgesprochen hast.

Und dann gibt es noch ...

Der Vollständigkeit halber sei hier auch erwähnt, dass Fantasiereisen, Körperreisen und Meditationen sehr wirkungsvoll sind, um besser mit Stress umzugehen.

Mittlerweile gibt es hervorragende Apps, die durch ihr Angebot vielfältige Inspirationen bieten. Erwähnt seien hier Calm, 7Mind, Headspace und Balloon, die größtenteils für einen Monat kostenfrei getestet werden können, bevor du dich für eine oder auch keine von ihnen entscheiden kannst.

4.4 Praktische Interventionen für Menschen in Organisationen

Organisationen versuchen häufig, ein gewisses Ziel dadurch zu erreichen, dass sie direkte Veränderungen einleiten, welche zu den benannten Zielvereinbarungen führen sollen. Die daraus resultierende Erfahrung lehrt jedoch häufig, dass direkte, absichtsvolle Eingriffe mit einer erdachten Wenn-dann-Plausibilität nicht die gewünschten Veränderungen und auch nicht das vorbestimmte Ziel erreichen. Systeme lassen sich vielmehr durch Interventionen irritieren, deren Ergebnis offen ist. Auf diesem indirekten Weg können Organisationen zu Veränderungen angeregt werden (siehe dazu auch Kapitel 2.11 **Systeme aus der Balance bringen**). Auf indirekte Art und Weise kommt Bewegung in ein bestehendes System und es ergibt sich Raum für Neues.

Das Kapitel kann aus unterschiedlichen Perspektiven betrachtet werden. Mitarbeiter können Impulse in ihr Unternehmen mitnehmen, um beispielsweise sofort positiv auf das Arbeitsklima und das eigene Wohlbefinden einzuwirken. Führungskräfte erhalten Anregungen für konstruktive Teamarbeit. Ein Geschäftsführer oder Firmeninhaber hat die Möglichkeit, Denkanstöße für die Gestaltung der eigenen Firmenstruktur mitzunehmen.

Die Absicht ist, Bewegung in Bestehendes zu bringen und neue Erfahrungsräume zu schaffen. Dadurch werden kontinuierliche Verbesserungsprozesse unterstützt, die für langfristige Geschäftserfolge eine große Rolle spielen.

So wie Individuen aus sich heraus nach persönlicher Weiterentwicklung streben, streben Unternehmen aus sich heraus nach organisationaler Weiterentwicklung.

„Wer aufhört, besser zu werden, hat aufgehört, gut zu sein."

~Philip Rosenthal

In erster Linie sind nicht die mitarbeitenden Menschen die Ursache von Problemen in der Organisation. Statt Menschen verändern zu wollen, dürfen die Strukturen im System hinterfragt werden. Jeder Mitarbeiter in einem Unternehmen sollte das Recht haben und dazu ermächtigt werden, sein Wohlbefinden und seine Zufriedenheit am Arbeitsplatz positiv beeinflussen zu können. Damit engagierte Mitarbeiter nicht erst warten müssen, bis strukturelle Änderungen wirksam werden und sich die Unternehmenskultur ändert, können sie auf die Hilfestellungen dieses Kapitels zurückgreifen.

Die komplexe moderne Arbeitswelt findet in hohem Maße in einem digitalen Umfeld statt. Hier dürfen wir eine besondere Aufmerksamkeit auf alle mitmenschlichen Themen legen. Digitale Empathie ist eine notwendige Kompetenz für alle, die in digitalen und hybriden Kontexten arbeiten. Verbundenheit und Bezogenheit können auch mit digitalen Medien und online funktionieren. Sie brauchen allerdings spezielle Planung und Durchführungswillen. Informelle Austauschmöglichkeiten fallen weg. Kommunikation, Koordination und Feedback sind weniger selbstverständlich. Im Büroumfeld können, wie nebenbei, ein paar Worte in der Teeküche ausreichen, um Zugehörigkeit zu verspüren oder Zuständigkeiten abzusprechen. Im Online-Modus der Homeoffice-Welt brauchen wir die Vereinbarung eines Termins und die Absicht, ein Gespräch zu führen, das dann auch tatsächlich stattfinden sollte.

Wir sind oft sehr schnell mit unseren Urteilen, wie ein Prozess läuft oder wie ein Kollege tickt. Sich immer wieder Zeit zu reservieren, um für sich und im Team zurückzuschauen, ändert die Seh- und Hörgewohnheiten und die Art, wie wir Menschen und Prozesse betrachten.

„Wir haben dafür keine Zeit", ist oft ein Argument, mit dem ein gemeinsames Reflektieren zugunsten des Tagesgeschäfts gestrichen wird. Dies ist kurzfristig verständlich und kann als Ausnahme natürlich auch mal vorkommen. Langfristig bezahlen wir allerdings einen hohen Preis, wenn sich diese Vorgehensweise einschleift.

Die folgenden Praktiken erhöhen die Wahrscheinlichkeit, dass kooperative Zusammenarbeit in Organisationen gelingen kann. Alle Praktiken sind sowohl virtuell als auch live in Präsenz durchführbar.

Überblick zu Kapitel 4.4

4.4.1 Kooperative Zusammenarbeit
Der größte Erfolgsfaktor in dynamisch-robusten Unternehmen.

4.4.2 Kommunikationsmuster entlarven
Wieso, weshalb, warum, wer nicht forscht, bleibt dumm.
Bestehende Kommunikationsmuster bestimmen die Unternehmenskultur.

4.4.3 Verkettete Gespräche
Eine Problemlösungs-Strategie.

4.4.4 Positives Spekulieren
Mehr Vertrauen untereinander und ein verbessertes Arbeitsklima.

4.4.5 Kommunikations-Tool
Ein Handwerkszeug für mehr Klarheit in Gesprächen.

4.4.6 Retrospektiven
Zurückblickendes Hinterfragen erhält Qualität und Leistung besser aufrecht.

4.4.7 Reflexion auf der Metaebene
Mit Abstand die Zusammenhänge besser erkennen.

4.4.8 Blick in die Zukunft
Konstruktiver Umgang mit unklaren Zukunftsperspektiven.

4.4.9 Kollegiale Treffen
Moderierte Besprechungen, die die Herausforderungen des Alltags adressieren.

4.4.10 Rettungsanker in turbulenten Zeiten
Kooperative Zusammenarbeit auch unter Hochdruck und bei Gegenwind.

4.4.1 Kooperative Zusammenarbeit

Ein gut eingespieltes Team arbeitet kooperativ zusammen. Als Beispiel kann hier eine Fußballmannschaft dienen, bei der das Zusammenspiel perfekt funktioniert. Die Pässe fliegen, die Spieler stehen an den richtigen Stellen. Einer macht das entscheidende Tor, nachdem ihm der Ball von drei anderen Teamkollegen zugespielt wurde.

Um diese Form des Zusammenspiels zu erreichen, ist viel Training nötig. Es werden Spielzüge geübt, Absprachen getroffen und Strategien geplant, um im entscheidenden Moment in ein perfektes Zusammenspiel zu münden.

Am wichtigsten aber ist das gemeinsame Ziel, gewinnen zu wollen. Um dieses Ziel zu erreichen, ist Kooperation notwendig, und diese lohnt sich bei Erfolg für jeden Einzelnen.

Kooperatives Verhalten[1] ist einer der größten Erfolgsfaktoren von dynamischen Unternehmen, die robust auf den sich ständig wandelnden Markt reagieren.

Kooperative Zusammenarbeit entsteht durch entsprechendes Verhalten der Einzelpersonen, die daran beteiligt sind. Wenn das Fußballspiel mal nicht so flüssig läuft und der Sieg nicht errungen wird, merken wir, dass etwas fehlt, und schauen nach neuen Praktiken, die ins Training integriert werden können und das Spiel retten sollen. Doch oft ist es nicht die Praktik, sondern ein aussichtsloses Geschäftsmodell, ein kränkelnder Markt oder eine diffuse Strategie. Durch die neuen Praktiken entsteht keine neue oder wiederbelebte Kooperation. Gegebenenfalls wirken sie sogar kontraproduktiv, da sie die Hoffnung auf einen gemeinsamen Erfolg dämpfen.[2]

Wenn der Zweck klar ist und sich Kooperation für die Mitarbeiter lohnt, dann können folgende Praktiken Erfolgsbringer sein, um kooperative Zusammenarbeit in kleinen Einheiten wie Teams, Projektgruppen oder Abteilungen und auch im gesamten Unternehmen zu fördern.

→ Bewusster Umgang mit Fehlern

→ Feedbacksysteme

→ Aktives Zuhören

Bewusster Umgang mit Fehlern

Eine innovative Umgebung braucht eine hohe Fehlerakzeptanz. In Unternehmen, in denen nach einem Fehler reflexartig nach dem Schuldigen Ausschau gehalten wird, brauchen wir uns nicht zu wundern, dass die Mitarbeiter mittelfristig versuchen, keine Fehler zu riskieren, bzw. gemachte Fehler vertuschen und nicht zur Sprache bringen. Dadurch wird persönliche und unternehmerische Entwicklung gebremst.

Wir dürfen in Organisationen lernen, einen konstruktiven Umgang mit Fehleinschätzungen, Fehlschlägen und Irrtümern zu pflegen. Häufig stehen in diesem Zusammenhang der Anspruch eines Unternehmens und das niedergeschriebene Leitbild im starken Kontrast zu der gelebten Realität.

Im Idealfall werden Fehler als Lernchancen behandelt. Und wer lernt, wird gewürdigt. Fehlschläge sind dienliche Informationen, die uns helfen, die richtigen Antworten zu finden.

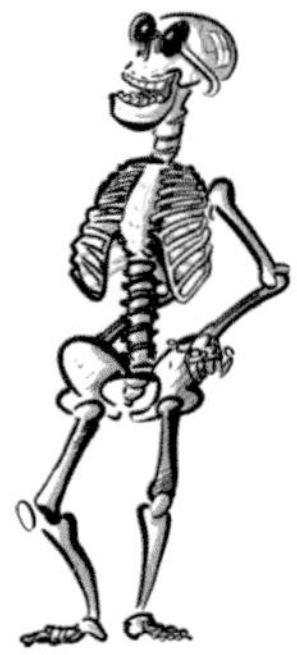

„Der Profi macht nur neue Fehler. Der Dummkopf wiederholt seine Fehler. Der Faule und der Feige machen keine Fehler.“

~Oscar Wilde

Förster & Kreuz[3] differenzieren Fehler in absichtliche und unabsichtliche Fehler und schlussfolgern: „Ein Fehler, der mit Absicht begangen wird, ist kein Fehler, sondern Sabotage.“

Schauen wir also nach unabsichtlichen Fehlern, z. B. solchen, die auf Grund von Unachtsamkeit, Unkonzentriertheit, als Missgeschick oder aus Übermüdung passiert sind.

Aus sogenannten Flüchtigkeitsfehlern können wir nicht viel lernen, außer wie wichtig die Verfassung des jeweiligen Menschen ist. Wir dürfen für gute Rahmenbedingungen sorgen, die nicht zu übermäßigem und dauerhaftem Stresserleben führen. Je höher das Stresserleben, umso höher die Fehlerquote. Jeder darf dabei selbst lernen, gut für sich zu sorgen und Grenzen zu setzen.

Clevere Fehler sind die, auf die wir stolz sein dürfen, weil wir mutig etwas Neues ausprobiert und es vorangetrieben haben. Produkte, die konstruiert wurden und in der Einzelherstellung glänzten, aber es nicht in die Massenproduktion schafften. Dienstleistungen, die eine großartige Idee waren und vom Kunden leider nicht angenommen wurden.

Ein differenziertes Fehlerverständnis ist essenziell, um Fehlerakzeptanz praktizieren zu können.

Praktiken für eine lebendige Fehlerakzeptanz in Unternehmen

→ Unterscheiden zwischen dummen und cleveren Fehlern

→ Austausch in Meetings über die Art der Fehler und die Lerneffekte, die wir daraus mitnehmen
- Eventuell ergänzt von Überlegungen, was wir in Zukunft anders machen möchten.
- Eventuell ergänzt von einer Absichtserklärung (Wiederverpflichtung), was wir in Zukunft dafür tun möchten, um den Fehler zu vermeiden.
- Eventuell ergänzend eine Bitte um Unterstützung oder eine Frage nach besseren Rahmenbedingungen formulieren.

→ Rituale, um clevere Fehler zu feiern
- Eine Fuck-up-Night im Unternehmen starten und gemeinsam die Lern effekte feiern, die wir aus dem Scheitern gewonnen haben.
- Einen „Dare-to-Try-Award“ verleihen, der ausdrückt, wie wichtig es ist, sich zu trauen und etwas zu wagen, und der für Risikobereitschaft steht. Er wird mit dem gleichen Respekt und der Wertschätzung verliehen wie der Award für das meistverkaufte Produkt (so wird es bspw. im Konzern Tata in Indien praktiziert).

- Feiern, wenn ein Produkt auf den Markt kommt, und ebenso feiern, wenn entschieden wird, ein Produkt nicht auf den Markt zu bringen. Hier wird nicht das Scheitern an sich gefeiert, sondern ein Toast auf die hilfreichen Erkenntnisse ausgesprochen, die wir gewonnen haben, und die Lehren, die wir aus dem Scheitern ziehen konnten (so wird es bspw. in der Firma Supercell in Helsinki praktiziert).

Feedbacksysteme

Feedback kann gefährlich sein, wenn es falsch eingesetzt wird. Feedback ist der Qualitätsbringer, wenn es dem Zweck angemessen eingesetzt wird.

Häufig wird Feedback mit einer ungefragten, negativen Rückmeldung in Verbindung gebracht, bei der wir für ein vergangenes Verhalten, das jetzt nicht mehr geändert werden kann, beurteilt und abgewertet werden. Dies führt verständlicherweise zu Frustration und Demotivierung. Es geht auch anders.

Es gibt zwei Formen von Feedback, die sehr hilfreich für kooperative Zusammenarbeit sind. Es gilt zu entscheiden, welche Form in welcher Situation zieldienlich ist.

1. Feedback als Rückkopplung ans System, um Missverständnisse zu minimieren.
2. Feedback, das in die Zukunft gerichtet ist und deshalb Feedforward genannt werden kann.

Egal um welche Form es sich handelt, Feedback sollte zeitnah erfolgen, wertschätzend gegenüber der Person sein und sachlich im Inhalt. Es wirkt sich leistungsförderlich aus, wenn es konkrete Ziele und das damit verbundene Verhalten in der Zukunft beinhaltet.

„Feedback ist das Frühstück der Champions.“

~Boris Grundl

Um ein strukturiertes Feedback zu geben, kann das **Kommunikations-Tool** aus Kapitel 4.4.5 verwendet werden.

Es empfiehlt sich, besonders bei virtuellen Teams Absprachen und Vereinbarungen mit einer Rückkopplung ans System zu kombinieren, um ein wechselseitiges gleiches Verständnis zu gewährleisten. Bsp.: „Wenn du nach unserem Meeting die Oberfläche der App umgestaltest, gib bitte bis morgen Mittag Rückmeldung, welche Auswirkung das deiner Meinung nach auf die Anwenderfreundlichkeit hat."

Es ist sinnvoll, diese zeitnahen Rückkopplungsschleifen routinemäßig einzubauen und nach bewährtem Ablauf zu institutionalisieren.

Feedback in Form von Rückfragen nach einem Meeting. Bsp.: „Habe ich das richtig verstanden? Du übernimmst den Kunden Mayer und berichtest beim kommenden Meeting davon?", oder:

„Nur noch mal, um sicherzugehen, dass ich dich richtig verstanden habe. Du wirst das Gespräch mit der Kollegin suchen und das Team anschließend schriftlich über das Ergebnis eures Gesprächs informieren?"

Auch indirekte Feedbackanfragen sind möglich. Bsp.: „Zum Abschluss unseres Meetings möchte ich jeden kurz bitten zu sagen, was für ihn der nächste konkrete Schritt sein wird." Die Frage ist handlungsaktiv gestellt und die Antworten machen deutlich, ob Absprachen und Vereinbarungen gleich verstanden wurden.

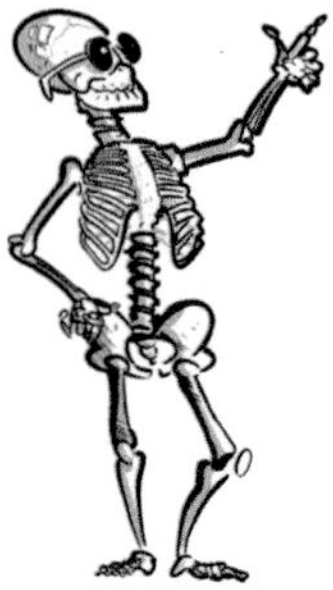

Wir können sowohl um Feedback bitten als auch unser Feedback anbieten. Das Bitten um Feedback kann eine Praktik sein, bei der wir uns an das Team wenden, um beispielsweise Rückmeldung für eine Präsentation zu bekommen, bevor sie dem Kunden vorgestellt wird.

Hier kann die Schwarmintelligenz des Teams genutzt werden. Hinterher sind wir frei, zu entscheiden, welche Anregungen wir übernehmen möchten. Wir arbeiten sie ein und verbessern dadurch die Präsentation. Nicht nur ganze Teams, auch Einzelpersonen können um Feedback gebeten werden, damit sie ihre Einschätzung mitteilen und wir und unsere Arbeit daran wachsen können.

Feedback anzubieten ist die adäquate Form, wenn wir eine Beobachtung gemacht haben und diese mit der entsprechenden Person teilen möchten. Es kann auch eine

Idee oder eine Einschätzung zu einem Ablauf sein. Da wir in komplexen Arbeitswelten agieren, können wir nicht davon ausgehen, dass die Kollegin nur darauf wartet, dass wir ihr Feedback geben möchten. Vielleicht durchdenkt sie gerade ein wichtiges Problem, während sie uns im Flur entgegenkommt und wir sie ansprechen.

Bsp.: „Zu Thema XY würde ich dir gerne Feedback geben. Wäre das interessant für dich? Möchtest du es hören?" Sollte die spontane Antwort „Ja" lauten, können wir weiterfragen: „Passt es jetzt gleich oder wann wäre ein guter Zeitpunkt?"

Erhalten wir ein „Nein" als Antwort, dürfen wir dies bedauern und uns darin üben, es loszulassen.

Die Wahrscheinlichkeit der Annahme von Feedback wird erhöht, wenn es mit Angebotscharakter und mit Ich-Botschaften formuliert wird.

„Ich konnte mir vorstellen, dass ..." oder „Mir fällt dazu ein ..." sind mögliche Satzanfänge, die deutlich machen, dass es sich bei der dann folgenden Aussage nicht um die absolute Wahrheit handelt, sondern um die eigene Meinung.

Im Begriff Feedback oder auch Rückmeldung ist der Begriff „back" enthalten, was bedeutet, dass wir nach hinten in die Vergangenheit schauen. Ein Feedback über vergangene Ereignisse ist nur konstruktiv, wenn es mit Überlegungen verbunden ist, was daraus gelernt werden kann, um in Zukunft andere Ergebnisse zu erzielen. Wie wir es drehen oder wenden, es ist mit einer Beurteilung verbunden und setzt voraus, dass Menschen ein Feedback annehmen können und möchten. Viele Menschen haben unangenehme Erfahrungen mit Feedback gemacht, das häufig mit negativen Bewertungen verbunden war und auf ein Verhalten oder einen Prozess schaute, der nicht mehr veränderbar war. Es lohnt sich, die Richtung zu wechseln, indem wir nach vorne schauen und in die Zukunft blicken, in der ein neuer Gestaltungsspielraum liegt.

Ein Feedforward wird leichter von Menschen angenommen. Feedforward ist hilfreich zwischen Kollegen, vom Vorgesetzten zum Mitarbeiter und vom Mitarbeiter zum Vorgesetzten. Es wirkt mehrdimensional. Der Begriff Feedforward geht auf Marshall Goldsmith[4] zurück, der sich mit positiver und messbarer Verhaltensänderung von Menschen in Organisationen beschäftigte.

Fragen, mit denen wir um ein Feedforward bitten können:

- → Was kann ich tun, um meine Kommunikationsfähigkeiten zu verbessern?
- → Was kann ich tun, damit die Zusammenarbeit besser funktioniert?
- → Wie kann ich unser Team in der Zukunft besser unterstützen?

In einem Teammeeting kann die letzte Frage z. B. von jedem Teammitglied gestellt werden und in Form eines Feedforwards in wechselnden Dialogen mit den anderen Teammitgliedern ausgetauscht werden. Die einzelnen Dialogpartner teilen ihre Anregungen und Ideen zum Thema mit dem Fragesteller. Hinterher haben wir wertvolle Informationen gesammelt, wie wir unser Verhalten ändern können, um die Aufgabe besser, schneller, leichter oder wirkungsvoller zu erledigen.

Wann ist welche Form angebracht – Feedback oder Feedforward?

Egal, wie wir für uns entscheiden, es ist eine ständige anlass- und aufgabenbezogene Kommunikation zwischen Führungskräften und Mitarbeitern, hierarchieübergreifend, in jede Richtung, erforderlich.

Eine ziel- und ergebnisorientierte Rückmeldung mit konkreten Ideen zu Verbesserungs- und Veränderungsmöglichkeiten in der Zukunft fördert die Leistung der Mitarbeiter und trägt zu einem positiven Organisationsklima bei.[5]

Aktives Zuhören

Aktives Zuhören führt zu besserem Verstehen. Beim aktiven Zuhören ist unsere Aufmerksamkeit komplett bei der Person, der wir zuhören, UND bei uns selbst. Tauchen während des Zuhörens kommentierende Stimmen in unserem Kopf auf, die beurteilen oder zu wissen meinen, was die andere Person sagen möchte, oder die schon mit vorweggenommenen Lösungen um die Ecke kommen, können wir innerlich STOPP sagen und die Aufmerksamkeit wieder auf die Person richten, der wir zuhören. Es ist die Absicht des Zuhörers, nicht zu unterbrechen oder eigene Interventionen einzubringen oder in ein Gespräch zu verfallen, das wir in eine bestimmte Richtung lenken möchten, von der wir meinen, sie wäre gut für den Erzähler.

Der Zuhörer signalisiert dem Erzähler verbal und nonverbal, dass es ihm ausschließlich darum geht, zuzuhören, ohne den anderen zu unterbrechen. Die Zeit gehört voll und ganz dem Erzähler. In Abständen können wir zusammenfassen, was wir gehört haben. Dadurch überprüfen wir, ob wir den Inhalt des Gesagten so verstanden haben, wie es beabsichtigt war. Das Zusammenfassen dient auch dem Gegenüber. Dieses kann beim genauen Hinhören für sich selbst klären und sichergehen, ob seine Begriffe und Aussagen so stimmen.

Kooperative Zusammenarbeit bei virtuellen Teams

Da in virtuellen Teams die informellen Austauschmöglichkeiten wegfallen, braucht es spezielle Zusatz-Interventionen. Feedbackkommunikation und -koordination sind weniger selbstverständlich. Zu Beginn fühlt es sich oft ein wenig künstlich an, diese Dinge zu planen, sie werden mit der Zeit jedoch immer selbstverständlicher.

Praktiken für virtuelle Teams

In virtuellen Meetings Zeit einplanen:

→ für Smalltalk und Ankommen.

→ für Austausch untereinander in Breakout Sessions oder mit persönlichen Verabredungen am Telefon.

→ für Koordination von Absprachen im Sinne von „WER kümmert sich um WAS bis WANN?".

→ für Absprachen, die gegenseitige Abhängigkeit deutlich machen, im Sinne von „WER braucht WAS von WEM?".

→ für inhaltliche Arbeit, d. h. für fachlichen Austausch, das Brainstorming von Ideen, die Vorstellung von Projekten oder Präsentationen.

→ für Feedback, das wenigstens aus dem Daumen-hoch- oder -runter-Symbol besteht oder besser von jedem einzeln verbal über das Mikrofon gegeben wird.

→ In Teams können Absprachen getroffen werden, wie das Teilen von Wissen stattfindet. Eventuell gibt es eine gemeinsame Plattform, ein Collaboration-Tool, das genutzt wird, um in Echtzeit miteinander zu arbeiten und zu diskutieren, Dokumente auszutauschen und Videos anzuschauen. Hingegen wird asynchrones Arbeiten durch die Verwendung von Blended-Learning-Plattformen ermöglicht.

Als gemeinsames Ritual können wir uns auch virtuell auf einen Kaffee treffen. Mit speziellen Apps ist es möglich, sich in virtuellen Räumen von einer Gesprächsblase in die andere hineinzubewegen und so einem informellen Austausch nahezukommen.

Das gemeinsame Ziel, an dem wir als Team arbeiten, darf visualisiert und als Mottosatz formuliert werden. Es ist die Aufgabe der Führungskräfte und der Teammitglieder, sich gegenseitig immer wieder daran zu erinnern und darauf zu beziehen.

Bewusst gewählte Symbole können den Zusammenhalt fördern, wie eine Kaffeetasse mit aufgedrucktem Mottosatz. Der gleiche Videohintergrund erweckt den Eindruck, als würden alle im gleichen Raum sitzen. Denkbar ist auch eine Musik, die zu Beginn läuft, wenn sich die Teilnehmer nach und nach zuschalten, und die für alle Teammitglieder eine Bedeutung hat, weil sie bei einem Teamevent eine entscheidende Rolle gespielt hat.

In virtuellen Teams ist die Selbstorganisation und Selbststeuerung der Mitarbeiter umso wichtiger, da es weniger Kontrollmöglichkeiten seitens der Führungskraft gibt.[6] Hier ist es wichtig, gut im Austausch zu sein, was wer braucht, um gut arbeiten zu können. Sich sicher und verbunden zu fühlen, spielt ebenso eine wichtige Rolle wie die Ermutigung, sich entfalten und Neues ausprobieren zu können. Im Vergleich zu präsenten Teams brauchen wir erweiterte Kompetenzen von Mitarbeitern und Führungskräften. Für Abläufe, die in Präsenz selbstverständlich sind, brauchen wir bei virtuellen Teams bewusste Entscheidungen. Die Führungskraft gewinnt als Koordinations-Zentrum an Bedeutung und gestaltet Räume, die im besten Fall den inneren Zusammenhalt des Teams ermöglichen.

Fußnote 1: Kooperatives Verhalten wird in Duden-Deutsch als ein zweckgerichtetes Zusammenwirken zweier oder mehrerer Lebewesen, Personen oder Systeme mit gemeinsamen Zielen beschrieben. Das Wort Kooperation leitet sich aus dem lateinischen „cooperatio" ab und bedeutet „Zusammenwirken" und „Mitwirkung". Es geht dabei um eine zu erzielende Wirkung, die auch Leistung oder Ergebnis genannt werden kann, und darum, diese zusammen bzw. gemeinsam und miteinander zu erreichen. In Verhandlungen zeichnet sich ein kooperatives Verhalten dadurch aus, dass die Interessen aller beteiligten Parteien verfolgt werden und sich nicht einseitig auf die Erreichung der eigenen Ziele beschränkt wird.

Fußnote 2: Mark Poppenborg, Blogbeitrag Intrinsify, https://intrinsify.de/kooperationskiller/.

Fußnote 3: https://foerster-kreuz.com/fehlerkultur/.

Fußnote 4: Ein lesenswerter Artikel von Marshall Goldsmith, https://faculty.medicine.umich.edu/sites/default/files/resources/feedforward.pdf.

Fußnote 5: Inspiriert durch den Blogbeitrag https://wissensdialoge.de/feedforward_geben_zur_leistungsfoerderung/.

Fußnote 6: Gunther Schmidt, „Liebesaffären zwischen Problem und Lösung", Seite 402–408.

4.4.2 Kommunikationsmuster entlarven

Die Art und Weise, wie Menschen miteinander kommunizieren oder auch nicht kommunizieren, gibt Aufschluss über die Kultur der Organisation. Die Organisation ist ein Netzwerk aus vielen verschiedenen gesellschaftlichen Subsystemen, die zum Teil gleichzeitig interagieren oder nacheinander aktiv sind.

Kommunikationsmuster sind Kulturmuster.

Kommunikation ist kontextabhängig, je nach dem Subsystem, das gerade aktiv ist. Wenn Mark und Elly Geschwister wären, die im gleichen Unternehmen arbeiten, sprächen sie dort in der Kantine anders miteinander als im familiären Subsystem bei der Planung des Geburtstags der Mutter. Mark, der als Geschäftsführer agiert, hat wiederum im wirtschaftlichen Subkontext, wenn er mit seinem CFO die Kennzahlen des letzten Quartals bespricht, eine andere Kommunikationsart als Elly, die im massenmedialen Subsystem als Marketingleiterin gerade eine Live-Schaltung koordiniert.

Je nach Subsystem geschieht Kommunikation unterschiedlich. Je nach Kontext passen sich Menschen der Situation an. Dies geschieht unwillkürlich und gelingt bei dem einen günstiger als bei dem anderen. Je bewusster diese kontextuelle Anpassungsleistung ist, umso besser kann die Kommunikation gelingen.

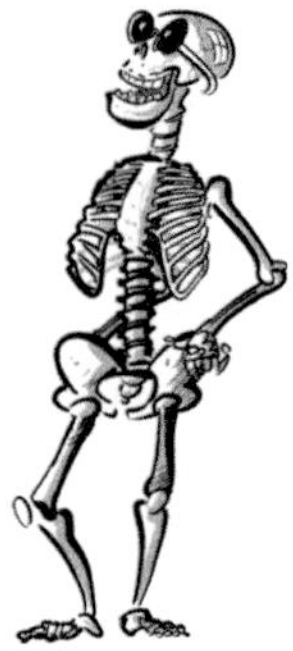

In vielen Leitbildern von Unternehmen stehen Wertschätzung und Respekt. Dies bedeutet, dass ein gegenseitiger respektvoller Umgang gewünscht ist. Die Realität in Unternehmen sieht jedoch oft anders aus.

Die Art der Unternehmenskultur kann also nicht im Voraus geplant, aber rückblickend beobachtet werden, wobei Kommunikationsmuster enttarnt werden können. Hier ist es wichtig, dass wir auch die eigenen Seh- und Hörgewohnheiten unter die Lupe nehmen. Wonach halten wir verstärkt Ausschau? Wo und wann hören wir genauer hin und fragen auch mal nach? Wer herausfinden will, wie in einer Organisation miteinander kommuniziert wird, darf nach Mustern Ausschau halten.

Kommunikationsmuster, die zu unkooperativem Verhalten führen:

→ Einander ins Wort fallen.

→ Den anderen nicht aussprechen lassen.

→ Recht haben wollen.

→ Vorwürfe und Anschuldigungen.

→ Schuldige suchen.

→ Meinen, sich rechtfertigen zu müssen.

→ Meinen, die einzige, echte, wirkliche Wahrheit zu kennen, und auf dieser beharren: „Das ist so, weil ...“.

→ Probleme aus der Vergangenheit immer wieder hervorholen.

→ Unbedingt verstehen wollen, WARUM etwas so ist.

→ Beim Zuhören schon meinen zu wissen, was der andere sagen möchte, und nicht mehr weiter zuhören.

→ Vorschnell Lösungen präsentieren.

→ Sich selbst nicht einbringen.

→ Wissen für sich behalten.

→ Fehler vertuschen wollen.

→ Ungefragt Feedback geben.

Kommunikationsmuster des Gelingens, die zu kooperativem Verhalten führen:

→ Sich selbst und anderen aktiv zuhören.

→ Andere Menschen anschauen und ihnen Aufmerksamkeit schenken.

→ Andere Menschen anlächeln.

→ Nachfragen, ob etwas richtig verstanden wurde: „Ich höre, du hast gesagt …“.

→ Nicht über Dritte reden, wenn diese nicht anwesend sind.

→ Klar und präzise auf den Punkt kommen.

→ Um Worte und passende Formulierungen ringen.

→ Die eigenen Bedürfnisse kennen und ausdrücken.

→ Akzeptieren, dass es so ist, wie es ist.

→ Grenzen von Personen, institutioneller oder rechtlicher Art, respektieren.

→ Andere um Hilfe bitten.

→ Hilfe von anderen annehmen.

→ Wissen mit anderen teilen.

→ Fehler offenlegen und als notwendigen Schritt des Lernens begreifen.

→ Gemeinsam schauen, WOFÜR eine Besprechung dient.

→ Fragen stellen (Anregungen für konstruktive Fragen findest du unter Kapitel 3.5.2 **Kernkompetenz Annahmen aufstellen**).

→ In Konfliktsituationen einen Dritten dazubitten.

→ Um Feedback bitten.

→ Feedback anbieten.

Als langjähriger Mitarbeiter eines Unternehmens ist es schwierig, diese Muster zu erkennen. Jeder hat blinde Flecken und es gibt loyale und hochkompetente Verdrängungsmechanismen, die dafür sorgen, dass wir gewisse Dinge nicht sehen oder hören.

Ein externer Berater ist hier bereichernd, da er genau diese Einschränkungen nicht hat. Er schaut mit einem unvoreingenommenen Blick auf die Organisation und kann andere Muster und Zusammenhänge erkennen. In Absprache mit Mitarbeitern und der Geschäftsleitung können entsprechende Maßnahmen vereinbart werden, um zukünftig bewusster mit Kommunikationsmustern umzugehen und die Unternehmenskultur nachhaltig zu gestalten.

Als Mitarbeiter eines Unternehmens ist es dennoch hilfreich, anhand dieser Listen die interne Kommunikation genauer zu betrachten. Unter Kollegen oder im Team können wir nachfragen, wie andere die eigenen Beobachtungen einschätzen. Dann können wir eventuell Verbesserungsangebote machen und uns gegenseitig gratulieren für das, was schon gut funktioniert. Beides ist wichtig. Wertschätzen, was gut funktioniert, und verbessern, wo noch Potential nach oben ist.

Wir können davon ausgehen, dass Missverständnisse in unreflektierten Kontexten an der Tagesordnung sind. Wo Menschen zusammentreffen, finden Missverständnisse statt. Es ist eher eine erfreuliche Überraschung, wenn diese nicht allzu häufig passieren und nicht ganze Betriebsabläufe lahmlegen. Deshalb ist das Praktizieren einer kooperativen Kommunikation ein Erfolgsfaktor für dynamisch-robuste Unternehmen.

Reden hilft! Und Nachfragen bringt Qualität!

Eine weitere Quelle von Missverständnissen ist die unbewusste Körpersprache. Irritation entsteht, wenn die Körpersprache und die Wortsprache nicht übereinstimmen. Dafür hat jeder Mensch Sensoren. Nicht immer nehmen wir bewusst wahr, dass dies eine (Mit-)Ursache von Unklarheiten ist, aber das komische Bauchgefühl ist da. Um Missverständnisse zu reduzieren, ist es unerlässlich, sich der eigenen Körpersprache bewusst zu sein. Die Körpersprache von anderen lesen zu können, braucht viel Erfahrung und ehrlichen Austausch, um nicht als Interpretationsfläche missbraucht zu werden.

Am hilfreichsten ist, die eigene Irritation anzusprechen, wenn wir eine Unstimmigkeit wahrnehmen.

Bsp.: „Ich bin irritiert, wenn du an alle gerichtet fragst, wer Lust hat, die Aufgabe zu übernehmen, und mich gleichzeitig mit deinem Blick fixierst", oder: „Es irritiert mich, von dir zu hören, dass der Kollege Maier die gestellte Aufgabe sehr gut gelöst hat, während du gleichzeitig die Papiere auf dem Tisch umständlich sortierst."

Sprachmuster

Je nach dem jeweiligen Kommunikationsanlass geht es um die Übermittlung von Sachinhalten, die Beziehungsgestaltung und den Vertrauensaufbau, das Motivieren und das Erreichen von gemeinsamen Zielen oder auch die Darstellung der eigenen Person. Die Darstellung der eigenen Person hat im Marketing einer Personen-Marke eine wichtige Bedeutung, jedoch nicht in der Unternehmens- oder Teamkommunikation.

Bei der Kommunikation von Sachinhalten geht es vorwiegend um Verständlichkeit. Die Sprache sollte hier einfach, übersichtlich, möglichst prägnant und relevant für das sein, was zu tun ist.

In einer Blauen Welt mit zwar komplizierten Inhalten, aber bewährten Methoden und Werkzeugen, um den Problemen effektiv zu begegnen, kann eine reduzierte Sprache gut funktionieren, wenn sich z. B. schnell Informationen über den Tisch zugeworfen werden.

Auf einem Segelboot bei Windstärke 8 werden laut Anweisungen zugerufen und knapp zurückbestätigt. Kurze, eingespielte Abläufe sichern hier das Überleben. Da ist kein Raum für einladende Sprachmuster, die im Konjunktiv formuliert sind. Die sind jedoch wieder hilfreich, wenn es später in der Kajüte um Manöverkritik geht.

Dies gilt auch für Arbeitsprozesse in der Fertigung, wo laute Maschinen und eine enge Taktung eine andere Sprache erfordern.

Je nach Kontext sind andere Sprachmuster nötig. Es geht darum, vielfältige Sprachmuster zu verwenden und je nach Situation wählen zu können.

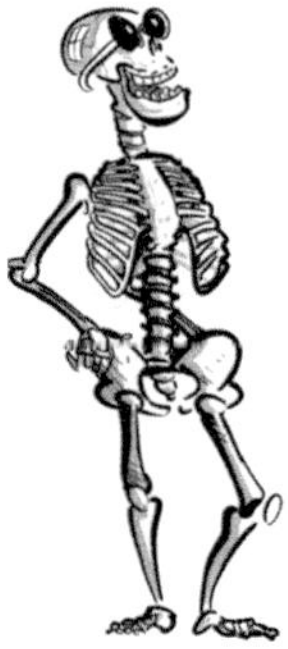

Einladende Sprachmuster dienen dem Beziehungsaufbau und schaffen Vertrauen. Menschen möchten eingeladen werden und die Wahl haben, ob sie die Einladung annehmen oder nicht.

Wer sein Team motivieren möchte, um gemeinsam ein großes Ziel zu erreichen, kann auf kooperative, einladende Sprachmuster zurückgreifen. Ein Könner ist nichts für sich allein. In dynamischen, komplexen Arbeitskontexten werden heterogene Teams benötigt, die sich bestmöglich ergänzen, um Projekte umzusetzen. Könner sammeln eine freiwillige Gefolgschaft von Kollegen, wenn sie inspirieren, Angebote machen und dann loslassen können.

Beispiele für einladende Sprachmuster

„Stell mir bitte die Unterlagen für XY bis morgen früh zusammen, sodass wir bei der Präsentation um 16:00 Uhr gemeinsam glänzen können."

Statt: „Bis morgen muss das fertig sein."

„Von dem neuen Projekt habe ich euch schon erzählt. Es ist mir wirklich sehr wichtig, dass die Bedeutung des Themas in einem entsprechenden Webauftritt der Öffentlichkeit angemessen und mit der entsprechenden Wichtigkeit präsentiert wird. Deshalb würde ich mir wünschen, dass du, Sabine, mich mit deinen technischen und gestalterischen Fähigkeiten unterstützt."

Statt: „Für das Projekt brauche ich jemanden, der sich mit Webdesign auskennt. Wer kann das und hat Zeit?"

„Ich möchte euch dafür gewinnen, mit mir gemeinsam dieses großartige Projekt nach vorne zu bringen."

Statt: „Morgen geht's los und ich erwarte, dass ihr alle mit dabei seid."

4.4.3 Verkettete Gespräche

Verkettete Gespräche[1] sind eine Problemlösungs-Strategie. Es handelt sich um eine Analyse- und Gestaltungstechnik, wenn Gerüchte und Intrigen die Kommunikation bestimmen und sich die unsichtbare Hinterbühne[2] einer Organisation in den Vordergrund drängt.

Wir bemerken solche Problemsituationen, wenn:

→ die Wertschöpfungskette nicht fließt und z. B. die Qualität von Produkten oder Dienstleistungen nachgelassen hat, Bestandskunden wegfallen und Neukundenakquise schwierig ist.

→ die gleichen Fehler immer wieder gemacht werden.

→ das Arbeitsklima schlecht ist und die Mitarbeiter unzufrieden sind.

→ sich Mitarbeiter beschweren und die eingeleiteten Maßnahmen nicht auf wünschenswerte Weise fruchten.

→ Konflikte unter den Mitarbeitern oder über verschiedene Ebenen hinweg bestehen bleiben.

Die verketteten Gespräche bestehen aus Interviews, die ein externer Berater mit verschiedenen Gesprächspartnern aus der Organisation in einer bestimmten Reihenfolge führt.

Schritt 1 — Der externe Berater spricht mit dem Auftraggeber über die Problemstellung.

Schritt 2 — Der externe Berater stellt eine Hypothese auf, die ein Vorurteil darstellt, wie es zu den momentanen Problemen gekommen ist.

Schritt 3 — Der Berater konfrontiert Gesprächspartner A mit dem Vorurteil, welches diesen zu einer kompetenten Korrektur provoziert.

Schritt 4 — Das korrigierte (Vor-)Urteil wird im Folgenden Gesprächspartner B präsentiert und durch dessen Kommentar weiter verbessert.

Die Gesprächskette wird so lange mit verschiedenen Gesprächspartnern fortgesetzt, bis das Ergebnis präsentiert werden kann, ohne die zugesicherte Vertraulichkeit der Einzelgespräche zu verletzen. So wandelt sich im Verlauf der Interviews das Vorurteil in ein Urteil.

In der Regel sind nicht mehr als 12 Gespräche sinnvoll.

Die erste Hälfte der Gesprächspartner wird vom Auftraggeber benannt. Die zweite ergibt sich aus den Gesprächen selbst.

Schritt 5 — Das gewonnene Urteil wird nach einer Denkpause möglichst allen Gesprächspartnern in einer Arbeitssitzung präsentiert. Hier findet der Reality-Check statt. Wenn sich die beteiligten Gesprächspartner in der präsentierten Analyse „wiedererkennen“, hat sie Bestand. Dies ist ein Zeichen dafür, dass wir wirklich zum Grund des Problems durchgedrungen sind.

Hieraus kann dann eine profunde Analyse abgeleitet werden. Zudem darf ein angemessenes Vorgehen besprochen, vereinbart und letztendlich durchgeführt werden.

Strukturierte Interviews analysieren üblicherweise nur die Vorderbühne. Durch diese verketteten Gespräche wird es möglich, auch Teile der unsichtbaren Hinterbühne sichtbar zu machen.

Durch diese verkettete Vorgehensweise bleiben wir nicht auf der Ebene der individuellen Befindlichkeiten, sondern dringen zur umfassenden Problemlage vor.

Nach dieser Vorarbeit kann eine profunde Analyse und ein angemessenes Vorgehen vorgeschlagen werden.

Fußnote 1: Verkettete Gespräche nach Gerhard Wohland und Matthias Wiemeyer, „Denkwerkzeuge der Höchstleister“, S. 190–192.

Fußnote 2: Differenzierung in Vorder- und Hinterbühne nach Wohland und Wiemeyer, „Denkwerkzeuge der Höchstleister“.

Die Vorderbühne – ist die sichtbare Wertekultur einer Organisation, die am Verhalten abgelesen werden kann, das wiederum auf den Werten beruht, die als Kraftfelder innerhalb des Unternehmens wirken.

Die Hinterbühne – ist die unsichtbare Wertekultur einer Organisation, die sich gegen Veränderung wehrt und so das stabile Rückgrat einer Organisation bildet. Durch ihr Agieren werden teilweise unzumutbare Situationen am Laufen gehalten und auf kurzem Dienstweg Absprachen getroffen, die auf der Vorderbühne nicht sichtbar sind. Viele Aktionen auf der Hinterbühne finden unbewusst statt und sind gut gemeint, verschlimmbessern aber die Situation. Wer bewusst auf der Hinterbühne agiert, kann hier Intrigen schmieden oder Gerüchte verbreiten.

4.4.4 Positives Spekulieren

Diese systemische Intervention ist hervorragend geeignet, um die Beziehungen untereinander zu stärken und Vertrauen zu schaffen. Das Arbeitsklima wird aufgewertet und die Teilnehmer berichten hinterher, dass sie eine größere Zugehörigkeit und Verbundenheit mit der Gruppe oder dem Team empfinden.

Der Begriff „spekulieren" wird hier im umgangssprachlichen Sinne von annehmen, erhoffen und vermuten verwendet.

> Durch das positive Spekulieren werden angenehme Sinneswahrnehmungen ausgelöst. Das gesamte Team wird beim Geben und auch beim Erhalten der Spekulier-Angebote mit Glückshormonen geflutet.

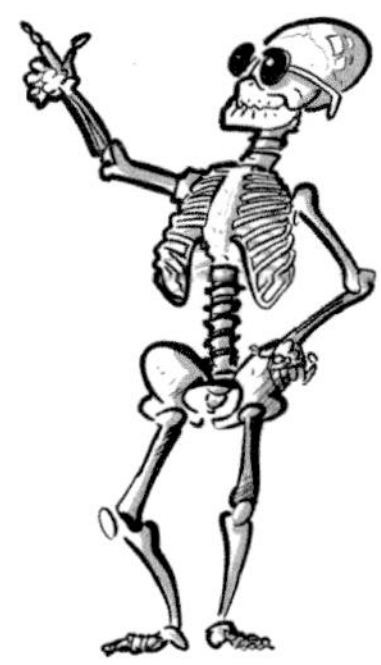

Serotonin und Oxytocin gelten als sogenannte Glückshormone, reduzieren Stress, sorgen für Entspannung und steigern das Selbstvertrauen. Vor allem Oxytocin stärkt das zwischenmenschliche Vertrauen und die Empathie.

Unterschiedliche Einsatzmöglichkeiten

In einer Gruppe, die sich neu zusammenfindet, ist das positive Spekulieren ein gutes Startelement. Sei es, dass ein Team neu gebildet wird, eine Ausbildungsgruppe gemeinsam startet oder ein Seminar beginnt und die Teilnehmer der Gruppe sich noch nicht kennen. Wirkungsvoll ist das positive Spekulieren auch in einem Team, das schon einige Zeit in einem Projekt zusammenarbeitet und gemeinsam zurückschaut und auch nach vorne blickt in mögliche Zukünfte. Die Teilnehmer kennen sich mit gewissen Eigenschaften und lernen durch die Annahmen der Kollegen auch mögliche neue Seiten ihrer Teammitglieder kennen.

Positives Spekulieren kann eine „Power-Shower", „Wertschätzungs-Dusche" oder „Kompetenz-Dusche" sein. Bei großen Gruppen können auch mehrere Kleingruppen gebildet oder das positive Spekulieren in einem Partnersetting angewendet werden. Nutzen wir es als Gruppenintervention, ist zu bedenken, dass die aufzuwendende Zeit mit der Anzahl der Teilnehmer steigt.

Ablauf, wenn die Gruppe sich noch nicht kennt

Eine Person entscheidet sich für die Dusche, wird damit zum Empfänger. Die anderen Teilnehmer geben die Dusche. Sie sagen nacheinander immer wieder den folgenden Satz und füllen ihn mit positiven Fähigkeiten, die sie der Person mit bester, positiver Absicht unterstellen. Da sie die Person nicht kennen, spekulieren sie.

Folgender Satz ist für alle Teilnehmer auf einem Flipchart oder im Chat eines virtuellen Raumes gut sicht- und lesbar:

„Wenn ich dich so anschaue, entsteht in mir der Eindruck, dass du auf wundervolle, bereichernde, hilfreiche Weise mit deiner .... (Fähigkeit) zum Gelingen unseres Projektes beiträgst.“

Die Teammitglieder wechseln sich ab und jeder sagt ca. 5–7 Mal den kompletten Satz mit unterschiedlichen Fähigkeiten. Der Satz wird immer komplett gesprochen, auch wenn sich dies vielleicht zuerst etwas komisch und nachplappernd anfühlt. Durch das Wiederholen genau dieser Worte baut sich eine positive Trance auf, die sich mehr und mehr entfaltet.

Die Wertschätzungs-Geber verzichten auf Mimik oder Gestik beim Sprechen und auch beim Zuhören, wenn die anderen Teammitglieder sprechen.

Wenn die Zeit dafür da ist, lohnt es sich, hinterher zu reflektieren, wie die Teilnehmer die Intervention erlebt haben. Das Team wechselt dadurch gemeinsam auf die Metaebene.

Wie erlebst du dich jetzt, direkt nach der Intervention?

Wie war es in der Rolle des Spekulierenden?

Wie war es, die Wertschätzungsdusche zu erhalten?

Hier gibt es interessante Muster bei sich selbst und auch bei den Teammitgliedern zu entdecken.

Außerdem wird das gemeinsame Reflektieren und der Ebenenwechsel im Team praktiziert. Beides sind Kernkompetenzen – siehe 3.5 **Kernkompetenzen**.

Ablauf bei einem bestehenden Team

Eine Person entscheidet sich für die Dusche (Empfänger) und die anderen Teilnehmer (Geber) aus dem Team sagen nacheinander immer wieder den folgenden Satz und füllen ihn mit positiven Fähigkeiten, die sie der Person mit positiver Absicht unterstellen. Dies beruht zum Teil auf Erfahrungen, es können aber auch Annahmen und Vermutungen sein.

Folgender Satz ist für alle Teilnehmer auf einem Flipchart oder im Chat eines virtuellen Raumes gut sicht- und lesbar:

„Wenn ich dich so anschaue, entsteht in mir der Eindruck, dass du auf wundervolle, bereichernde, hilfreiche Weise mit deiner .... (Fähigkeit) weiterhin zum Gelingen unseres Projektes beiträgst."

Für ein Team, das schon längere Zeit zusammenarbeitet.

Folgende Frage ist für alle Teilnehmer auf einem Flipchart oder im Chat eines virtuellen Raumes gut sicht- und lesbar:

„Was gibt es denn schon bis heute an achtungsvollen, bewahrenswerten und wertschätzenden Prozessen in unserem Team, bezogen auf das, wo wir hinwollen?"

In dieser Fragestellung wird das Bisherige berücksichtigt und sich damit auf das Zukünftige bezogen. Im Prozess kann es sinnvoll sein, dass wir zuerst das anvisierte Ziel benennen. Im zweiten Schritt sammeln wir, was es schon im Hinblick auf unser gemeinsames Ziel gibt.

Weitere Möglichkeiten der Formulierung

„Wenn ich dich so anschaue, entsteht in mir der Eindruck – ganz spontan und unwillkürlich –, dass du bestimmt unsere gemeinsame Kooperation in wertvoller, bereichernder, hilfreicher Weise durch die ... und die ... und die ... (Fähigkeit) beitragen kannst."

Partnersetting

In (Web-)Seminaren, Kennenlern-Runden, Mitarbeitergesprächen kann diese Intervention mit einer offenen und neugierigen Haltung eine lebendige Nähe schaffen und Beziehung aufbauen.

„Wenn ich dich so anschaue, entsteht in mir der Eindruck, dass du hilfreiche und kompetente Beiträge zu unserem Gespräch durch die ... und die ... und die ... (Eigenschaft) beitragen kannst."

Im virtuellen Raum

In der Galerieansicht, mit einer Gruppe von bis zu 9 Personen, gelingt die Übung sehr gut in einem selbstorganisierten Rahmen.

Der Geber sucht sich eine Person aus, der er eine positive Spekulation zuteilwerden lässt:

„Ich vermute, dass ... (Name der Person) auf ihre einzigartige, kompetente und wertschätzende Art und Weise dazu beiträgt, dass wir unser gemeinsames Ziel erreichen, indem sie sich mit der ... und der ... (Eigenschaft) einbringt."

Oder:

„Ich nehme an, dass ... (Name der Person) durch die ... und die ... (Eigenschaft) sehr gut für sich selbst sorgen kann."

Nachdem die positive Unterstellung bei der Person angekommen ist, wählt diese eine neue Person aus und adressiert ihre positive Spekulation an diese.

Bei großen Web-Seminaren können die Breakout Sessions genutzt werden, um dort mit zwei bis sieben Personen zu spekulieren. In kleinen Gruppen können die Mikrofone alle angeschaltet werden und es entsteht eine ähnlich verbindende Atmosphäre wie in Präsenz.

4.4.5 Kommunikations-Tool

Ein Tool ist ein Werkzeug, das dabei unterstützt, Ziele zu erreichen.

Mit dem hier vorgestellten Kommunikations-Tool von Job Movement[1] bietet sich eine Vielzahl von Einsatzmöglichkeiten. Es kann sowohl Orientierung geben, als auch zur Selbstreflexion und zur Gesprächsvorbereitung dienen. Als Gesprächsführungs- und Moderationshilfe entfaltet es sein Potential ebenso wie bei Konfliktklärungen und Feedbackgesprächen. Außerdem unterstützt es bei Zielvereinbarungen und trägt zum Gelingen ihrer Umsetzung bei. Durch die Verbindung mit den drei Prinzipien des Entwicklungsrades erhält es noch eine übergeordnete Ebene. Schwerpunkt des Kommunikations-Tools ist, eine größtmögliche Klarheit in Gesprächen zu erreichen. Die folgenden Prinzipien helfen, dieses Ziel zu erreichen.

1. Prinzip des Entwicklungsrades: Beobachten und erkennen

Wenn wir miteinander kommunizieren, hören und sehen wir Daten und Fakten, die sachlich und im besten Fall neutral sind. Diese sind auf der linken Seite der Modell-Abbildung zu sehen. Die **Wahrnehmungen** zu den erhaltenen Daten und Fakten werden als Informationen gesammelt und wirken von außen auf uns ein.

In der mittleren Ebene des Modells wird deutlich, welche Wirkung die Wahrnehmungen auf uns Menschen haben und wie sie innerlich verarbeitet werden. Welche **Gedanken** haben wir zu den Fakten? Wie schätzen wir die Informationen ein? Wie interpretieren wir das Gehörte? Welche **Gefühle** löst das Gesehene in uns aus? Welche Bedürfnisse stehen dahinter und werden entweder erfüllt oder nicht erfüllt?

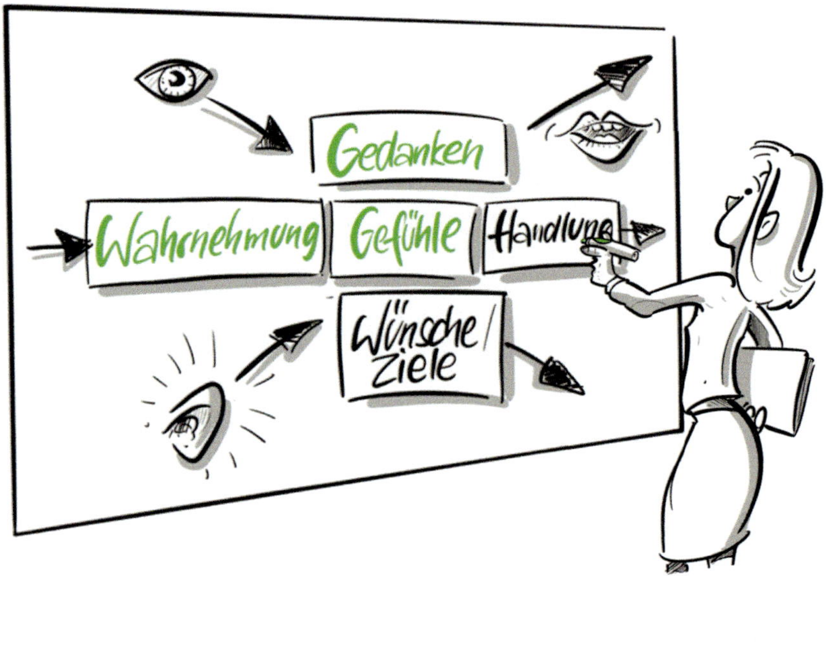

Das Kommunikations-Tool von Job Movement.

2. Prinzip des Entwicklungsrades: Innehalten und entscheiden

Um nun nicht automatisch in ein gewohntes Kommunikationsmuster zu verfallen, dürfen wir zuerst innehalten und uns der eigenen **Wünsche** und **Ziele** bewusst werden.

Bevor wir in eine Handlung kommen, ist es notwendig, zwischen diesen eigenen Wünschen und den Wünschen des Teams oder der Firma zu unterscheiden. Dies ist der Moment, in dem wir herausfinden können, ob es mögliche Zielkonflikte gibt. Ein Zielkonflikt könnte zwischen dem eigenen und dem Ziel der Organisation bestehen oder aber auch zwischen unterschiedlichen Subsystemen.

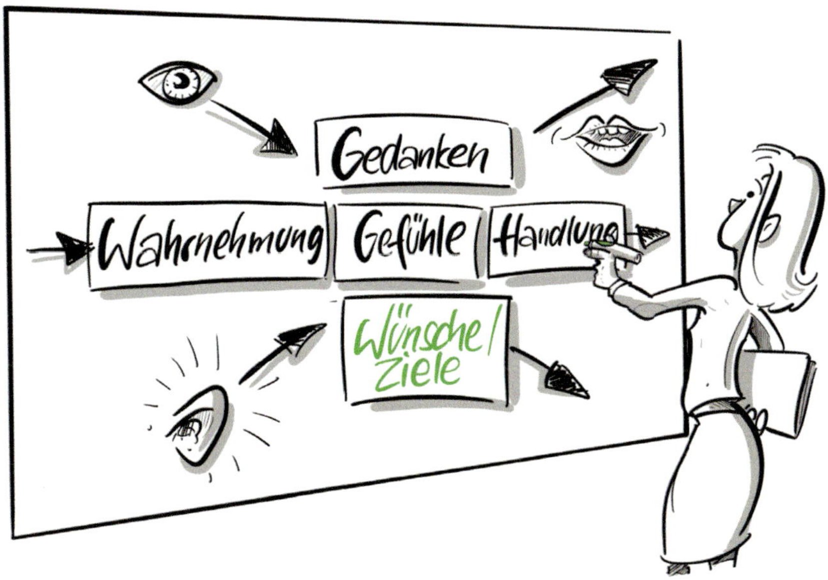

3. Prinzip des Entwicklungsrades: Ausrichten/handeln und erinnern

Sind wir uns der übergeordneten Wünsche unseres Teams oder des Unternehmens bewusst, braucht es nicht beim Wünschen und Hoffen zu bleiben. Nun gilt es, Absichten zu klären und konkrete Handlungen zu planen. Je konkreter, desto besser; nach dem Motto:

WER macht WAS bis WANN?

Und WAS braucht WER von WEM?

Diese Vereinbarungen werden schriftlich festgehalten und erlangen dadurch eine höhere Verbindlichkeit.

Wenn wir uns immer wieder an die Absprachen und Vereinbarungen erinnern, trägt dies zum Gelingen der Umsetzung bei. Einzelpersonen können sich dafür Termine im Kalender festlegen, mit konkreten Eintragungen, was sie bis wann bearbeitet haben und wann es erledigt ist. In einem Team können diese Erinnerungen wechselseitig stattfinden. In einem hierarchischen Verhältnis hakt der Vorgesetzte bei den Mitarbeitern nach.

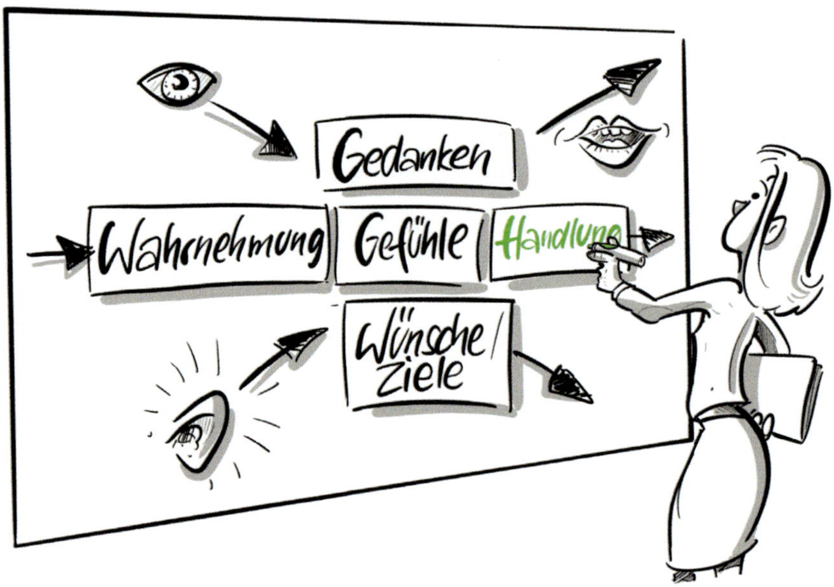

Anwendungsmöglichkeiten des Kommunikations-Tools

Orientierung

Grundsätzlich hilft das Tool, sich zu orientieren oder ein Thema zu analysieren. Um einem wichtigen Thema gerecht zu werden, ist es von Belang, dass alle Bereiche des Tools Beachtung finden. Mit Blick auf das Tool können wir uns fragen, ob wir das Thema schon von allen Seiten betrachtet und die Auswirkungen auf die unterschiedlichen Bereiche bedacht haben.

Selbstreflexion

Beispielsweise nach einem unschönen Gespräch mit einem Kollegen können wir uns im Anschluss das Tool vornehmen und über das Ereignis reflektieren. Was waren die Fakten und wo haben wir eventuell nur angenommen, es sei etwas abgesprochen gewesen, oder haben das Verhalten des Kollegen anders interpretiert, als es dessen Absicht war? Durch diese Reflexion können uns die eigenen Anteile am Gesprächsverlauf bewusst werden.

Gesprächsvorbereitung

Liegt ein wichtiges Gespräch an, können wir uns mit diesem Modell bestmöglich darauf vorbereiten. Wenn wir zum Beispiel mit unserem Vorgesetzten über eine Gehaltserhöhung sprechen möchten, bereiten wir folgende Inhalte auf:

→ Die erbrachten Arbeitsergebnisse der vergangenen 5 Jahre.

→ Deren Auswirkungen auf die Wertschöpfung des Unternehmens.

→ Die Herausarbeitung der eigenen Motivation.

→ Die Beschreibung der Übereinstimmung eigener Ziele/Wünsche mit denen des Unternehmens.

→ Ableitung konkreter weiterer Handlungen, bspw. die Übernahme neuer Aufgaben oder Verantwortlichkeiten.

→ Anbringen des neuen Gehaltsvorschlags.

Moderation

Bei Meetings kann der Moderator den Fokus zum Eigentlichen zurückwenden.

Wenn es beispielsweise in einem Meeting auf emotionaler Ebene hochkocht und zwei Mitarbeiter sich plötzlich heftig zu attackieren beginnen, kann der Moderator helfen, die Gemüter zu besänftigen, indem er die Aufmerksamkeit auf die Wahrnehmung der Daten und Fakten zurücklenkt. Folgende Fragen sind dabei hilfreich:

→ Was ist genau passiert?

→ Wer war dabei?

→ Was wurde gesagt?

→ Auf welchen Fakten beruht das?

Durch diese Umfokussierung findet ein Wechsel von der Beziehungsebene zurück auf die Sachebene statt.

Umsetzung

Konkrete Vereinbarungen, die im Bereich Handlungen getroffen werden, erhöhen die Möglichkeit der Umsetzung, statt im Reden über etwas zu verbleiben. Üblicherweise werden dazu die verschiedenen Aktionen und Verantwortlichkeiten einer Person mit Datum und Verabredung in einem Protokoll festgehalten. Dieses dient nicht nur der Überprüfung und Kontrolle, sondern auch den Beteiligten als Gedankenstütze.

Konfliktklärung

Manchmal kommt es vor, dass Konflikte unter Kollegen hochkochen und Hilfe von außen zur Klärung notwendig ist. Dazu muss nicht zwangsläufig der Vorgesetzte oder ein Personaler eingesetzt werden. Die Unterstützung kann auch von einer Vertrauensperson kommen, die von beiden Kollegen das Vertrauen genießt. Die Vertrauensperson kann anhand des Kommunikations-Tools Person A bitten, ihre Sicht der Dinge mit Daten, Fakten, Gedanken und Einschätzungen und entstandenen Gefühlen, beruhend auf wichtigen Bedürfnissen, zu schildern. Die Aufgabe von Person B besteht dann darin, das Gehörte zu wiederholen. Sollten im Gehörten und vorher Gesagten Unstimmigkeiten bestehen, kann Person A für Klarheit sorgen, indem sie noch einmal wiederholt, welche Botschaft ihr wichtig war, was genau sie übermitteln wollte. Dieser Prozess wird so lange fortgeführt, bis das von Person B Gehörte und das von Person A Gesagte übereinstimmen und beiderseitiges Verständnis darüber besteht. Nun darf Person B berichten, wie sie die Dinge erlebt hat, und Person A wiederholt, was sie gehört hat. Auch hier dienen die notwendigen Wiederholungen dem Finden einer Übereinstimmung zwischen Gehörtem und Gesagtem.

Wenn wir dieses Vorgehen praktizieren, erleben wir einerseits, wie bestärkend es sich anfühlt, gehört und verstanden zu sein, und erfahren andererseits, wie wir den anderen besser verstehen lernen, indem wir seine Ansichten wiederholen.

Im nächsten Schritt benennt Person A ihre Wünsche und Ziele, und nach dem Wiederholen durch Person B benennt diese ihre Wünsche und Ziele für die zukünftige Zusammenarbeit. Auch diese Aussage wird von Person A wiederholt.

Im Anschluss können wechselseitig konkrete Handlungsschritte benannt werden bzw. Ideen, wie sich der zukünftige tägliche kollegiale Umgang gestalten könnte.

So sähe der Idealverlauf eines moderierten Konfliktgesprächs aus. Nicht immer sind diese harmonischen Abstimmungen und Konsensfindungen so in der Praxis realisierbar, jedoch ist jeder Teilschritt und Moment, in welchem sich ein Kollege vom anderen verstanden fühlt, wertvoll.

Der oben beschriebene Ablauf kann auf drei Treffen aufgeteilt werden.

Feedback

Auch wenn wir darum gebeten werden, Feedback zu geben, können wir uns vom Kommunikations-Tool Anregungen holen und bekommen einen einfachen Leitfaden an die Hand. Zuerst einmal ist es wichtig, als Feedbackgeber sogenannte Ich-Botschaften zu äußern, wie: „Ich habe wahrgenommen, dass …“, oder: „Mir ist aufgefallen, dass …“

Gleichzeitig ist es für den Feedbacknehmer und den Feedbackgeber gut, sich daran zu erinnern, dass jedes Feedback eine Aussage über die Wahrnehmung der Realität des Feedbackgebers ist. Es ist keine allgemeingültige Wahrheit.

Mit diesem Verständnis können folgende Satzanfänge begonnen und vervollständigt werden:

→ Ich habe gesehen, dass …

→ Ich habe gehört, dass …

→ Wenn ich das sehe und höre, kommt mir der Gedanke, dass …

→ Dies schätze ich so ein, dass …

→ Das Gesehene und Gehörte fühlt sich für mich an, als ob …

→ Wenn ich das alles auf mich wirken lasse, entsteht in mir ein Gefühl von …

Du kannst das Arbeitsblatt nutzen, um ein für dich relevantes Thema zu analysieren oder ein wichtiges Gespräch vorzubereiten. Das Arbeitsblatt findest du im Anhang.

Fußnote 1: Das Kommunikations-Tool von Job Movement/Rüdiger Möller – der Link dazu ist im Anhang zu finden.

4.4.6 Retrospektiven – gemeinsam zurückschauen

„Retrospektiv“ bedeutet „rückblickend“. Die Teammitglieder schauen also gemeinsam zurück und bewerten, was gut und was schlecht gelaufen ist.

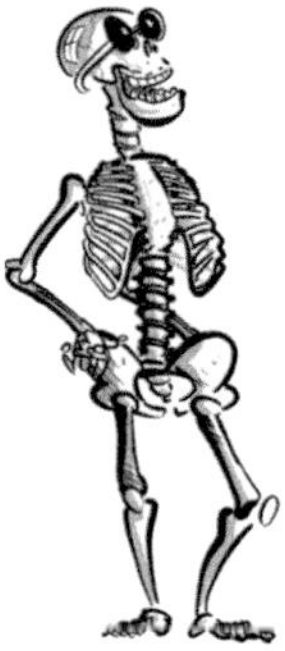

Eine reservierte Zeit hilft, der Selbstreflexion den nötigen Raum zu geben. Darüber hinaus ermöglicht eine **Retrospektive** als Team-Meeting, dass nicht nur jeder für sich, sondern alle gemeinsam reflektieren und auf diese Weise ein Verständnis im Team geschaffen wird und ein konstruktiver Austausch ermöglicht wird.

Nur wenn wir kontinuierlich hinterfragen, erhalten wir die eigene Qualität und Leistung aufrecht und verbessern uns langfristig.

Für Führungskräfte ist es wichtig, nah an ihren Mitarbeitern zu sein, zu wissen, wo diese stehen und wie die Stimmung im Team ist. Die Zeit, die in Retrospektiven investiert wird, lohnt sich.

Wie häufig Retrospektiven stattfinden, ist vom Projekt abhängig und wird vom Team vereinbart. Ebenso die Zeitdauer, die dafür reserviert wird. Wichtig ist, dass sie in regelmäßigen Abständen stattfinden und zu einer Routine werden, die nicht mehr in Frage gestellt wird.

Impulse für mögliche Retrospektiven:

→ Positives sammeln
- Inhaltlich
- Personell

→ Schmerzen auf den Tisch

Positives sammeln

Personell – was hat Person XY gut gemacht?
Inhaltlich – welche Arbeitsabläufe und Prozesse haben gut geklappt?

Beim positiven Sammeln richten wir den Blick ausschließlich auf das Positive. Wenn wir nun auf die letzten Wochen gemeinsamer Arbeit schauen, können wir reflektieren, was gut geklappt hat.

Sicher ist der Blick nicht ganz objektiv, da eben die Dinge, die nicht gut gelaufen sind, ignoriert werden. Der Grund liegt in einem allgemein bekannten sozialpsychologischen Phänomen, das sich Negativitätseffekt nennt. Dieser besagt, dass wir Menschen negative Gedanken, Gefühle oder Erlebnisse stärker erleben und uns merken als neutrale oder positive, auch wenn diese in gleicher Intensität und Häufigkeit auftreten. Aufgrund dieses Phänomens ist es eine Art „ausgleichende Gerechtigkeit", wenn wir den positiven Aspekten im Rückblick mehr Aufmerksamkeit schenken.

Die Projektgruppe oder das Team schaut zurück und fokussiert auf die gemeinsame Arbeitsleistung

→ Wenn wir auf die letzten Wochen gemeinsamer Arbeit schauen, was hat gut funktioniert?

→ Welche Prozesse waren neu und haben gut funktioniert?

→ Welche laufenden Prozesse haben sich bewährt?

→ Welche Schnittstellen haben sich ergeben?

→ An welchen Stellen hat die Zusammenarbeit reibungslos funktioniert?

→ Welche Ergebnisse haben wir erreicht und wie dient das der Wertschöpfung?

→ Was war überraschend?

Die Beiträge werden dokumentiert und machen durch die schriftliche Form visuell sichtbar, was das Team gemeinsam geschafft hat.

Der Rückblick auf Einzelpersonen

Eine Teamleistung ist eine Bündelung von vielen Einzelleistungen. Jeder Mensch, der hinter einer Leistungserfüllung steht, möchte dafür gesehen und gehört werden.

Genau dafür kann eine Wertschätzungsdusche (siehe dazu auch 4.4.2 **Positives Spekulieren**) sorgen, die nach einer Projektphase, nach einer Sprintstrecke (im agilen Kontext) oder nach Abschluss eines Projektes erfolgt.

Nehmen wir an, unser Team aus dem Buch hat sich zusammengefunden, um ein Projekt rückblickend zu betrachten. Elly hat sich bereit erklärt, zuerst unter die Power-Shower zu treten.

Wie hat Elly sich in hilfreicher, konstruktiver und engagierter Art und Weise in das Projekt eingebracht?

Die Projektmitglieder setzen sich zusammen und jeder teilt seine Sicht dazu mit. Ein Teilnehmer sammelt die Beiträge auf dem Flipchart.

Es wird reihum gewechselt, bis jeder Teilnehmer eine Wertschätzungsdusche erhalten hat.

Durch das Dokumentieren auf dem Flipchart ist eine visualisierte Dusche entstanden, die aufgehängt oder fotografiert werden kann, um in Zeiten von Unsicherheit wieder hervorgeholt zu werden. Wir können uns daran erinnern und sie mit dem Erleben im Moment verbinden.

Die Kurzvariante

Die verkürzte Version eignet sich zum Abschluss einer gemeinsamen Arbeitsphase. Jeder bekommt von allen anderen Kollegen insgesamt zwei Minuten lang gesagt, was er oder sie alles gut gemacht hat.

Diese Interventionen zeigen Kompetenzen von Einzelpersonen auf, die vielleicht nicht allen bewusst sind. Es wird so möglich, Arbeitskollegen aus ihrer Schublade herauszulassen und mit einem weiteren Blick zu betrachten. Bei Projektarbeit weiß nicht jeder, was die anderen alles gemacht haben. Hiermit wird zum einen die erbrachte Arbeitsleistung gesehen und geschätzt und zum anderen bekommen wir für zukünftige gemeinsame Projekte Ideen, mit wem wir zu welchen Themen zusammenarbeiten können.

Schmerzen auf den Tisch

Diese Form der Retrospektive bezieht auch die Dinge mit ein, die nicht gut gelaufen sind, die zu Fehleranfälligkeit führten oder für übermäßige Verwirrung sorgten oder sogar Prozesse ins Stocken brachten. Hier ist auch Raum für Verbesserungsvorschläge.

Die Haltung der Teilnehmer ist offen und ehrlich. Die Sachebene wird gewahrt und niemand persönlich angegriffen. Die Schmerzpunkte werden aufgezählt und kommen auf den Tisch.

→ Was lief in den letzten Wochen gut?

→ Was lief in den letzten Wochen schlecht?

→ Welche Verbesserungsideen möchte ich einbringen?

Jeder Teilnehmer schreibt bis zu drei Karten pro Frage und Thema. Diese werden dann an einer (virtuellen) Pinnwand aufgehängt und kurz erläutert. Sowohl die „guten" als auch die „schlechten" Ergebnisse können eine eigene Farbe erhalten. Dadurch wird auf einen Blick sichtbar, was alles gut geklappt hat und worauf wir stolz sein können. So kann auch direkt ausgewählt werden, welche der Punkte beibehalten werden sollen.

Die Antworten auf die beiden ersten Fragen bilden eine Diskussionsgrundlage, um gegebenenfalls ein Problem zu analysieren, zu entscheiden, was wir nicht weitermachen möchten und wie wir etwas verbessern könnten. Daraus entsteht eine To-do-Liste mit Aufgaben und konkreter Klärung, wer dafür bis wann zuständig ist. Diese Punkte werden in der nächsten Retrospektive aufgegriffen und reflektiert.

Mögliche Anschlussfragen könnten dann sein:

→ Was hätte ich persönlich tun können, damit es in den letzten Wochen besser und reibungsloser hätte laufen können?

→ Was habe ich gelernt, um es als wertvolle Lernerfahrung mitzunehmen?

Diese Fragen müssen nicht direkt beantwortet werden, sondern können auch als Anregung zur Selbstreflexion dienen.

4.4.7 Reflexion auf der Metaebene

Besonders bei kollegial organisierten Unternehmen ist es wichtig, immer wieder auf die übergeordnete Sichtweise der Metaebene zu wechseln.

Hier können wir gemeinsam überlegen, was die Organisation jetzt braucht und was ein guter, wichtiger nächster Schritt sein könnte. Dies gelingt aus der Metaperspektive leichter, wenn wir nicht selbst mittendrin stecken und über eigene Rollendefinitionen oder Karriereauswirkungen nachdenken.

Reflexion auf der Metaebene ist eine Praktik, die eine bewusste Distanz zur Situation erzeugt, um Zusammenhänge besser erkennen zu können. Sie geht über die Selbstreflexion und die Teamreflexion, wie in 4.4.6 **Retrospektiven** beschrieben, hinaus. Diese Praktik empfiehlt sich vor allem in selbstorganisierten Unternehmen.

Dazu wird ein Prozess bewusst unterbrochen, bspw. eine Besprechung über die zukünftige Vergütung der einzelnen Teammitglieder, um gemeinsam einen Schritt zurückzutreten und auf die Art und Weise zu schauen, wie miteinander umgegangen wird und was es braucht, damit der Prozess im Fluss bleibt.

Das Bild des Balkons, von dem aus wir auf die tanzenden Paare schauen, siehe 3.5.6 **Kernkompetenz Ebenenwechsel**, dient hier zur Veranschaulichung. Wer mitten im Tanzgeschehen damit beschäftigt ist, kein anderes Paar anzurempeln, ist nicht in der Lage, gleichzeitig das Zusammenwirken des großen Ganzen zu bemerken. Steht das Team aber auf dem Balkon und schaut auf das Geschehen hinab, kann es leicht die eigenen Dynamiken sehen und Begrenzungen und Konflikte erkennen.[1]

Reflexion auf der Metaebene bei einem Meeting

Während eines Meetings kann jemand verantwortlich ernannt werden, der in regelmäßigen Abständen an die Metaebene erinnert und das Team einlädt, auf den Balkon zu treten.

Natürlich können wir dies nur in der Vorstellung tun. Es ist jedoch viel wirkungsvoller, tatsächlich aufzustehen und sich gemeinsam an eine andere Stelle im Raum zu begeben. Dieser räumliche Wechsel mit dem physischen Körper wird unserem gesamtheitlichen System gerechter und aktiviert andere Verschaltungen im Gehirn.

Bei einem virtuellen Team kann jeder für sich aufstehen und die Position im Raum wechseln – und sei es nur, um vom Sitzen ins Stehen zu kommen. Die Kamera kann mitbewegt werden und wir schauen von einer anderen Stelle in den Raum hinein.

An diesem neuen Platz kann sich das Team folgende Fragen stellen:

→ Wie sieht unser Meeting gerade vom Balkon betrachtet aus?

→ Welche Muster können wir beim Tanzen entdecken?

→ Wo bewegen wir uns im Takt, wo nicht?

→ Sind wir zu schnell oder zu langsam?

→ Halten wir den richtigen Abstand zueinander?

→ Sind wir im Kontakt miteinander oder sprechen wir aneinander vorbei?

→ Bringt uns dieses Format unserem gewunschten Ziel nahe oder brauchen wir ein anderes Format?

Nach der Unterbrechung und der Metabetrachtung vom Balkon aus kommt das Team wieder an seinen ursprünglichen Platz zurück und setzt das Meeting fort. Erkenntnisse vom Balkon werden eingearbeitet und berücksichtigt.

Fußnote 1: Diese Praktik ist inspiriert von „New Work needs Inner Work", Seite 148 von Breidenbach und Rollow.

4.4.8 Blick in die Zukunft

Manchmal sehen wir den Wald vor lauter Bäumen nicht oder können die Sonne nicht sehen, die hinter den Wolken verschwunden ist.

Im Tagesgeschäft, mit vielen To-do-Listen und Deadlines, werden die Details manchmal wichtiger als das eigentliche Problem, dessen gewünschte Lösung der ursprüngliche Grund für das Teamtreffen war. Dieses Verhalten ist verständlich, denn wenn wir unsere Aufmerksamkeit nicht bewusst auf etwas richten, können wir Dinge übersehen. Das gelingt sogar bei manifesten Gegenständen wie der Milchtüte im Kühlschrank, die verschwunden scheint, nur weil sie an einem anderen Platz als sonst steht.

Das Phänomen des „Aus-dem-Blick-Verlierens" gelingt umso leichter bei virtuellen Inhalten und Zukunftsvisionen, die nur in unserer Vorstellung bestehen. Dies lässt sich auf die Effizienz des Gehirns zurückführen, das energiesparend agiert. Je enger der Fokus, umso leichter verlieren wir das Ziel aus dem Blick. Der Fokus wird eng, wenn wir besonders konzentriert arbeiten und dadurch einen Tunnelblick entwickeln.

Der Sinn für das jetzige Tun liegt in der Zukunft.

→ Wofür tue ich das, was ich tue?

→ Welches Ziel will ich damit erreichen?

→ Welches Teamziel verfolgen wir gemeinsam?

Es gilt dann, innezuhalten und den Blick weit zu stellen, um das große Ganze zu sehen und sich zu orientieren, wo sich nochmal das Ziel befindet und wie wir es erlangen möchten.

Für eine kooperative Zusammenarbeit ist das Zurückblicken und Hinterfragen ebenso wichtig wie das Nach-vorne-Schauen. Mit dem Zurückblicken wenden wir uns dem Problem zu, mit dem Nach-vorne-Schauen der Lösung.

Auch wenn heute noch nicht klar ist, wie die Lösung in der Zukunft aussehen wird, so ist es doch möglich, sie sich vorzustellen und auszumalen. Von diesem imaginierten Zukunftsraum aus können wir den Weg dahin gestalten, um die Wahrscheinlichkeiten für das Eintreffen der gewünschten Zukunft zu erhöhen.

Um als Unternehmen in dynamischen Märkten bestehen zu können, ist es notwendig, innovativ zu sein, mit der Zeit zu gehen und auch seiner Zeit voraus zu sein. Hierzu gehören ein offenes und neugieriges Umschauen, Risikobereitschaft und Vorstellungskraft, denn die Zukunft ist ungewiss und alles, was wir tun können, ist, Mutmaßungen anzustellen. Also mit Mut Maß zu nehmen.

Wenn wir die Entwicklungen falsch einschätzen oder den richtigen Zeitpunkt verpassen, kann dies gravierende unternehmerische Folgen haben. Ein mahnendes Beispiel ist die 1892 gegründete Firma Kodak, die den Anschluss an die Digitalisierung verpasst hat. Obwohl sie sogar als eine der ersten Firmen eine digitale Kamera auf den Markt brachte, konzentrierte sie sich weiter auf die Herstellung von Filmen und verfeinerte analoge Kameraausrüstungen. Diese Fehleinschätzung des Marktes führte dazu, dass Kodak von einem der erfolgreichsten Großunternehmen und vom langjährigen Marktführer zu einer Organisation unter vielen im Fotobereich wurde.

Wer den Blick in die Zukunft richtet, erfährt Orientierung und Ausrichtung für sein jetziges Handeln und ist in der Lage, vorausschauend zu agieren und entsprechende Weichen zu stellen, um die Wertschöpfung nachhaltig zu gestalten.

Wir können Zukunft zwar nicht machen, aber wir können sie uns vorstellen.

Die folgenden Praktiken stellen einen konstruktiven Umgang mit ungewissen Zukunftsaussichten dar:

→ Ein höheres gemeinsames Ziel definieren

→ Den Blick auf das höhere gemeinsame Ziel richten

→ Die Zukunft ins Meeting holen

→ Schnellboote in eine ungewisse Zukunft schicken

→ Was brauchen mögliche Zukünfte?

Ein höheres gemeinsames Ziel definieren

Diese Praktik kann genutzt werden, um ein Unternehmensziel oder ein Teamziel zu definieren. Letzteres ist das, worum es jetzt hier geht.

Wirksame Zielbeschreibungen zu definieren, ist eine zeitliche Investition und gelingt besser, wenn:

→ diese von allen Beteiligten gemeinsam erarbeitet werden.

→ diese von allen als erreichbar eingeschätzt werden.

→ vorausschauend Umgangsformen verabredet werden, wie das Team mit gegensätzlichen Vorstellungen vom Ziel und dessen Umsetzung umgeht.

→ hilfreiche Fragen zur Zielfindung verwendet werden, wie z. B.:

- Was ist der Sinn des Teams?
- Welches Problem lösen wir?
- Welche Auswirkung hat die zukünftige Lösung für unsere Kunden?
- Wenn wir an dieser Sache arbeiten, was wird für den Kunden besser werden?
- Wie tragen wir mit unseren Ergebnissen zur Wertschöpfung des Unternehmens bei?
- Wie sieht unsere Dienstleistung oder unser Produkt in 5 Jahren aus?

→ nach der Zielfindung eine Definition formuliert wird, die von allen bestätigt wird. Das Ringen um Worte und Formulierungen ist ein wichtiger Bestandteil dieses Prozesses. Der Satz kann in Form eines Mottos gefunden werden oder in einem verschachtelten Satz münden, der vorwiegend von den Beteiligten verstanden wird. Solange es für alle Beteiligten stimmig ist und eine Konsensentscheidung getroffen wird, ist die Form nebensächlich.

→ die Zieldefinition sinnlich erlebbar wird, indem man ein Bild dafür findet, das in Form eines Fotos in den gemeinsamen Räumen sichtbar ist. Eine Musik, die dazu passt, oder einen Film, der mit seiner Aussage für das höhere gemeinsame Ziel steht. Eine Geste, die spontan auftaucht, wie ein „Daumen-Hoch“ oder ein „High Five“ zum Abklatschen oder das Grußzeichen von Mr. Spock in Star Trek. Wir können den Zielsatz in Form eines Wand-Tattoos im Flur anbringen. Es geht darum, eine verbindende gemeinsame Sprache, einen Duktus und Ausdrucksformen für das höhere gemeinsame Ziel zu finden, dem sich alle verschrieben haben.

Um eine wirksame Zielbeschreibung zu finden und eine Zielvision zu entwickeln, die für alle Beteiligten stimmig ist, braucht es Zeit, die es lohnt zu investieren.

Jetzt geht es darum, konkret zu werden:

→ Das große Ziel wird in Teilziele und Meilensteine heruntergebrochen, die kurz- und mittelfristig erreichbar sind. Nun werden die Zeitpunkte für diese Teilziele festgelegt. Es finden Besprechungen statt, um zu definieren, was es braucht, um diese zu erreichen, und was passieren wird, wenn sie bis dahin nicht erreicht werden. Die mögliche Konsequenz, wenn das Teilziel bis zu dem Zeitpunkt nicht erreicht wird, kann als Motivation dienen, im Sinne eines „Weg-von"-Zieles (im Gegensatz zu einem „Hin-zu"-Ziel).

→ Nun werden konkrete Aufgaben aus der Zielvision abgeleitet. Welche Schritte sind notwendig, um das Ziel zu erreichen? Wer macht was, bis wann, wie und mit wem? Das Treffen von klaren Absprachen und Vereinbarungen findet statt.

→ Die gefundene Zielvision ist dynamisch und nicht in Stein gemeißelt. Sie darf und soll sich weiterentwickeln.

Nun gilt es, das Ziel lebendig zu halten, es als Orientierung zu nutzen und sich vor allem in spannungsreichen Zeiten gegenseitig daran zu erinnern.

Den Blick auf das höhere gemeinsame Ziel richten

Auch wenn das höhere gemeinsame Ziel und der Zweck, wofür das Team gegründet wurde, zu Beginn sehr klar sind, kann beides mit der Zeit verwaschen. Dynamische Prozesse im Team führen zu diversen Phänomenen, wie massiven Teamkonflikten, dem Beklagen über mangelnde Kooperation untereinander oder über zu wenig Führung und Erschöpfungszuständen der Teammitglieder, die zu Ausfällen führen. Diese aufblinkenden Symptome werden häufig als Ursachen für auftauchende Probleme empfunden, sind allerdings eher Ablenkungsmanöver, um sich nicht auf das gemeinsame Ziel zu fokussieren.

Es gilt, den Blick wieder auf das Teamziel zu richten und daraus abgeleitet einzelne Schritte und klare Aufgaben zu definieren oder zu schärfen, die jeder Einzelne tut, um das höhere gemeinsame Ziel zu erreichen. Wir dürfen klären, wie es um die zeitliche Umsetzung steht, was dazu geführt hat, dass diese nicht eingehalten werden konnte oder dass sie eingehalten wurde. Alle erreichten Meilensteine möchten gewürdigt und gefeiert werden. In diesem Zusammenhang werden Zwischenbilanzen über den inhaltlichen und zeitlichen Verlauf als Feedback-Rituale eingebaut. Rituale, Routinen und Praktiken sind notwendig, um sich gegenseitig immer wieder an das höhere gemeinsame Ziel zu erinnern.

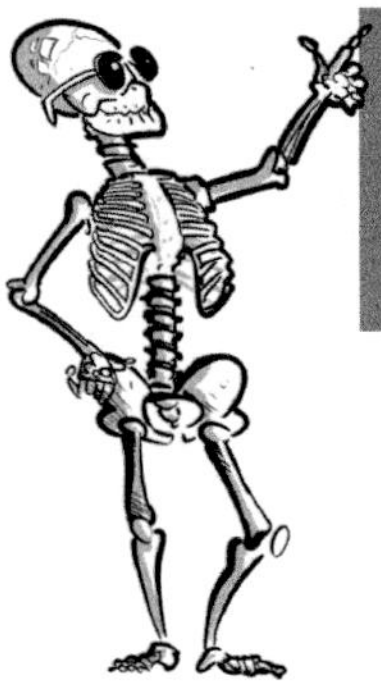

Zielvisionen zu entwickeln, ist ein fortlaufender Prozess, der von allen Teammitgliedern gestaltet wird. Die Zielvision kann sich erweitern oder ausgeschmückt werden.

Die aufblinkenden Symptome, wie weiter oben beschrieben, werden als kompetentes Signal des Systems gesehen, um sich wieder auf das gemeinsame Ziel zu fokussieren.

Die Zukunft ins Meeting holen

Um aus der Rückschau in die Vorschau zu wechseln, braucht es einen bewussten Fokuswechsel.

Wie bei einer Kamera können wir die Zoom-Funktion einstellen und uns etwas aus der Ferne nah und scharf heranholen. Diese Zoom-Fähigkeit geht mit einer hohen Konzentration einher und wird mit einem eingeschränkten Sichtfeld bezahlt. Um diesen Preis immer wieder auszugleichen, ist es notwendig, zu wechseln zwischen einem weiten Blick, vergleichbar mit dem Weitwinkel-Objektiv bei einer Kamera, und der Zoom-Einstellung. Beide Einstellungen sind wertvoll und wichtig. Jede zu ihrer Zeit. Das menschliche Auge in Verbindung mit dem Sehnerv und den entsprechenden Hirnarealen ist zu einer ähnlichen Leistung fähig wie eine Kamera.

Es gilt, unser Bewusstsein dafür zu schärfen und uns im Team gegenseitig darauf aufmerksam zu machen.

→ Welche Fokus-Einstellung haben wir gerade?

→ Mit welchem Blick schauen wir auf das Problem, das wir lösen möchten?

→ Schauen wir nach vorne und suchen Vertrautes?

→ Schauen wir neugierig in eine unbekannte Zukunft und sind offen für Überraschungen und noch Unbekanntes?

In Meetings kann es immer wieder zu einer angespannten Atmosphäre kommen. Da gibt es diese Momente, in denen der Prozess stockt, weil wir uns in einer Problemtrance befinden. Oder aber kurz vor Ende merken wir, dass wir viele Punkte nicht abhandeln konnten, da wir uns im Detail verloren haben.

Verschiedene Rollen im Meeting

In einem moderierten Meeting ist es die Aufgabe des Moderators, für eine gute Struktur und den nötigen Rahmen zu sorgen. Eine empfehlenswerte Praktik ist daher, dass die Teilnehmer verschiedene Rollen wählen, um den gesamten Ablauf mitzugestalten.

Eine Rolle kann der „Zeitwächter" sein, dessen Aufgabe es ist, die verabredete Zeit im Blick zu haben und die Gruppe auf eventuelle Abweichungen hinzuweisen, so dass über das weitere Vorgehen unter diesem Aspekt gemeinsam entschieden wird. Eine andere mögliche Rolle ist die der „Erinnernden", die das Team auf im Vorfeld verabredete Dinge hinweist, die leicht vergessen werden. Sie erinnert beispielsweise an Pausen, an regelmäßiges Lüften, an Vereinbarungen, die getroffen wurden, an die Metaebene und lädt die Gruppe ein, auf den Balkon zu treten und sich von dort selbst zu betrachten, oder sie erinnert an die Zukunftsvision in Form eines höheren gemeinsamen Ziels. Die Rollen sollten nicht immer von den gleichen Personen übernommen werden, sondern rotieren.

Wenn in einem Meeting gerade eine enge, angespannte Atmosphäre herrscht, lädt die Erinnernde alle Teilnehmer dazu ein, den Blick wieder weit zu stellen. Hier kann die Kurzintervention aus 4.3.7 **Vom Tunnelblick zum Weitblick** verwendet werden.

Die Atmosphäre im Raum kann sich umgehend ändern und der Blick wird wieder in die Zukunft gerichtet.

Schnellboote in eine ungewisse Zukunft schicken

Es hat sich gezeigt, dass sehr erfahrene Unternehmer bei Ungewissheit vorrangig eine Entscheidungslogik bevorzugen, die auf Vorhersagen der Zukunft verzichtet und stattdessen auf deren aktive Gestaltung setzt. „Effectuation" (engl. für „ausführen", „bewirken") ist ein von Saras Sarasvathy eingeführter Fachbegriff für diese unternehmerische Expertise.[1]

Eine aktive Gestaltung kann sein, dass wir sogenannte Schnellboote in eine ungewisse Zukunft losschicken. Der Begriff der Schnellboote wurde hier extra gewählt, um sich von den behäbigen, langsamen und wesentlich weniger wendigen Dampfern oder Kreuzfahrtschiffen abzugrenzen. Schnellboote können Pilot-Projekte, Test-Maßnahmen, Prototypen von Produkten oder Veranstaltungen sein, die mit geringem Aufwand geplant und durchgeführt werden.

Wir gehen davon aus, dass Fehler passieren können. Es gilt: Je schneller diese Fehler gemacht werden, umso besser, denn das spart Geld, das wir nicht weiter in dieses Schnellboot investieren müssen.

Statt weit hinaus in die Zukunft zu schauen und Prognosen zu machen, geht es bei Effectuation darum, sich mehrere Möglichkeiten für verschiedene Schnellboote zu überlegen und diese dann loszuschicken. Mit diesen Schnellbooten werden Ausflüge in mögliche Zukünfte unternommen. Für diese Methode brauchen wir die Fähigkeit, kurzfristig genug zu denken und Aktionen auf kleinstmögliche Handlungsschritte herunterzubrechen.

Ablauf der Praktik „Schnellboote in eine ungewisse Zukunft schicken"

Zuerst werden verschiedene Schnellboote definiert. Diese dürfen losfahren und ausprobieren. In diesem Zuge werden zahlreiche Informationen über die Geschicke der Schnellboote gesammelt. Anschließend checken und klären wir ab, welches der Schnellboote eine interessante und machbare Möglichkeit wäre.

Da einige Fahrten der Schnellboote schiefgehen werden oder, um im Bild zu bleiben, die Schnellboote vor sich hin dümpeln, nicht weiterkommen, untergehen oder das Ziel verfehlen, ist es wichtig, sich vorab zwei Fragen zu stellen:

1. Was ist ein leistbarer Einsatz?
2. Was ist ein leistbarer Verlust?

Innerhalb dieses gesteckten Rahmens gilt es, hemmungslos auszuprobieren, was geht. Im gesetzten Zeitrahmen können wir verschiedene Schnellboote aus dem Rennen nehmen und einige wenige weiterfahren lassen. Das sind die Projekte, bei denen es sich lohnt, in die größere Produktion zu gehen oder die Dienstleistung im großen Rahmen zu vermarkten.

Was brauchen mögliche Zukünfte?

Und was können wir tun, um nicht ähnliche Folgen zu erleiden wie die Firma Kodak?

Um einschätzen zu können, welche Produkte oder Dienstleistungen von den Kunden in der Zukunft gebraucht werden, ist es wichtig, die Probleme und unerfüllten Bedürfnisse der Kunden zu kennen und auch zu wissen, wo die Mitbewerber mit ihren Angeboten stehen.

Die Bedürfnisse der Kunden kennen

Erfolgreiche Unternehmer, die an einer Feldstudie von Saras Sarasvathy teilnahmen, lehnten alle, aus unterschiedlichen Gründen, die moderne Marktforschung ab.[2]

Sie hatten andere Vorgehensweisen gewählt und empfahlen:

- → Herausfinden, wer die Kunden sind, und dann den Marketingansatz und die Produkte anpassen.
- → Schlüsselfirmen direkt ansprechen und bearbeiten.
- → Losgehen und verkaufen und auf diese Art herausfinden, welche Vorbehalte es gibt, welche Preise funktionieren, und dadurch die Bedürfnisse der Kunden im direkten Kontakt kennenlernen.
- → Potenziellen Kunden zeigen, dass sie an der Produktentwicklung teilhaben.

Besonders wichtig erschien den befragten Unternehmern also, sehr dicht am Kunden dran zu sein. Die Peripherie eines Unternehmens ist im engen Kundenkontakt und hat Informationen, die die Entwicklungsabteilung dringend braucht, um nicht am Markt vorbeizuentwickeln. Der Austausch der einzelnen Abteilungen untereinander ist daher wesentlich. Je größer ein Unternehmen ist, umso wichtiger ist es, den Kontakt zu den Kunden nicht zu verlieren und Formate zu entwickeln, die den Austausch übergreifend ermöglichen.

Wo stehen die Mitbewerber?

Company-Messen sind eine gute Möglichkeit, um die Kunden und damit die externe Referenz, an der sich das Unternehmen orientiert, ins Unternehmen hereinzuholen. Ein belebter Bereich der Organisation, an dem möglichst viele Mitarbeiter vorbeikommen, wie beispielsweise der Flur zur Kantine, kann genutzt werden, um Roll-ups und symbolische Messestände von Kunden und Mitbewerbern für einige Wochen aufzustellen. Neben den einzelnen Ständen werden Flipcharts aufgestellt oder anderweitig die Möglichkeit geschaffen, etwas schriftlich festzuhalten.

Auf dem Flipchart eines Mitbewerbers kann z. B. die Frage stehen: „Wo sind die besser als wir?" Auf dem Papier am Stand eines Kunden kann die Fragen stehen: „Was ist der Engpass unseres Kunden?"

Im Vorbeigehen können die Mitarbeiter sich mit Kollegen austauschen und spontane Ideen schriftlich festhalten. Nach Ablauf der Messe werden die Ergebnisse zusammengefasst und entsprechende Maßnahmen geplant. Durch die Company-Messe im eigenen Haus werden kommunikative Räume geschaffen und die Ausrichtung nach außen, hin zum Kunden, gestärkt.

Fußnote 1: Faschingbauer, M./Grichnik , D. (2011): Effectuation: Das Unternehmerische im Unternehmen wecken. In: zfo Zeitschrift Führung + Organisation, 80. Jg., H. 5, S. 337–344.

Fußnote 2: Faschingbauer, Michael (2013): „Effectuation", Schäffer-Poeschel Verlag, S. 9–13, ISBN 978-3-7910-3233-7.

4.4.9 Kollegiale Treffen

Viele Besprechungen, Meetings und Jour fixes sind zu Pflichtveranstaltungen geworden, in denen es oft nicht um das Wesentliche geht. Die Kommunikation geschieht meist sozial angepasst und Unternehmens-konform, jedoch nicht frisch und unverblümt. Viele Menschen empfinden diese Termine als Zeitverschwendung und denken gleichzeitig an ihren übervollen Schreibtisch.

Welche Bedingungen wären hilfreich, damit kollegiale Treffen wieder als Bereicherung empfunden werden können?

Die Praktik „kollegiale Treffen“ kann sinnhaft und zielführend sein, wenn:

→ heterogene Gruppen auf Ebene der Freiwilligkeit zusammenkommen.

→ eine Atmosphäre des Wollens statt Müssens herrscht.

→ Angebote gemacht werden und Optionen aufgezeigt werden.

→ wesentliche Themen angesprochen werden, die auf die Bedürfnisse der Teilnehmer zurückgehen und sich mit echten Problemen und nervenaufreibenden Situationen beschäftigen, um sinnhafte Lösungen in ungewissen Zeiten zu finden.

→ Widersprüche und Unterschiedlichkeit als Bereicherung geschätzt werden.

→ die Moderation durch eine externe Person oder im Wechsel durch Personen aus der Gruppe stattfindet und für den Zeitrahmen und die Redereihenfolge sorgt.

→ die Zusammensetzung der Teilnehmer fach- und hierarchieübergreifend erfolgt.

→ ein konstruktiver und offener Austausch auf Augenhöhe über aktuelle, erfolgskritische Herausforderungen stattfindet, um passende Problemlösungen für den Arbeitsalltag zu finden.

→ es keine vorgegebene Agenda gibt und sich die Menschen wirklich zuhören und gegenseitig ermutigen, über die Themen zu sprechen, die sie gerade bewegen.

→ neugierig nachgefragt wird, Ideen aufgebracht werden und gemeinsam weitergedacht wird.

→ die Chancen der Vernetzung genutzt werden.

Wie oft und wie lange?

Bewährt haben sich Formate, bei denen sich ca. 5–8 Teilnehmer einmal im Monat für 2–3 Stunden zusammenfinden. Da es hier um die Bedürfnisse der Teilnehmer geht, können auch entsprechend andere Vereinbarungen getroffen werden.

4.4.10 Rettungsanker in turbulenten Zeiten

In diesem Kapitel werden leichte und schnell umsetzbare Praktiken vorgestellt. Sie ermöglichen ein kooperatives Zusammenarbeiten auch unter Hochdruck und Gegenwind und steigern zusätzlich das eigene Wohlbefinden.

Ja und nein: Die Interventionen sind einfach und schnell, weil es nur einer Entscheidung bedarf, um sie umzusetzen. Leicht sind sie deshalb aber noch lange nicht und leichtfallen tun sie auch nur den wenigsten. Denn die Interventionsangebote rütteln an den eigenen Werten und Bedürfnissen. Der englische Satz beschreibt es sehr treffend: „It's simple but not easy."

Es handelt sich hierbei um kraftvolle Entscheidungen, die einen veränderbaren Umgang mit scheinbar Unveränderbarem ermöglichen.

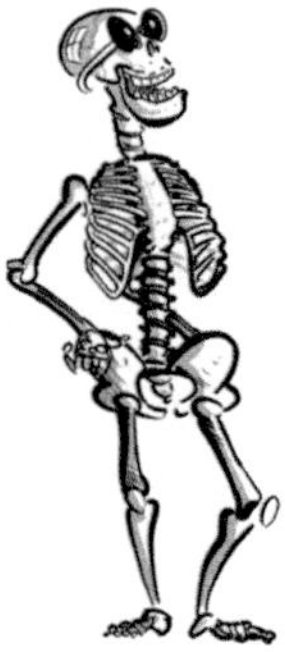

Das Angebotsbuffet an Rettungsankern enthält Schlüsselsätze, an die wir uns bei hohem Seegang erinnern können und die, wie eine Rettungsweste oder ein Anker, das Überleben sichern. Unangenehm ist es wahrscheinlich trotzdem und nass werden wir auch, aber es mildert das Schlimme ab und macht Probleme dadurch etwas leichter.

Damit die Aneinanderreihung von Worten hilfreich wirken kann, müssen diese mit Sinn gefüllt sein, mindestens einmal durchdacht und innerlich abgenickt werden.

Du bist eingeladen, zuerst den Schlüsselsatz und dann den Text nebenan zu lesen, während du gleichzeitig in dich hineinspürst. Entsteht da eine Resonanz in dir? Der somatische Marker signalisiert im besten Falle Weite, Raum, Lebendigkeit, Ausatmen, eine ausgewogene Körperspannung oder zaubert dir ganz unwillkürlich ein Lächeln ins Gesicht. Taucht keine der beschriebenen Reaktionen auf, ist es für dich nicht der passende Rettungsanker. Kein Problem, es gibt ja mehrere auf dem Buffet.

Es ist, wie es ist.

Akzeptieren und annehmen, wie sich die Situation jetzt darstellt und was ich nicht aus eigener Kraft verändern kann. Wer aufhört, mit der Situation zu hadern, kann die freigewordene Energie nutzen, um die Zukunft zu gestalten.

Gut genug für jetzt.

Wenn es eine ungute oder schwierige Situation erfordert, dass wir einige Zeit darin verweilen, können wir uns immer wieder darüber aufregen und Energie in das, was schlecht läuft, stecken oder den Blick für das öffnen, was auch gut ist. In jeder Situation können wir diese Aspekte finden und für uns erkennen, wo wir positive Energie hineingeben möchten und was wir daraus lernen können oder welche Netzwerke sich aufbauen lassen.

Aufhören zu kämpfen.

Wenn es etwas gibt, das uns ärgert, können wir uns in Diskussionen verlieren und darauf bestehen, Recht zu haben, oder damit aufhören. Es ist eine Entscheidung. Dann können wir das, was uns stört, so stehen lassen oder es direkt lösen, indem wir bspw. die Tassen, die nicht in die Spülmaschine der Teeküche geräumt wurden, hineinstellen oder das Papier im Drucker einfach auffüllen, obwohl es nicht unsere Aufgabe ist. Wir könnten uns auch der Kollegin anpassen und die Reihenfolge ihrer Präsentations-Folien übernehmen, wenn es auch nicht unser bevorzugter Ablauf ist.

Andere erziehen zu wollen oder auf dem Rechthaben zu bestehen, kostet viel Kraft und fördert nicht die Beziehung. Es ist unwesentlich, wer Recht hat. Recht haben WOLLEN und in Beziehung SEIN funktioniert nicht gleichzeitig.

Nicht sofort reagieren.

Sei es die Antwort-E-Mail, der Rückruf oder das direkte verbale Feedback auf dem Flur – liegen lassen ist meist eine weise Entscheidung. Durchatmen oder eine Nacht darüber schlafen verändert den Blick auf die Dinge und das eigene Erleben. Die Einschätzung ändert sich und die Reaktion fällt anders aus. Denn es ist wie bei der Zahnpastatube: Was man einmal rausgelassen hat, bekommt man nicht wieder hinein.

Wofür tue ich es?

Was ist das höhere Ziel, das hinter unserem Tun steht? Welchen Sinn ergibt es für uns? Wer sich im Detail verliert, kann das große Ganze oft nicht mehr erkennen. Wenn wir uns wieder an die Sinnhaftigkeit erinnern, wird unser Blick weit und der Bezug zum übergeordneten Kontext klar. Es geht darum, sich wieder mit dieser Quelle zu verbinden, um in kritischen Zeiten nicht die Orientierung zu verlieren.

Auswirkungen

Welche Auswirkungen hat unser Tun? Wir sind aufgefordert, Prozessabläufe und Situationsauswirkungen bis zu Ende zu denken. Die Auswirkungen für uns, für die Kollegen, für das Unternehmen, für unsere Familie und für die Umwelt dürfen in einen möglichen Entscheidungsprozess mit einbezogen werden.

Konsequenzen

Wir dürfen uns fragen, ob wir bereit sind, die Konsequenzen und die Verantwortung für unser Handeln zu tragen. Wenn ja, dann können wir uns dafür entscheiden.

Es dauert so lange, wie es dauert.

Künstlich angetriebene Beschleunigung bringt selten Qualität hervor. Ebenso kann auch das Gegenteil zutreffen. In einem begrenzten Zeitfenster entsteht eine Energie, die zu Höchstleistung anspornt. Ob das eine oder das andere gerade zielführend ist, hängt vom Kontext und dem Befinden der Personen ab.

Kapitel 5 – Alles ganz easy ...?

Mit Hilfe der Erkenntnisse aus den vorangegangenen Kapiteln und speziell unter Anwendung der Werkzeuge aus dem 4. Kapitel können Veränderungs- und Entwicklungsprozesse gelingen. Dieses Wissen ist zwar sehr wertvoll, doch es reicht nicht aus. Bei der tatsächlichen Umsetzung gibt es Hindernisse. Viele Menschen sind aus den unterschiedlichsten Gründen nicht bereit, einen Weg der Veränderung zu gehen, und bedienen sich dafür so genannter Verdrängungsmechanismen.

Im 5. Kapitel werden unterschiedliche Formen von Verdrängungsmechanismen vorgestellt. Wir können das Wissen über sie nutzen, um sie bei uns selbst oder in unserem Umfeld und in Organisationen zu erkennen. Die angebotenen Lösungsinterventionen können genutzt werden, um in Zukunft bewusster damit umzugehen. Wer sich dabei ertappt fühlt, darf sich schon mal selbst wertschätzend auf die Schulter klopfen.

5.1 Verdrängungsmechanismen

Viele Menschen stehen sich selbst im Wege auf dem Weg hin zur Veränderung. Selbst aufgestellte Hindernisse sind hier sogenannte Verdrängungsmechanismen.

Dieses menschliche Verhalten ist verständlich, schließlich hat jedes System das oberste Ziel, sich selbst zu erhalten. Außerdem kennen wir unsere eigenen Verdrängungsmechanismen nicht. Wir haben hier unsere blinden Flecken und dürfen lernen, diese ins Bewusstsein zu holen. Natürlich ist es auch nicht angenehm, wenn wir uns mit den eigenen Schwächen auseinandersetzen. Dafür haben wir Vermeidungsstrategien und Verdrangungsmechanismen etabliert, die uns helfen, den Herausforderungen aus dem Weg zu gehen.

Der unangenehme Effekt ist dann eben, dass sich Umstände, Situationen und Probleme nicht ändern. Wir nehmen diese mit. Sie stabilisieren sich, statt sich zu lösen. Wenn wir beispielsweise die Arbeitsstelle wechseln und im neuen Unternehmen mit vom Grundsatz her ähnlichen Problemen konfrontiert sind, weist das darauf hin, dass wir selbst Teil des Problems sind.

Die meisten Verdrängungsmechanismen laufen unbewusst ab. Oft sind es Gewohnheiten und Muster, die wir uns in frühkindlichen Stadien oder im Laufe des Lebens angeeignet haben. Viele werden unwillkürlich hervorgerufen oder durch einen Kontext getriggert.

Das passiert automatisch und wir bekommen es nicht einmal mit. Wir selbst sind in unserem System samt seinen Verdrängungsmechanismen gefangen und glauben voller Inbrunst an unsere Version. Sonst wären wir auch nicht so überzeugend für uns und alle anderen. Oft helfen hier vor allem Anstöße von außen, damit diese Mechanismen wahrgenommen bzw. ins Bewusstsein geholt werden können. Unternehmen können sich externe Berater einladen. Privatpersonen tauschen sich mit guten Freunden aus oder nehmen die Hilfe eines Coachs oder Therapeuten an.

Verdrängen und Verleugnen können beim Individuum als Abwehrmechanismen der Seele interpretiert werden. Im Unternehmen formulieren wir diese als Abwehrmechanismen der Kultur, die im Unternehmen herrscht.

Verdrängungsmechanismen:

→ Regression

→ Dissoziation

→ Isolierung

→ Bagatellisierung

→ Intellektualisierung

→ Wendung gegen die eigene Person

→ Der leere Kopf

→ Im Kreis drehen

→ Ablenkung

→ Humor

→ Aktionismus

Regression: Mit diesem Verdrängungsmechanismus bezeichnen wir die Flucht in die kindliche Version unseres Selbst. „Das ist mir alles viel zu schwierig" oder „Das kann ich alles gar nicht" sind typische Rückmeldungen, die auf dieses Verhalten schließen lassen. Wenn wir hinsichtlich Verhalten und Gefühlen in die Rolle des 5-Jährigen schlüpfen, ist ein Gelingen auch ausgeschlossen.

Als Kind-Ich brauchen wir keine Verantwortung zu übernehmen, denn wir sind in dem Moment ja so hilflos und so schwach. Befinden wir uns im Regressionsverhalten, erwarten wir ausgesprochen oder unausgesprochen, dass andere für uns die eigenen Probleme lösen sollen. Wir selbst erleben uns als unfähig.

Dissoziation: Bei der Dissoziation spalten wir einen Persönlichkeitsanteil ab, der eine schmerzliche Erfahrung gemacht hat. Wir möchten diesen Schmerz nicht fühlen und helfen uns über das Abspalten, um ihn nicht spüren zu müssen. Die Dissoziation kann einerseits eine hilfreiche Überlebensstrategie sein und andererseits etwas, das uns vom Spüren und Erleben und Lösungenfinden wegbringt.

Isolierung: Bei der Isolierung haben wir das Gefühl, uns von unterstützenden Menschen oder Gruppen zurückziehen zu müssen. Wir fühlen uns allein auf der Welt und müssen das auch allein durchstehen, ohne Hilfe in Anspruch nehmen zu dürfen. Dabei geht die meiste Energie durch Kontaktvermeidung verloren. Wir werden immer stiller, ziehen uns zurück, teilen unsere Wünsche und Bedürfnisse nicht mehr mit, wirken verstockt und haben das tatsächliche Erleben, keine andere Möglichkeit außer der Isolierung zu haben.

Wenn die ganze Energie für die Isolation verwendet wird, ist auch keine Energie mehr da zur eigentlichen Themenbehandlung und Problemlösung. Alle Kraft wird aufgebraucht, um sich zurückzuziehen. Teilweise vergessen wir dabei sogar das Ursprungsthema.

Bagatellisierung: Bei diesem Verdrängungsmechanismus verharmlosen wir den Sachverhalt. Hier könnte bspw. ein Glaubenssatz aus der Kindheit verantwortlich sein, wenn Eltern sagten: „Stell dich doch nicht so an. Anderen geht es viel schlechter." Beim regelmäßigen Hören dieser Bagatellisierung übernehmen wir die Sichtweise, glauben selbst daran und integrieren sie in unser Sein, auch wenn es sich tief in unserem Inneren bei genauem Hinschauen und -spüren sehr schlimm anfühlt.

Schmerzen und Verletzungen können grundsätzlich nicht miteinander verglichen werden. Jeder Mensch ist anders, hat andere Erfahrungen gemacht, hat ein anderes Körpergefühl, ein anderes Schmerzempfinden, eine andere Persönlichkeit, eine andere Wahrnehmung etc. Wir können daher nicht entscheiden, was schlimmer oder weniger schlimm ist. Wir entscheiden für uns selbst, wie sich die Verletzung anfühlt. Daher dürfen wir lernen, uns und unsere Empfindungen ernst zu nehmen.

Intellektualisierung: Auch hier möchten wir die Emotion, die uns in Aufruhr gebracht hat, nicht fühlen. Wir retten uns in Zahlen, Daten und Fakten, recherchieren und analysieren, nur um ja nichts emotional spüren zu müssen. Mit dieser Intellektualisierung haben wir außerdem ein vermeintliches Gefühl der Kontrolle.

Wendung gegen die eigene Person: Bei dieser selbstverletzenden Form eines Verdrängungsmechanismus machen wir uns selbst schlecht. „Ich bin einfach zu blöd dafür" oder „Das kann ich eh nicht" sind typische Kommunikationsmuster zu diesem Verhalten. Selbstzweifel in jeglicher Form sind Abwehrmechanismen. Ähnlich wie bei der Regression müssen wir auch nicht den Mut aufbringen, etwas zu lösen. Schließlich können wir es laut mantraartigem Selbsteinreden sowieso nicht. So brauchen wir es auch nicht zu versuchen.

Der leere Kopf: Wie der Name schon sagt, können wir bei diesem Verdrängungsmechanismus keinen Gedanken mehr greifen, geschweige denn artikulieren. Bei einem bestimmten Problem ist der Kopf völlig leer. Wir haben das Gefühl, nicht denken zu können. Es ist einfach nichts da. Das Wahrnehmen von Leere oder Nebel weist darauf hin. Wir können uns auch verwirrt oder abwesend fühlen. Manchmal empfinden wir auch eine bleierne Müdigkeit, die sich plötzlich über uns legt.

Im Kreis drehen: Bei diesem Verdrängungsmechanismus reden wir die ganze Zeit um den heißen Brei herum, erzählen die gleiche Geschichte in unterschiedlichen Varianten immer wieder, ohne zum Punkt zu kommen. Wir bewegen uns immer wieder um den Kern des Problems herum. Die Geschichte wird aufgeweicht und wiederholt. Auf keinen Fall benennen wir das, um was es eigentlich geht.

Ablenkung: Wenn wir uns von allem ablenken lassen, was um uns herum geschieht, müssen wir uns nicht mit uns selbst beschäftigen. Wir sind dann vorwiegend im Außen. Da es unendlich viele Ablenkungen gibt, brauchen wir uns nie mit dem Problem zu befassen. Wir sind nicht genötigt, uns mit uns selbst zu beschäftigen und etwas spüren zu müssen.

Humor: Bei dieser Art der Verdrängung flüchten wir uns in Witze, um uns selbst, andere oder die Situation nicht ernst nehmen zu müssen. Dinge werden ins Lächerliche gezogen, Aussagen von anderen mit einem Witz abgetan; ein flotter Spruch ist schnell parat.

Aktionismus: Da wir aus einer Leistungsgesellschaft kommen, ist vielen der Verdrängungsmechanismus des Aktionismus (= einfach mal loslegen) bekannt. Beim Auftauchen eines Problems machen und tun wir alles Mögliche, nur damit wir irgendwie in Aktion sind. Wir beschäftigen uns und andere, statt innezuhalten, zu schauen, zu beobachten und zuzuhören. Dabei ist doch das Erstmal-auf-sich-wirken-Lassen viel hilfreicher, als sich in den auch so benannten blinden Aktionismus zu flüchten oder immer gleich eine Lösung parat haben zu müssen.

Einfach zu starten und aktiv zu werden, ist viel einfacher, als auszuhalten, in diesem Moment nichts tun zu können. Dabei ist gerade das Sein, das Wahrnehmen, das Darauf-Einlassen so wertvoll und kann zu tiefen Erkenntnissen führen.

All die Verdrängungsmechanismen dienen dazu, uns nicht mit dem Problem und mit uns auseinandersetzen zu müssen. Wenn wir jedoch um die Existenz von Verdrängungsmechanismen wissen, haben wir die Möglichkeit, diese zu identifizieren und auszutricksen.

Menschen von außen können uns darauf aufmerksam machen und uns helfen, unsere eigenen unbewussten Muster zu identifizieren. Freunde, Berater, Coachs und Therapeuten unterstützen unsere Prozesse. Wir dürfen Seminare und Workshops im Bereich der Persönlichkeitsentwicklung nutzen.

Wenn wir uns unseren Baustellen erstmal selbst widmen wollen, stellt es schon eine große Erleichterung dar, wenn wir ein Problem erkennen und benennen können. Wir finden heraus, dass wir uns einem bestimmten Thema widmen möchten und uns das jedoch schwerfällt, da wir in diesem Fall einen bestimmten Verdrängungsmechanismus einsetzen. Diese Erkenntnis zu haben, ist schon ein großer Schritt weiter, da wir den Sachverhalt aus der unbewussten Ebene auf eine bewusste Ebene geholt haben. Das Problem selbst ist zwar noch nicht gelöst, aber wir sind uns dessen bewusst.

Wenn wir das Problem identifiziert und benannt haben, sogar noch den Verdrängungsmechanismus erkennen konnten, der dazu führt, dass wir noch nicht in die Bearbeitung des Themas gehen mochten, haben wir die Hälfte des Weges bereits geschafft.

Eine weitere Möglichkeit ist auch, sich einmal grundsätzlich mit den Themen der Verdrängungsmechanismen auseinanderzusetzen. Welche davon kennen wir? Welche sind uns vertraut? Welche haben wir eventuell aus dem Elternhaus oder der Gesellschaft mitbekommen? Welche Verhaltensmuster haben wir etabliert?

Wenn wir die Liste der Verdrängungsmechanismen ehrlich durchgehen und uns fragen, welche wir kennen oder sogar selbst anwenden, kommen wir der Selbsterkenntnis einen großen Schritt näher. Vielleicht gibt es auch Verdrängungsmechanismen, die wir bewusst anwenden. Auch das ist eine Möglichkeit und darf näher beleuchtet werden. Eventuell ist die Aufrechterhaltung nach dem eingehenden Hinterfragen nicht mehr notwendig. Oder wir entscheiden uns bewusst dafür.

5.1.1 Menschen wissen, was gut für sie ist, tun es aber nicht

Das Wissen um positive Lebensweisen reicht nicht aus.

Wir wissen, wir sollten …

… mehr Sport machen.
… uns sozial engagieren.
… gesünder essen.
… früher ins Bett gehen.
… weniger arbeiten.
… mit dem Rauchen aufhören.

Wir wissen, was uns guttäte und was gesund wäre, doch trotz des besseren Wissens tun wir es nicht. Wir fragen uns dann, warum das so ist, was uns eigentlich abhält. Warum rauchen wir immer weiter oder stopfen ungesundes Essen in uns hinein, obwohl wir es gar nicht wollen? Zu allem Übel kommt durch dieses empfundene Versagen auch noch die Selbstabwertung (siehe voriges Kapitel 5.1 **Verdrängungsmechanismen**) hinzu. Wir wenden uns gegen uns und beschimpfen oder verachten uns dafür.

Ursachen für das Scheitern von Appellen an uns selbst:

→ Unser gesamtheitliches Körpersystem versteht die Handlungsaufforderung „Ich sollte“ nicht, oder wenn, dann nur als sehr schwache Einladung. Hierfür benötigen wir eine aktivere Formulierung.

→ Es ist eine loyale Leistung an alle bestehenden Systeme, da diese mit dem bleibenden Verhalten aufrechterhalten werden, etwas nicht zu tun, obwohl es eigentlich gut für uns wäre. Aus Loyalitätsgründen wird ein ungesundes Verhalten beibehalten. So essen wir innerhalb der Familie fett und ungesund, weil wir Teil davon sind und aufgrund unseres Essverhaltens nicht ausgegrenzt werden möchten.

→ Wie in vorangegangenen Kapiteln beschrieben, besteht unser Menschsein aus vielen Anteilen, die alle bestimmte Wünsche und Bedürfnisse haben. Manchmal stehen sich diese diametral gegenüber. Eine Seite von uns möchte früh ins Bett gehen, um am Morgen ausgeschlafen und fit zu sein. Eine andere Seite hat aber Lust auf die Party und das Feiern in der Nacht. Die Ambivalenz dieser zwei verschiedenen Seiten ruft Spannungen hervor. Eine Seite ist immer etwas lauter, der wir dann meist folgen. Oft hat dies mit Gewohnheit zu tun.

→ Zu Gewohnheiten gehören immer Geschichten, die wir für wahr halten. Wir verwechseln die Geschichte mit der Wahrheit.

Selbst bei schwerwiegenden Konsequenzen, die aus ungesunder Lebensweise heraus entstanden sind, wie bspw. einem Herzinfarkt, wird eine notwendige Lebensveränderung nicht immer durchgeführt. Es gibt Menschen, die einen Herzinfarkt erlitten haben und trotzdem ihre Ernährung nicht auf fett- und cholesterinarm umstellen oder mit dem Rauchen oder Trinken aufhören oder einen anderen Umgang mit Stress erlernen. Die Gründe liegen, wie vorausgehend genannt, in der großen inneren Ambivalenz, in der großen Loyalität dem alten System gegenüber, weil verschiedene Verdrängungsmechanismen am Wirken sind. Einen Herzinfarkt als Hinweis auf eine notwendige Veränderung anzunehmen und eine tatsächliche Veränderung einzuleiten, kann nicht ausreichend genug gewürdigt werden, denn es ist nicht selbstverständlich.

Wofür statt warum

Wir sollten uns nicht fragen, warum wir etwas nicht tun, obwohl es doch gut für uns wäre, sondern wofür wir es tun möchten, wofür es sich zu tun lohnt. Auch wenn es unsinnig erscheinen mag, ist es notwendig, den Blick zu weiten und uns zu fragen, welches Wofür hinter unserem Verhalten steckt.

Wofür tun wir etwas, um was zu vermeiden?

Das Warum kann uns eventuell Aufschlüsse darüber geben, warum wir etwas in der Vergangenheit getan haben. Das Wofür gibt uns Aufschluss über das, was unsere Zukunft betrifft. Durch das Fragen nach dem Wofür findet eine Bewusstwerdung statt. Die Ambivalenz kann sichtbar werden. Nun haben wir die Möglichkeit, zu entscheiden, ob wir dies so aufrechterhalten wollen. Sowohl „Ja" und „Nein" als auch „Teilweise" sind als Antworten okay. Details können wir mit uns ausmachen und neu verhandeln. Schon dadurch kommen wir in die Selbstwirksamkeit. Wir dürfen ganz genau hinschauen.

Lösungen liegen auch da, wo wir kleine Schritte angehen. Es gibt zwar Menschen, die von heute auf morgen einen Schalter umlegen können. Vom Kettenraucher zum Nichtraucher werden oder vom regelmäßigen Alkoholkonsum auf absoluten Verzicht umschalten. Diese Beispiele sind jedoch sehr selten. Vielen gelingt es leichter, in eben kleinen Schritten voranzugehen.

Beim Thema Alkohol könnte das so aussehen, dass wir uns dazu entscheiden, erst einmal teilweise den Alkoholkonsum zu verringern. Eine Abmachung wäre, zu sagen, dass wir zu jedem Glas Wein auch immer ein Glas Wasser trinken. So wäre der Alkohol schon mal verdünnt und wir könnten aufgrund der Flüssigkeitsmengen schon gar nicht mehr so schnell so viel trinken. Schon damit hätten wir eine Veränderung hinbekommen, die uns recht leicht vorkommt und schaffbar ist. Viel einfacher, als rigoros mit dem Trinken aufzuhören.

Haben wir uns schon lange vorgenommen, endlich mal den Keller aufzuräumen, müssen wir nicht in einer Hauruck-Aktion alles auf einmal schaffen. Wir könnten uns erstmal ein einzelnes Regal vornehmen oder jedes Mal, wenn wir hochgehen, eine Kleinigkeit mit nach oben nehmen.

Ist unser Ziel, mehr Bewegung in den Alltag zu integrieren, können wir auch dies gut in kleinen Schritten angehen. Wir stellen uns bspw. eine 30-Minuten-Sanduhr auf den Schreibtisch und jedes Mal, wenn wir bemerken, dass sie abgelaufen ist, stehen wir auf, drehen die Sanduhr gleich wieder um und machen eine Ausgleichsübung zum Sitzen. Wir könnten am offenen Fenster atmen, die Schultern kreisen, die Beine ausschütteln, zwei Treppen zur übernächsten Toilette im Bürogebäude laufen oder einen individuellen Trainingsplan ausführen – was auch immer sich im jeweiligen Moment gut und stimmig anfühlt. Bemerken wir im Laufe eines Arbeitstages nur zweimal, dass die Sanduhr abgelaufen ist, brauchen wir vielleicht eher ein akustisches Signal in Form eines Weckers, um an unsere Bewegungspausen erinnert zu werden.

Wenn wir einmal die erste Hürde des Anfangs genommen haben, Routinen entwickeln konnten, wollen wir später auch weitere Schritte unternehmen.

Die Motivation, weiterzumachen, entwickelt sich von selbst beim Tun. Wer darauf wartet, dass sich erst die Motivation einstellt, fängt nie an.

Wir dürfen es ausprobieren, einfach mal anzufangen, mit dem kleinsten möglichen Schritt, der sich realisierbar zeigt. Wenn wir dann noch positive Erfahrungen machen, das veränderte Verhalten routinieren, gibt das noch mehr Motivationsschub.

Wenn wir an den Verdrängungsmechanismen festhängen, führt dies zu einer so bezeichneten Alltags-Trance. Wir entwickeln dann keine Ideen oder Ahnungen, wie es auch gehen könnte. Wir erleben, wie sich Schmecken und Riechen intensiviert, erst dadurch, dass wir nicht mehr oder eben weniger rauchen. Wir könnten zum Beispiel immer erst nach dem Mittagessen anfangen und so erste kleine Erfolge erzielen.

Menschen beginnen oft nicht mit einer Veränderung, weil sie in Extremen denken. Entweder oder. Hopp oder top. Schwarz oder weiß. Ganz oder gar nicht. Sie schrecken dann vor der Veränderung zurück, weil sie ihnen zu gewaltig, übermächtig und unmachbar erscheint. Daher ist an erster Stelle Selbstmitgefühl gefragt. Wir dürfen herausfinden, warum wir etwas bisher so oder so gemacht oder eben nicht gemacht haben und wofür wir etwas verändern wollen würden. „Für unsere Gesundheit" ist bspw. viel zu allgemein formuliert. Aber um mit unserem Kind Fußball zu spielen oder endlich wieder tanzen zu können oder die Ausdauer zu entwickeln, um eine Bergwanderung mit Freunden zu machen – all das könnten verlockende Gründe sein, die uns richtig motivieren.

Haben wir uns für die Veränderung entschieden, dann überlegen wir, ob ein großer Sprung oder ein kleiner Schritt in die Richtung angesagt ist und die Wahrscheinlichkeit erhöht, dass wir unser Ziel erreichen. Beides kann richtig sein. Manchmal braucht es auch einen klitzekleinen Schritt und dann heißt es „dranbleiben“. Eventuell ist der Schritt zu groß oder das Ziel zu weit in der Ferne, dann ist die Wahrscheinlichkeit, die Perspektive zu verlieren und aufzugeben, sehr groß.

5.2 Beharrungstendenzen – in alten Schuhen läuft sich's besser, doch neue Besen kehren gut

Bei Veränderungsprozessen zeigt sich vor allem dann Widerstand, wenn das Bewahren und das Würdigen des Alten nicht wertgeschätzt werden.

Wird in einem Unternehmen ein Change-Prozess initiiert oder hat ein Individuum eine Veränderung intellektuell als notwendig erkannt und verstanden, kann es vorkommen, dass sich sowohl in der Organisation als auch im Menschen Abwehrhaltungen zeigen.

„So schlecht war das doch gar nicht“ oder „Hat doch immer gut funktioniert“ oder „So neumodischen Kram brauchen wir nicht“ sind Indikatoren für diesen Widerstand in der Individual- oder Unternehmenswelt.

Der energievolle Anfangsschwung wird dadurch ausgebremst und gestoppt. Diese Beharrungstendenzen zeigen sich als Problem, weil häufig zu schnell das Heil im Neuen gesucht wird und dabei das Alte plötzlich nichts mehr wert ist und sich abrupt nicht mehr wahrgenommen fühlt. Gerade so, als wäre alles vorher schlecht gewesen. Das Bisherige kann jedoch ein Anteil unserer Persönlichkeit oder Unternehmenskultur sein, der auch gebraucht wurde, um das System aufrechtzuerhalten. Von heute auf morgen wird er nicht mehr gesehen oder ist nichts mehr wert. Wenn für die vorangegangene Leistung keine Würdigung und Wertschätzung erbracht wurde, dann wird das zu einem Problem.

Es geht sowohl bei Unternehmen und ihren Change-Prozessen als auch bei Individuen und ihren Veränderungsprozessen darum, sich zuerst einmal die Zeit zu nehmen, das Alte und Bisherige anzuschauen, welches in bester Absicht geschah und schließlich auch die Organisation und den Menschen an genau die Stelle gebracht hat, an der sie oder er jetzt steht. Erst durch die Würdigung dessen kann Veränderung gelingen.

Bei uns als Individuum ist es wichtig, auch den bestehenden Widerstand anzuerkennen und gegebenenfalls den Grund dafür herauszufinden. Beispielsweise dürfen wir die kompetente Leistung des Systemerhalts als positiv betrachten. Wir dürfen die bisherigen Lösungsversuche beobachten und identifizieren. Diese sind Lösungsversuche unserer Persönlichkeitsanteile, wie zum Beispiel das wiederholte Ausführen von Gewohnheitsmustern. Haben wir dies nun erkannt, dürfen wir die Leistung würdigen, die ebendieser Anteil erbracht hat. Wir können uns bei ihm für seine Loyalität oder die Unterstützung des Systems bedanken. Im Anschluss dürfen wir sein Vorgehen wertschätzen und seinen Wunsch nach Erhaltung ehren. Wir bedanken uns dann für seinen Einsatz.

Bei Unternehmen geht es auch in erster Linie darum, den aufkommenden Widerstand bei Change-Prozessen anzuerkennen und nicht auf die jeweiligen Personen, die eine Abwehrhaltung demonstrieren, zu beziehen, denn diese stehen nur stellvertretend für das bisherige System, das seine Würdigung und Anerkennung finden möchte.

Die bisherigen Kulturmuster gilt es zu beobachten und zu identifizieren. Sie werden zwar von einzelnen Personen repräsentiert, sind aber Bestandteil der gesamten Unternehmenskultur. So ist es unnötig zu formulieren: „Das sind die Widerständigen“, sondern es ist stattdessen anzuerkennen: „Das sind die Stellvertreter, die etablierte Kulturmuster des Unternehmens bewahrt haben. Sie haben diese Aufgabe für das System übernommen.“

Einige Mitarbeiter übernehmen im Unternehmen die Rolle der Bewahrer. Dies geschieht häufig unbewusst und ist den Akteuren oft selbst nicht klar. Das bewahrende Verhalten ist sehr wichtig und darf ebenso wertgeschätzt und anerkannt werden.

Die darin liegende Kompetenz möchte gewürdigt sein. Auch hier öffnet eine gelebte Dankbarkeit die Tür zu wahrhaftigen Veränderungsmöglichkeiten. Nur dadurch haben Veränderungen bzw. Change-Prozesse eine Chance.

5.3 In Wahrheit bin ich ganz anders, ich komme nur so selten dazu

Wir alle haben ein Bild von uns selbst, wie wir gerne wären oder wie wir uns selbst aus der Vergangenheit kennen. Diese Vorstellungen stimmen teilweise nicht mit der gelebten Realität überein. Tatsächlich leben wir in Realitätskonstruktionen und außerdem verändern wir uns permanent, wodurch wir in verschiedenen Kontexten anders reagieren.

Wir könnten versuchen oder es als unsere Aufgabe sehen, möglichst viele Anteile und Seiten von uns selbst zu entdecken und kennenzulernen. In dem Bewusstsein, dass wir aufgrund der eigenen Vielseitigkeit immer wieder Neues über uns herausfinden, dürfen wir uns auch fragen, welche Seite sich denn jetzt gerade zeigt, welcher Anteil im Moment spricht oder sich zeigen möchte.

Im Laufe unseres Lebens werden immer wieder neue Facetten unseres Selbst zum Vorschein kommen. Manchmal werden wir davon überrascht, manchmal merken wir es gar nicht. Ein achtsamer Umgang mit dem Wissen um die eigenen Anteile hilft, uns selbst immer besser zu verstehen und diese auch zuzulassen, was zu innerer Harmonie und Akzeptanz führt.

Wie schaffe ich es, konzentrierter zu arbeiten?

Sich immer wieder abzulenken, kann ein Verdrängungsmechanismus sein, eine Gewohnheit oder auch ein Anteil unserer Persönlichkeit.

Gewohnheiten werden häufig mit Realitäten verwechselt. Wir meinen dann, es gäbe so viele Baustellen, auf denen wir gefragt sind, dabei haben wir uns nur angewöhnt, jede zu betreten, sei sie für uns wichtig oder auch nicht.

Lassen wir uns ständig ablenken und bleiben nicht an einer Sache dran, leidet die Leistungsfähigkeit und oft auch die Zielerreichung.

Unter Zielerreichung kann man den Abschluss eines Projektes, wie auch die gelungene Zusammenarbeit mit Kollegen und Kunden verstehen, die zur Wertschöpfung des Unternehmens beitragen. Als Mutter ist eines meiner Ziele auch eine gute Beziehung mit meinen Kindern zu gestalten, welche unter zu vielen Ablenkungen deutlich leidet.

Wenn wir uns häufig ablenken lassen, sind wir oft nicht erfolgreich, vor allem, wenn wir allein tätig sind. Es gibt jedoch auch geschäftliche Konstrukte, bei denen mindestens ein kreativer Kopf ständig neue Ideen spinnt und Innovationen erschließt, im Hintergrund aber dann ein beständiges Team sitzen hat, das seine Ideen in die Materie bringt und bis zum Schluss umsetzt. Dieses weit verbreitete Geschäftsmodell kann sehr gut funktionieren.

Wenn wir also wissen, dass wir uns sehr gerne ablenken lassen und dies kein Verdrängungsmechanismus ist, sondern ein großer Anteil unserer Persönlichkeit, macht es Sinn, einen Aufgabenbereich zu übernehmen, bei welchem genau diese Eigenschaft gefragt ist bzw. gelebt werden kann. Andersherum gibt es Menschen, die sehr gerne die Bewahrer und die Pfleger oder aber die Realisierer und Umsetzer sind. Tun sich nun Menschen mit diesen unterschiedlichen Qualitäten zusammen, können hervorragende Teamergebnisse erzielt werden.

Ablenkungen im beruflichen Kontext sind vor allem:

→ die große Anzahl an E-Mails, weil viel zu viele Kollegen ins CC gesetzt werden, obwohl es die Hälfte nicht betrifft.

→ das Hetzen von Termin zu Termin ohne den Einbau von Pufferzeiten.

→ Kollegen, die mal eben kurz etwas fragen wollen. Das Gespräch zieht sich dann eine halbe Stunde.

→ das Smartphone, von dem die Uhrzeit abgelesen wird. Es zeigt dann plötzlich Nachrichten aus den sozialen Medien, die uns ablenken.

→ Familienmitglieder, die während des Homeoffice mit privaten und den Arbeitsprozess behindernden Angelegenheiten stören.

Diese ganzen möglichen Unterbrechungen führen zu fragmentierten Arbeitsprozessen, welche die Produktivität enorm senken.

In Unternehmen können solche Arten der Ablenkung auch Business-Theater genannt werden. Hier existieren verschiedene Praktiken, die sich dadurch auszeichnen, dass sie von heute auf morgen verändert werden könnten. Wir können uns merken, dass reine Ablenkungen von heute auf morgen verändert werden können. Echte Inhalte hingegen können nicht so schnell verändert werden.

Beispiele für schnell änderbare Praktiken:

Umgang mit dem Dresscode: Wie viel Zeit und Energie werden dafür genutzt, einen Dresscode zu bestimmen und dessen Einhaltung auch zu kontrollieren?

Arbeitsortvergabe: Wie ausführlich oder übertrieben werden Arbeitsorte ausgewählt? Spielen diese wirklich so eine große Rolle? Wie schnell Mitarbeiter ins Homeoffice wechseln können und ganze Abteilungen remote arbeiten, hat die Corona-Pandemie gezeigt.

Mitarbeiterbefragung: Laufen Mitarbeiterbefragungen ins Leere, da die Resultate nicht ausgewertet oder genutzt werden, sind sie reine Ablenkungen. Manchmal dienen sie als Alibi, um sich selbst sagen zu können, wie aktiv Mitarbeiterzufriedenheit gelebt wird, obwohl eigentlich außer dem großen Aufwand und der damit verbundenen Zeit aller Teilnehmenden nichts verändert wird.

Dokumentationen: Für was und für wen wird dokumentiert und ist dies überhaupt notwendig? Oder sind Dokumentationen bloß Ablenkungen?

CC bei E-Mails: Vordergründig soll dies für Transparenz sorgen. Häufig betreffen uns die weitergeleiteten Mails jedoch gar nicht und das einmal Querlesen oder allein die durch das Pop-up hervorgerufene Unterbrechung sorgt für Ablenkung. Die Zeit, um sich damit zu beschäftigen und entscheiden zu müssen, ob die Mail für uns irgendeine Relevanz hat, beinhaltet eine unnötige Ablenkung.

Meeting-Kultur: Auch diese Termine sind oft Ablenkungen, da wir meist nur für einen Bruchteil der Sitzung selbst mit unserem Know-how und unserer Meinung gefragt sind. Der Rest wird abgesessen und gedanklich woanders verbracht. Es herrscht, ähnlich wie in Schulzeiten, eine Anwesenheitspflicht, aber eigentlich lenkt man die Menschen mit diesen Unterbrechungen davon ab, dass sie richtig arbeiten, und hält sie beschäftigt.

Lösungen für den Umgang mit Ablenkungen

Wir dürfen lernen, Ablenkungen als Einladungen zu betrachten. Das heißt, wir können sie annehmen oder uns dagegen entscheiden und sie einfach weiterziehen lassen. In diesem Zusammenhang ist das Registrieren eines bewussten Prozesses wichtig. Wir werden dadurch handlungs- und entscheidungsfähig. Wir können, aber müssen nicht. Oft befinden wir uns in solch einer Trance, dass wir meinen, uns von allen Unterbrechungsangeboten ablenken lassen zu müssen. Dabei sind es eben nur Angebote und keine Verpflichtungen.

Es ist sinnvoll, die bestehenden Praktiken im Unternehmen zu hinterfragen. Was ist wirklich notwendig und was dient eben nur dazu, die Mitarbeiter zu beschäftigen? Und was führt zu richtiger Arbeit, so dass die Mitarbeiter wirklich produktiv sein können?

Grundsätzlich ist es äußerst sinnvoll, konzentrierte Arbeitszeiten einzurichten. Dazu benötigt es gewisse Rahmenbedingungen, die stimmen müssen. Diese brauchen die Abstimmung mit Teammitgliedern oder auch der Familie, je nachdem in welchem Kontext gearbeitet wird. Diese Zeitblöcke tragen wir am besten in unseren eigenen Kalender ein, aber auch in die, welche wir mit anderen teilen. Mit der entsprechenden Selbstfürsorge können wir uns darum bemühen, dass Pop-up-Nachrichten ausgeschaltet sind und dass wir das Smartphone nicht benutzen, auch nicht, um die Uhrzeit abzulesen. Denn schon sind wir wieder in der Ablenkung, falls weitere Nachrichten auf dem Bildschirm zu lesen sind.

Deutlich einfacher gelingt dies, wenn ganze Teams, Abteilungen oder sogar das gesamte Unternehmen Zeiten für konzentriertes Arbeiten einrichten. Mit dem Installieren von so genannten Fokuszeiten, bspw. zwischen 9 und 11 Uhr, wird die interne Kommunikation außerhalb dieses Zeitfensters angelegt. Mitarbeiter haben so die Möglichkeit, ohne Ablenkung an ihren Aufgaben dranzubleiben und diese konzentriert abzuarbeiten.

Ein neuer Umgang mit Meetings wäre, diese als Ausnahme anzusehen und bei der Durchführung von Meetings auf bestimmte Dinge zu achten. So dass bspw. immer eine Person für die Planung und Durchführung der Meetings verantwortlich ist und weitere, verschiedene Rollen vergeben werden.

Es können sich auch Teams zusammensetzen und sich gemeinsam der Frage widmen, was das Umsetzen von allseits bekannten Meeting-Regeln so schwierig macht. Im weiteren Verlauf darf dann geschaut werden, was für Maßnahmen das Umsetzen denn besser ermöglichen können, und dabei dann auch das eigene Verhalten betrachtet werden. Regeln und Prinzipien gibt es genug, zum Beispiel ausreichend Pufferzeit einzuplanen oder auch ganz selbstverständlich achtsam mit der Zeit anderer umzugehen. Weiterführende Informationen zu den Möglichkeiten, Meetings zielführend durchzuführen, finden sich in dem Buch „Endlich wieder konzentriert arbeiten“ von Vera Starker und Matthias Schneider.

Der im Buch beschriebene Ansatz des TFC – The Focused Company – spricht sich dafür aus, Meetings als Ausnahme anzusehen. Bevor wir Meetings strukturieren, dürfen wir klären, was Ziel, Sinn und Zweck der Meetings sind, da diese bei näherer Betrachtung wirklich häufig überflüssig erscheinen.

Im nächsten Schritt wird die Art des Meetings kategorisiert in Entscheidungsmeetings, Diskussionsmeetings und Informationsmeetings. Stellen wir fest, dass es reine Informationsmeetings sind, können diese durch Info-Mails ersetzt werden – oder zumindest der Teil, der davon betroffen ist. Die vorher benannte verantwortliche Person würde diese Kategorisierung übernehmen und klären. Wichtig scheint auch zu definieren, ob es sich um ein Meeting oder um einen Workshop handelt. Denn gibt es einen hohen Erarbeitungsanteil, ist ein Workshop statt eines Meetings besser geeignet. Es macht also Sinn, ein Meeting zu durchdenken, statt es einfach nur anzuberaumen. Wir dürfen auch die Anzahl der Teilnehmer begrenzen und uns fragen, für wen es wirklich notwendig ist teilzunehmen und ob jeder bei allen Teilen des Meetings anwesend zu sein braucht oder lieber nur bei einem bestimmten Bereich.

Auch im privaten Bereich werden wir mit Ablenkungen überhäuft. Allen voran die sozialen Medien, die mit einem Blick aufs Smartphone direkt präsent sind und eine magische Anziehungskraft auf uns ausüben. Hier macht es genauso Sinn, für sich selbst Bildschirmzeiten vorzugeben, um effektiver und konzentrierter an einer Sache dranbleiben zu können.

Viele Eltern kennen auch die Ablenkungen, die mit dem Thema der Kindererziehung einhergehen. Soziale Arbeit, die in den Kindergärten und Schulen geleistet werden möchte, das Teilnehmen an gewissen Festen und Veranstaltungen, die Unterstützung des Sport- oder Musikvereins vor Ort. An allen Stellen ist unsere Unterstützung gefragt und dies ist oft mit einem schlechten Gewissen verbunden, wenn wir nicht aushelfen, unterstützen, mitmachen etc. Wir dürfen uns trotzdem immer wieder bewusst machen, dass wir selbst die Entscheidung treffen, einer Ablenkungseinladung nachzukommen oder nicht.

5.4 Menschen neigen zur Sedierung – eine Art unbewusste Selbstnarkose

Für viele Menschen reicht es aus, sich am Funktionieren zu halten – ein ganz normales, angepasstes Leben in einer konformen Gesellschaft zu führen, ohne viele Fragen zu stellen. Dieses „Dahinleben" können wir mit einer Art Alltagstrance vergleichen, in der wir die Verantwortung abgegeben haben und für uns somit auch immer die Auslöser für ein Gelingen oder Nicht-Gelingen unseres Lebens in der äußeren Welt liegen. Diese Praxis stellt eine Art Selbsthypnose dar. Wir erzählen uns immer wieder die gleichen Geschichten, warum etwas ist oder eben nicht ist. Dieses Wiederholen der Geschichten führt jedoch nicht dazu, dass die Geschichten wahr werden, sondern nur dazu, dass wir sie uns selbst immer wieder bestätigen und sie dadurch unsere selbstkonstruierte Realität werden.

Wissenspart – Alltagstrance

Die Alltagstrance ist eine Form der Selbsthypnose, die im Alltag sehr häufig und meist unbewusst passiert. Zu beobachten bei Kindern, die ganz selbstvergessen mit Bauklötzen spielen, oder wenn jemand vor sich hin starrend aus dem Fenster schaut und nicht die aktuelle Außenwelt sieht, sondern inneren Gedanken oder Imaginationen folgt. Die Alltagstrance trägt auf der einen Seite zu Entspannung und Regeneration bei und sorgt auf der anderen Seite aber auch dafür, dass innere Monologe, Bilder oder ganze Filmsequenzen in Dauerschleife im Kopf ablaufen, weil sie eben nicht bewusst wahrgenommen werden.

Eingefahrene Glaubensmuster und selbsterzählte Wahrheiten sind aus Sicht unseres Gehirns optimale und einfache Lösungen, die aus diesem Grund von unserem System präferiert werden. Unser Gehirn ist darauf ausgelegt, uns permanent maximal zu schützen, und greift daher sehr gerne auf einfache und bewährte Lösungsmuster zurück, anstatt Risiken einzugehen und andere, unbekanntere Wege anzugehen.

Im Falle eines Alkoholikers kann der Griff zur Flasche im Vergleich zur Auseinandersetzung mit den komplizierten Lebensthemen aus Sicht seines Gehirns die schnellste und einfachste Lösung sein, um Probleme zu lösen. Leider jedoch nur kurzfristig.

Verschiedene Formen der Alltagstrance sind:

→ wenn sich eine Frau immer wieder die Geschichte der armen, verlassenen Frau erzählt, statt aktiv zu werden und daran etwas zu ändern.

→ wenn Kinder in der Schule denken: „Mathe lerne ich nie!", und sich deshalb den anstrengenden Erklärungen verschließen.

→ Wenn der Chef sich schon wieder beschwert, dass etwas noch nicht fertig ist, hat er nur nicht verstanden, wie wichtig es gewesen ist, dass wir mit dem Kollegen über unsere aktuellen Probleme geredet und damit das Betriebsklima positiv gefördert haben.

→ wenn wir dem Inhalt der 150 PowerPoint-Folien nicht folgen, weil unser Gehirn gelangweilt ist und wir lieber unserem eigenen inneren Film folgen.

→ Und wir kennen fast alle jemanden, der permanent über die gleichen Dinge jammert, ohne sie tatsächlich zu ändern.

→ In Unternehmen kann es auch Gruppentrancen geben, wie z. B.: „Das haben wir schon alles ausprobiert, das klappt sowieso nicht."

Viele von uns kennen das treffliche Zitat von Goran Kikic:

„Alle sagten: Das geht nicht. Dann kam einer, der wusste das nicht und hat's gemacht."

Alltagstrancen in Unternehmen können ganze Abteilungen davon abhalten, neue Dinge auszuprobieren und umzusetzen.

Wenn wir in den Alltagstrancen die Lebensbewältigungskompetenz erkennen, müssen wir sie immer noch nicht gut finden, brauchen aber nicht mehr mit den Augen zu rollen. Da das Gehirn einfache, schnelle Lösungen liebt, benötigt es eine Durchbrechung bzw. Veränderung der Alltagstrance. Veränderungen fühlen sich im ersten Moment oft nicht gut an. Alte Muster haben einen Wettbewerbsvorteil und werden vom Gehirn zuerst vorgeschlagen.

Das Praktizieren von dieser Alltagstrance, Selbsthypnose oder Sedierung wird häufig aufgrund einer sehr schmerzhaften Erfahrung praktiziert, mit der wir uns nicht auseinandersetzen und die wir nicht spüren wollen.

Sedierungen können unterschiedlich stattfinden. Eine bestimmte Situation triggert uns so, dass die Sedierung urplötzlich auftaucht. Wir sprechen in diesem Fall von einer unwillkürlichen Sedierung, die uns zum Beispiel in ein ganz starkes Schlafbedürfnis oder direkt in einen tiefen Schlaf hineinbefördert. Wir fühlen uns auf einmal erschöpft und wie ausgeknockt. Auch dies ist ein Abwehrmechanismus des Systems, um mit den Gefühlen, welche die bestimmte Situation auslöst, nicht konfrontiert zu werden.

Auch chemische Drogen und Alkohol sedieren, ebenso wie Gedanken. Diese Gedanken, die uns in die beschriebene Selbsthypnose führen, sind häufig durch unsere Erfahrungen in der Vergangenheit und die Prägungen unseres Elternhauses, der Schule, der Gesellschaft und unseres gesamten Umfelds geformt. Wenn wir in der Kindheit immer wieder hören, dass die Verwirklichung unserer Träume unmöglich ist und wir uns diese nie erfüllen können, glauben wir irgendwann selbst daran. Wir versuchen es nicht einmal, da wir vom Scheitern von vornherein überzeugt sind.

Eine Alltagstrance kann auch durch das Schönreden der Lebensumstände stattfinden. Wir machen uns dann bspw. selbst etwas vor, indem wir uns rechtfertigen, dass der Job doch ganz gut ist und die Beziehung auch, obwohl wir eigentlich unglücklich sind, es aber nicht wahrhaben wollen.

Das andere Extrem ist das Schwarzsehen. Wir betrachten dann alles aus einer negativen Perspektive, haben eine pessimistische Weltsicht und bleiben auch so unverantwortlich und handlungsunfähig.

Aus Gründen der Komplexitätsreduzierung ist dieses Schwarz-Weiß-Denken höchst kompetent. Das Unterscheiden von Menschen oder Situationen in Richtig und Falsch, Gut und Böse lässt uns schneller agieren und entscheiden. Es vereinfacht uns das Leben, führt jedoch den Verlust der Komplexität und der Selbstverantwortung mit sich. Wir zahlen den hohen Preis der Sedierung.

Wenn Menschen in Schwarz und Weiß unterscheiden oder kommunizieren, ist dies ein guter Indikator, von dem wir eine Alltagstrance ableiten können. Diese Alltagstrance wird selbstverständlich geglaubt und immer wieder verteidigt. Sie kann dazu führen, dass wir uns mit den Akteuren in unseren Geschichten verwechseln.

Ist im Gegensatz dazu ein Sowohl-als-auch-Denken herauszuhören, spricht das dafür, dass wir mehreren Optionen eine Möglichkeit geben. Wir haben einen wachen Geist, leben Vielfalt und Vielschichtigkeit und sind aufgeschlossen gegenüber anderen Positionen, Weltbildern und Möglichkeiten. Die dadurch entstehende Freiheit im Geiste kann uns Flügel wachsen lassen und alles möglich machen.

Natürlich hat auch das Nicht-Sedieren seine Konsequenzen, denn so könnte es sein, dass wir Kante zeigen, anecken, uns unbeliebt machen, Aufmerksamkeit erregen, für andere unbequem sind. Genau davor haben viele Menschen Angst. Das angepasste Leben scheint einfacher zu sein, denn die meisten von uns mögen nicht mit den intensiven Gefühlen, die ein freigeistiges Leben mit sich bringt, konfrontiert werden. Schon unser Schulsystem und auch das spätere Agieren im Job sind oft davon geprägt, Konformität zu belohnen und Unangepasstheit zu bestrafen oder zumindest negativ zu bewerten. Insofern ist die Entscheidung zur Sedierung auch eine gesellschaftliche Frage und nicht nur ein individuelles Problem. Andererseits kann Angepasstheit an ein vorherrschendes System kurzfristig gesehen auch als loyale Leistung gesehen werden. Als kompetenter Lösungsversuch, der eventuell Zeit verschafft oder Restriktionen abwendet.

Welche Wege finden wir aus der Sedierung?

Wir benötigen einen kritischen, offenen Geist, der uns dabei hilft, uns selbst immer wieder in Frage zu stellen. Es ist auch sinnvoll, regelmäßig Rückschau zu halten, ob unser Verhalten dem angestrebten Ziel dient.

Auch in Unternehmen dürfen Kulturmuster immer wieder in Frage gestellt werden. Wenn in Organisationen Sätze fallen wie „Das machen wir hier so“ oder „Das ist hier so üblich“, dürfen wir hellhörig werden, denn dies spricht für eine Alltagstrance im Unternehmen. Genau in diesem Moment dürfen wir näher nachfragen und nach weiteren Optionen Ausschau halten.

Als Individuum stellen wir uns die Frage: „Was tue ich, um mich nicht zu spüren?“ Und: „Welche Auswirkungen hat das auf mein Leben, meine Familie, meinen Beruf?“

Sich an dieser Stelle durch einen Coach, Therapeuten oder Berater Unterstützung zu holen, hilft, die Sedierung zu durchbrechen. Der Betrachter von außen sieht und spürt durch sein Fachwissen und seine Erfahrung, an welchen Stellen wir uns in die Sedierung retten, kann helfen, dies zu erkennen, und neue Wege aufzeigen. Im Gegensatz zu ihm sind wir oft in uns selbst gefangen und haben daher große Schwierigkeiten, aus dem Gedankenrad herauszukommen. Die Entscheidung für Hilfe von außen ist eine kompetente und zielführende Lösung.

5.5 Menschen haben Angst, sie selbst zu sein

Wenn wir Angst haben, so zu sein, wie wir sind, verbirgt sich dahinter eine Angst vor Ablehnung oder davor, nicht gut genug zu sein. Dies führt zu einem erhöhten Anspruch an uns selbst bis hin zu einem Perfektionsanspruch, mit dem wir uns selbst im Wege stehen.

Es gehört viel Mut dazu, diese Angst loszulassen und gleichzeitig den Gedanken zuzulassen, dass wir genau so gut sind, wie wir sind. Dieses Zulassen und Erlauben fühlt sich schwierig an, da wir es als Menschen oft einfacher finden, etwas zu machen und zu tun, als einfach nur zu sein. Das bloße Sein scheint uns nicht genug. Wir verspüren einen großen Druck, uns anstrengen zu müssen, um Anerkennung und Zufriedenheit verdient zu haben. Dabei dürfen wir lernen, dass es vollkommen ausreicht, zu sein. In unserer Einmaligkeit, Einzigartigkeit und Schönheit. Denn genau so sind wir wunderbar.

Da wir aber meistens denken, dass wir nicht ausreichen, ziehen wir Schutzpanzer an, tragen Masken und haben Sorge, diesen Schutz fallen zu lassen. Wir stellen uns die Fragen, was denn nach dem Fallenlassen der Masken noch übrigbleibt, ob wir dann noch gemocht werden und auch, ob wir uns selbst noch mögen.

Wenn wir die persönliche Erfahrung machen dürfen, alle unsere Schutzhüllen gehen zu lassen, spüren wir auf einmal, wie schön wir sind. Diese Schönheit ist wahrhaftig gefühlt, nicht durch ein Spiegelbild ausgelöst. Wir dürfen herausfinden, dass wir nichts zu tun brauchen und dass das pure Dasein, so wie wir sind, genügt, um glücklich und zufrieden zu sein. Diese Erfahrung ist tiefgehend und lebensverändernd und kann durch verschiedene Möglichkeiten, wie zum Beispiel Körperarbeit, Meditation, Fasten oder Hypnotechniken, ausgelöst werden.

Suchen wir beispielsweise einen Partner im Internet, zeigen wir uns meistens von der Seite, die womöglich dem anderen am besten gefallen könnte. Wir rücken uns ins richtige Licht, posten die schönsten Bilder, antworten wortgewandt und witzig, versuchen vermeintliche Fehler zu kaschieren und suchen nach spannenden Details aus unserem Leben. Da wir uns nicht richtig zeigen, ziehen wir Menschen an, die zu dieser Maskerade passen. Wir offenbaren uns nicht und können dadurch auch nicht wirklich gesehen werden. Vielleicht treffen wir sogar auf Personen, die sich ebenso maskieren. Entzauberung und Enttäuschung sind dadurch vorprogrammiert.

Gelingt es uns aber, unseren ganzen Mut zusammenzunehmen und tatsächlich zu sein, wie wir sind, treffen wir auf entsprechende Resonanz. Der Mensch, der sich von uns angezogen fühlt, ist ebenso authentisch und er mag tatsächlich das, was er sieht, hört, liest, fühlt und erkennt. Wir entdecken echte Gemeinsamkeiten und Parallelen. Erst durch diese Maskenlosigkeit können sich zwei Menschen tatsächlich begegnen und finden.

Manche Menschen haben auch Angst, dunkle Stellen in sich anzuschauen und zu entdecken oder etwas wie ein Loch oder eine Leere vorzufinden. Mit einem Coach oder Therapeuten haben wir die Möglichkeit, gemeinsam nach innen zu blicken, uns helfen und begleiten zu lassen. Es ist einfach leichter, diesen Weg gemeinsam zu gehen. Die therapeutische Erfahrung zeigt, dass die Angst vor dem Hinschauen meist viel größer ist als das, was es zu entdecken gibt. Dieses Wegdrücken und Vermeiden, hinzuschauen, kostet viel mehr Energie und ist wesentlich anstrengender als das, wovor wir uns fürchten.

Wir dürfen lernen, Mut aufzubringen. Mut, um uns den Dingen, vor denen wir Angst haben, zu stellen und sie zu erkennen. Wir dürfen uns selbst erfahren und zu uns finden. Wir dürfen verdrängte Anteile in uns und in unseren Alltag integrieren.

Finden wir den Mut, uns so anzunehmen, wie wir sind, ohne Perfektionsanspruch, können wir Mitgefühl entwickeln. Für unser Verhalten, für Herangehensweisen, auf die wir nicht stolz sind. Für Schmerz, den wir erfahren haben oder den wir womöglich verursacht haben. Wir können dafür Verantwortung übernehmen. Das führt zu einer eigenen Fehlertoleranz. Auch im Unternehmen wollen wir dann keine Fehler mehr vertuschen, sondern proaktiv ansprechen, wenn etwas nicht gut gelaufen ist. Es führt auch dazu, dass wir für die eigenen Bedürfnisse einstehen, weil wir sie endlich spüren lernen. Wir können dadurch rechtzeitig Grenzen aufzeigen. Es öffnet sich die Möglichkeit, dass wir unseren Platz in der Welt finden und immer wieder neu finden dürfen. Wir entwickeln eine eigene Könnerschaft.

Das angstfreie Agieren lädt außerdem andere ein, uns freiwillig zu folgen. Menschen spüren, wenn wir angstfrei sind, ohne Kontrollzwang und ohne überhöhte Ansprüche, denen wir nicht gerecht werden können. Unsere Umgebung fühlt sich von dieser inneren Ungezwungenheit und Freiheit angezogen.

Wir dürfen uns immer wieder fragen, ob wir uns eigentlich selbst mögen:

→ Mag ich mich – eher ja?

→ Mag ich mich – eher nein?

→ Mag ich mich zum Teil?

Was gibt es, was wir uns eingestehen können? Was möchten wir anders haben? Was wäre hilfreich zu ändern, damit wir uns mögen oder mit uns selbst Zeit verbringen wollen?

Wenn wir selbst mit uns keine Zeit verbringen möchten, wieso sollten das dann andere gerne tun, wie der Partner oder die Familie oder die Kollegen? Zuerst gilt daher, dass wir bei uns selbst anfangen und schauen und dabei möglichst ehrlich mit uns sind.

5.6 Menschen sind gut darin, zu verdrängen

Wir Menschen sind besonders gut darin, uns selbst etwas vorzumachen. Ehrlichkeit gegenüber sich selbst ist nicht selbstverständlich und vor allem nicht immer einfach. Gerne erzählen wir uns und anderen Geschichten über uns, die wir dann auch gerne glauben. Wir verändern uns ständig, sind von der Kultur und Umgebung geprägt, in der wir uns bewegen, jedoch unsere Motive, nach denen wir handeln, ändern sich nicht. Als Hilfe ist es sinnvoll, sich mit diesen Motiven zu beschäftigen, da sie uns ähnlich einer Verankerung Orientierung geben. Werte und Verhalten ändern sich, aber die Motive bleiben gleich. Siehe dazu auch den Wissenspart MPA aus dem Kapitel 1.7 **Veränderung von innen bedeutet intrinsische Motivation**.

Erlebnisse, Situationen, Erinnerungen zu verdrängen ist eine sehr hohe Kompetenz im Sinne einer positiven Dissoziation, die als Schutzmechanismus dient und im besten Fall eine bewusste Entscheidung ist. Geschieht das Dissoziieren unbewusst, liegt das dem kompetenten Schutzmechanismus des gesamtheitlichen Systems zu Grunde, welches immer wieder am Selbsterhalt interessiert ist.

Das Verdrängen zeigt sich bei uns Menschen oft durch Aktionismus. Wir beginnen aktiv zu werden, bevor wir eine Thematik vollständig wahrgenommen und uns mit ihr auseinandergesetzt haben. Nach dem Motto: Angriff ist die beste Verteidigung. Nicht immer, jedoch meistens liegt dem ein Verdrängen zu Grunde. Vielleicht fühlen wir uns zuerst einmal benachteiligt, verletzt, enttäuscht, vor den Kopf gestoßen und meinen, uns sofort verteidigen oder schützen zu müssen. Entspricht diese Wahrnehmung der Wirklichkeit? Dürfen wir nicht erst den Sachverhalt von verschiedenen Seiten aus prüfen und differenziert bewerten? Vielleicht täuschen wir uns aufgrund unserer Schutzmechanismen.

Als Lösungsverhalten ist es am sinnvollsten, erst einmal aufnahmebereit und offen zuzuhören. Unserem Gegenüber, der Situation, den Umständen. Bewusste Menschen aus unserem Umfeld, seien es Freunde, Familie, Kollegen, Coachs oder Berater, können Ihre Beobachtung mit uns teilen und wir können deren Wahrnehmung der Dinge zulassen und für uns prüfen.

Wir können lernen, den vergangenen Erlebnissen eine neue und positiv ausgerichtete Bedeutung zu geben. Das ändert auch noch im Nachhinein die Wahrnehmung einer vergangenen Situation völlig. Wenn wir zum Beispiel etwas vergessen haben, das Treppenhaus runtergelaufen sind und unten angekommen feststellen, dass die Jacke noch oben liegt, könnte unser erster Impuls sein, zu denken: „Mist, ich habe die Jacke vergessen. Jetzt muss ich nochmal rauf. Bin ich doof." Im zweiten Ansatz könnten wir jedoch auch feststellen: „Wie gut, dass es mir jetzt eingefallen ist und nicht erst heute Abend, wenn es kalt gewesen wäre."

Wir verändern die Vergangenheit aufgrund unserer neuen Assoziationen und der Bedeutungsgebung. Haben wir einen Fehler gemacht, können wir rückblickend denken, wie blöd der Fehler und vielleicht auch wir selbst waren, oder wir können assoziieren, wie gut es war, herausgefunden zu haben, dass es auf diesem Weg nicht funktioniert. Diese neue Betrachtungsweise befreit uns von Vorwürfen und der Negativierung des Vergangenen.

Wenn wir uns für die Bedeutung einer Situation entscheiden, werden wir wieder selbstwirksam und selbstbestimmend, statt im Opferdasein oder in der Sedierung zu verharren. Wir werden bewusst aktiv, handlungsfähig und können selbst Einfluss nehmen.

Die Möglichkeit der neuen Bedeutungsgebung ist nicht nur für die Vergangenheit, sondern auch für die Gegenwart möglich. Möchte uns zum Beispiel jemand ein Feedback geben, könnten wir entweder grübeln, was wir bloß wieder falsch gemacht haben, oder aber dem Gedanken Raum geben, dass wir etwas getan oder gesagt haben, was so gut war, dass da jemand ist, der sich extra Zeit nimmt, um mit uns zu sprechen, Feedback zu geben und uns zu reflektieren.

Es könnte auch sein, dass wir gerade im Büro angekommen sind und ein Kollege erklärt, wir sollen mal eben zum Chef kommen. Wir könnten dieser Aufforderung sofort die Bedeutung geben, dass unser Chef unzufrieden mit uns ist und uns vielleicht sogar den Kopf waschen will. Wir könnten aber auch annehmen, dass unser Vorgesetzter mit uns über eine Gehaltserhöhung sprechen möchte. Oder wir überlegen, dass sich das ganz gut trifft und wir ja in dem Moment ebenso die Möglichkeit haben, mit unserem Chef über etwas zu sprechen, was uns am Herzen liegt. Das wäre eine gute Gelegenheit.

Je nachdem, welche Bedeutung wir wählen oder der künftigen Handlung geben möchten, gehen wir mit einer anderen Grundhaltung in ein Gespräch oder in eine Situation hinein. Die Chancen, zu einem guten Ergebnis oder zu einer Win-win-Situation zu kommen, sind dann deutlich höher.

5.7 Erst wenn wir präsent sind, sind wir wahrhaftig am Leben

Wissenspart – Präsenz

Der Begriff der Präsenz leitet sich vom französischen Wort „Présence" ab, das Anwesenheit, Gegenwart oder Vorhandensein bedeutet. Es meint auch die geistige Anwesenheit einer Person in einer Situation und die körperliche oder geistige Ausstrahlungskraft. Teilweise wird Präsenz auch mit Charisma und Ausstrahlung gleichgesetzt.

Warum sind Menschen so selten präsent?

Der wichtigste Grund ist wahrscheinlich der niedrige Stellenwert, der einer präsenten Lebensweise beigemessen wird. In unserer Gesellschaft spielt die körperliche Fitness oder die geistige Leistungsfähigkeit eine weitaus größere Rolle als das präsente, wache Dasein. Aus dem asiatischen Raum kennen wir jedoch den Begriff der Achtsamkeit, der an ebendieses Bedürfnis des Präsentseins anknüpft. Eine charismatische Ausstrahlung, die mit der präsenten Haltung und mit der Achtsamkeitsschulung einhergeht, können wir erlernen und trainieren. Sie ist nicht wenigen Auserwählten vorbehalten und verlangt lediglich Praxis.

Präsenz bedeutet mit allen Sinnen da zu sein und Raum einzunehmen. Die Präsenz hilft uns, eigene Bedürfnisse zu spüren und dadurch im zweiten Schritt auch in andere hineinfühlen zu können und mit ihnen in Resonanz zu gehen. Wir entwickeln unweigerlich ein Gespür für Situationen, Menschen und Ereignisse.

Die meisten Menschen haben schlicht keine Übung im Präsentsein. Alte, prägende Sätze wie „Nimm dich nicht so wichtig" oder „Halt dich zurück" oder „Erst an die anderen, dann an dich denken" aus unserer Erziehung haben dazu ebenfalls ihren Beitrag geleistet. Selbst für sich Raum einzunehmen, wurde uns eher abtrainiert anstatt gefördert.

Zusammenfassend können wir feststellen, dass die meisten Menschen über weniger sinnliche Wahrnehmung und Körpergefühl verfügen. Der Körper wird oft nur über Fitness oder über Krankheit wahrgenommen. Ihm wird dann Aufmerksamkeit geschenkt, wenn er entweder nicht funktioniert oder in Hochform ist und Höchstleistung bringt. Das schlichte und doch so Gewinn bringende Präsentsein hat leider bisher wenig Stellenwert.

Wie können wir präsent sein lernen?

Vielversprechend und zielführend ist das Praktizieren verschiedener Körperbewusstseinsmethoden wie Alexander-Technik, Feldenkrais, Eutonie, Eurythmie, Yoga, Qi Gong, Body-Mind Centering, Jin Shin Jyutsu, Tanzen, Improvisationstheater, u. v. m.

Beim Erlernen dieser diversen Methoden ist es besonders wichtig, dass wir das Wissen auf uns selbst übertragen und durch das regelmäßige Üben eine Könnerschaft erlangen. Wir dürfen außerdem lernen, uns die Erlaubnis zu erteilen, im eigenen Licht zu erstrahlen. Wir dürfen lernen, im Raum präsent zu sein. Andere dürfen uns sehen. Wir spüren uns. Wir nehmen uns selbst wahr. Wir zeigen uns. Wir zeigen uns, so wie wir sind – in unseren verschiedenen Facetten und unserer Vielschichtigkeit.

Dieses freie Entfalten und Sein-Dürfen können wir erst mit uns allein üben, später in einem Zwiegespräch mit einer anderen Person, dann auch in einer Gruppe. Dieses Präsent-Fühlen hat vor allem damit zu tun, dass wir uns das Recht dazu geben, ganz und gar sein zu dürfen. Wir dürfen in diesem Prozess lernen, uns selbst anzunehmen, zu uns zu stehen und uns dann nach außen zu zeigen.

Wenn wir den präsenten Zustand mit uns selbst immer öfter kreieren können, nimmt dies Einfluss darauf, wie wir uns anderen zuwenden. Wir lernen, viel aufmerksamer zuzuhören. Dem präsenten Zuhören liegt dann die Absicht zu Grunde, den anderen Menschen als gesamtheitliches System zu erfassen, was das Miteinander auf eine neue Stufe hebt und die gesamte Kommunikation verbessert. Selbstverständlich gilt das ebenso für den beruflichen Kontext und die dortige Zusammenarbeit.

Kapitel 6 – Und jetzt? Was mache ich?

Trotz alledem, was du jetzt in diesem Buch gelesen, erfahren und im besten Falle direkt ausprobiert hast, würde es der Sache nicht gerecht werden, zu sagen, dass die Umsetzung immer ganz leicht gelingt. Im sechsten und letzten Kapitel werden deshalb hilfreiche Strategien für die Umsetzung und das Dranbleiben aufgezeigt. Wie wir, ohne uns zu zwingen, in die Umsetzung kommen, Ehrenrunden zelebrieren, Schutzräume aufbauen, eine freiwillige Gefolgschaft gewinnen und Selbstmitgefühl praktizieren.

Gemeinsam geht es viel leichter – im Team und in Netzwerken findest du gegenseitige Unterstützung. Letztendlich geht es darum, dass wir Demut und Vertrauen in den Prozess des Lebens entwickeln.

6.1 Aufräumen mit alten Begrifflichkeiten: Disziplin und Plan

Beim Lesen, Hinterfragen und Erfassen der vorangegangenen Kapitel wird deutlich, dass bei jedem Veränderungsprozess eine gewisse Ausgewogenheit und Balance die Voraussetzung für das Gelingen darstellt. Diese Ausgewogenheit zeigt sich auf der einen Seite in Stärke und Stabilität und auf der anderen Seite in Flexibilität und Reaktionsfähigkeit. Wir können das mit einem Baum vergleichen, der sicher, stabil und verwurzelt mit der Erde verbunden und doch gleichzeitig so bewegungsfähig und geschmeidig ist, dass sich seine Äste und Blätter mit dem Wind mitbewegen. Der Baum lebt in einem Gleichgewicht aus Stabilität und Flexibilität, angepasst an seine Bedürfnisse und die Gegebenheiten seiner Umgebung.

Schauen wir uns mit diesem Grundwissen die Begriffe von Disziplin und Plan an, verlangt es auch hier nach einer solchen Balance, die in den alten Definitionen der Wörter und unserem Verständnis bzw. Umgang größtenteils noch nicht zu finden ist.

Wissenspart – Disziplin

Der Begriff der Disziplin leitet sich vom lateinischen Wort „disciplina“ (= Lehre, Zucht, Schule) ab. Es handelt sich um das Einhalten bestimmter Vorschriften, vorgeschriebener Verhaltensweisen oder das Sich-Einfügen in die Ordnung einer Gruppe oder einer Gemeinschaft. Weiterhin gehört das Beherrschen der eigenen Gefühle und Neigungen, um ein bestimmtes Ziel zu erreichen, dazu.

Kritik: Das Beherrschen der eigenen Gefühle steht eher mit deren Unterdrückung in Verbindung. Das bloße Regeleinhalten gestaltet sich als stupide, die Verantwortung abgebende, nicht reflektierende Verhaltensweise, die in sich starr und steinern ist und dadurch keine offene, flexible und frei gestaltende Reaktionsmöglichkeit erlaubt. Das alles klingt nach Ordnung und Gehorsam innerhalb eines Befehlsprinzips.

Disziplin im Sinne von sturer Befolgung und Erfüllung kostet viel Kraft und Energie, da wir oft in den Modus des Kampfes gegen uns oder unsere Wünsche kommen. Es ist anstrengend, sich gegen eine Grundmotivation, die ggf. eine ganz andere ist als die geforderte, immer wieder durchzusetzen – sich immer wieder zu zwingen.

Jeder Mensch hat eine andere Persönlichkeitsstruktur und damit einhergehend andere Persönlichkeitsmerkmale. Dadurch fallen uns Menschen unterschiedliche Dinge leicht oder schwer. Jedes Muss erfordert Unmengen an Kraft. Kraft und Energie stehen uns meistens am Morgen zur Verfügung und lassen im Laufe des Tages mit den vielen Aufgaben und Verantwortlichkeiten nach, so dass bspw. der Großteil an Diäten am Abend, wenn wir müder sind, gebrochen wird. Diese Herangehensweise ist nicht nachhaltig und zielführend.

Können wir unsere selbst auferlegte Disziplin nicht halten, führt das zu Frustration und der Bestätigung, dass es ja sowieso nicht geht. Demotivation und Resignation sind die Folgen.

Erweiterung im Sinne einer neuen, dynamischen Betrachtungsweise: Wenn wir gewisse Ziele erreichen wollen, können wir statt des alten Begriffs der Disziplin den der bewussten Selbstregulierung wählen. Diese beinhaltet im Gegensatz zur Disziplin die bewusste Beobachtung unserer selbst und unserer Handlungen, deren eigenständiges Bewerten und die Selbstverstärkung. Die Selbstregulierung versetzt uns in die Lage, unser eigenes Verhalten in Hinblick auf unsere zu erreichenden Ziele zu steuern. Es ist ein durch und durch bewusster Prozess.

Beispiel: Viele Menschen zwingen sich mit der konventionellen Betrachtung der Disziplin zu bestimmten Verhaltensweisen oder Ritualen. So führen wir morgendlich mit viel Disziplin 15 Minuten lang unsere Gymnastik durch, obwohl sie uns langweilig erscheint und keinerlei Spaß macht, rein um den Anspruch der täglich zu absolvierenden Bewegungseinheit zu erfüllen oder die Schmerzen im Rücken abzubauen. Die durch diesen Zwang entstehende Körperspannung kann zu einer Verschlimmerung der Beschwerden führen. Auf das Bedürfnis nach heilender körperlicher Betätigung können wir aber auch flexibel reagieren, indem wir uns hinterfragen, welche Sportart oder Bewegungsform uns denn tatsächlich Spaß machen würde. Wir könnten Volleyball spielen, eine Ballettschule für Erwachsene besuchen oder Mitglied im Ruderverein werden. Vielleicht reicht auch das bewusste Spazieren in der Natur, kombiniert mit mentalen Techniken.

In jedem Fall macht eine auf uns individuell zugeschnittene Entscheidung mehr Sinn, als uns durch eine auferlegte Morgenroutine zu quälen.

Das Ergebnis ist Bewegung in Kombination mit Spaß, was mit echter Hingabe und Freude verbunden ist und so auch ein Gelingen und Durchhalten ermöglicht, abgesehen von der hinzugewonnenen Lebensqualität und der Verbesserung unserer Beschwerden.

Wissenspart – Plan

Planung beinhaltet das Entwickeln von Handlungsschritten, die der Erreichung eines bestimmten vordefinierten Ziels dienen. Das Resultat der Planung ist ein Plan, der die Maßnahmen zeitlich geordnet auflistet und auch priorisiert.

Kritik: Wenn wir einfach nur einen Plan entwickeln, fehlt die ausgewogene Herangehensweise, die zu uns, unserem Leben und unseren Bedürfnissen passt. Ein Plan birgt dann die Gefahr in sich, aus zu schnellen und zu vielen Umsetzungsschritten zu bestehen.

Erweiterung im Sinne einer neuen dynamischen Betrachtungsweise: Ja, es braucht einen Plan, aber wie sieht dieser aus? Er darf flexibel gestaltbar sein und sich auf uns und unser Leben anpassen. Er darf uns motivieren, aber nicht überfordern. Er darf sich anpassen, statt eine Doktrin zu sein. Er darf sich lebendig mit uns mit entwickeln. Wir können ähnlich zum Wandern zuerst einmal unser Ziel definieren. Wir haben eine Landkarte dabei, die uns Orientierung gibt. Welcher Weg von den vielen auf der Landkarte ist der Richtige für uns? Im nächsten Schritt überlegen wir uns, wie wir den Weg zu unserem Zielpunkt finden. Wie gehen wir mit uns um, was benötigen wir und was nicht, um das Ziel zu erreichen? Welche Ressourcen haben wir und können wir nutzen? Welche bräuchten wir zusätzlich? Solch eine Planung ist sinnhaft, darf aber auch flexibel betrachtet werden. Es könnten sich Umstände auf unserem Weg ändern, wenn zum Beispiel das Wetter umschlägt oder die Vorräte knapp werden. Wir dürfen uns erlauben dynamisch robust zu reagieren, statt an einem veralteten Plan festzuhalten. Wir dürfen den Weg anpassen oder den zeitlichen Ablauf oder sogar das Ziel.

Wir können einen flexibel gestaltbaren Plan erarbeiten, der es uns erlaubt auf neue Umstände zu reagieren und immer wieder los- und zuzulassen.

Beispiel: Der Vorsatz für das neue Jahr lautet, dass wir gesünder leben wollen. Wir möchten uns vollwertig ernähren, jeden Tag viel Sport treiben und keine Genussmittel mehr zu uns nehmen. Ein volles Programm, was jedoch zu unkonkret formuliert und zu wenig bis gar nicht auf uns als Individuum zugeschnitten ist. Besser wäre zu überlegen, welche Schritte auf dem Weg zu einem gesünderen Leben überhaupt integrierbar und machbar sind. Wir können uns fragen, wieviel Zeit wir tatsächlich in der Woche zur Verfügung haben, um Sport zu treiben. Diese Stunden können wir in einem Wochenplan notieren. Wir können überlegen, an welchen Mahlzeiten des Tages es uns möglich ist bspw. selbst und gesund zu kochen. Vielleicht haben wir in Arbeitsnähe nur eine Kantine, deren gesundes Repertoire sehr begrenzt ist. Wenn wir uns darauf einigen können erstmal nur mit dem Abendessen zu beginnen und dieses vollwertig und gesund zu gestalten haben wir schon viel erreicht und sind mit der Umsetzung nicht überfordert. Vielleicht stellen wir im Laufe unseres Weges fest, dass nicht nur die körperliche Fitness für unser Wohlbefinden ausreicht und wir ergänzen das Ziel um die Herstellung von seelischer und geistiger Gesundheit, woraufhin weitere Maßnahmen geplant und umgesetzt werden können.

Vertrauen wir auf den Prozess und das Richtige geschieht von selbst (in Anlehnung an ein Zitat von Frederick Matthias Alexander).

Diese Betrachtungsweise können wir auch auf Unternehmen übertragen, denn Systeme – auch organisationale Systeme – wollen sich immer selbst erhalten. So können wir neue Dinge ausprobieren und darauf vertrauen, dass sich das System erhalten will und wir deswegen dem Prozess vertrauen dürfen.

Wenn wir unser Unternehmen aktiv bei Erneuerungsprozessen, wie neuen Projekten, Innovationen, Produkten oder kreativen Lösungen, unterstützen wollen, gibt es dafür verschiedene Möglichkeiten. Eine davon ist, Schutzräume einzurichten. Es wäre förderlich, die zuständigen Mitarbeiter könnten sich in Vollzeit um ihre Aufgabe kümmern, nicht nebenbei – zusätzlich zu ihren anderen Arbeitsaufträgen. Auch Verwaltungsanfragen und Kontrollen von außen sollten abgestellt sein. Die Mitarbeiter oder Teams brauchen die Möglichkeit, komplett für sich agieren zu können, so dass das neue Projekt in der Entstehungsphase erst einmal geschützt ist.

Es ist sowohl für Individuen als auch für Unternehmen wichtig, regelmäßig Rückschau zu halten und sich zu fragen, ob unser Weg noch der richtige ist. Gilt es eventuell, unsere Entscheidung zu erneuern und anzupassen? Eine Hilfe ist dabei das Definieren von Leitplanken. Diese sind Prinzipien, an denen wir uns orientieren und zwischen denen wir uns bewegen können. Auch diese Betrachtungsweise lässt einen Spielraum - eine Flexibilität - zu, die bildlich in dem Bereich zwischen den Leitplanken deutlich wird. Diese äußere Begrenzung sorgt für Klarheit bei Entscheidungen.

Auch das Ziel darf regelmäßig überprüft werden. Wir haben die Möglichkeit, nicht nur den Weg anzupassen, sondern ebenso das Ziel. Wir können uns nach einem gewissen Zeitraum fragen, inwieweit es noch aktuell ist oder ob es sich geändert hat.

Wir dürfen lernen, vorausschauend zu handeln, ohne uns in kleinteiligen Plänen zu verlieren. Das Vertrauen und Spüren kann dabei den engen, starren Teil der Disziplineinhaltung erweitern und flexibilisieren.

6.2 Gönne dir eine Ehrenrunde

Wissenspart – Ehrenrunde

Als Ehrenrunde bezeichnen wir im allgemeinen Sprachgebrauch eine zusätzliche, locker gelaufene Runde nach einem sportlichen Sieg. Währenddessen jubelt und applaudiert das Publikum. Der Läufer wird gefeiert. Auch wenn ein Schulkind ein Schuljahr wiederholt, bezeichnen wir dies als Ehrenrunde.

Bei beiden Varianten geht es um die Wiederholung von etwas schon Bekanntem nach einer erbrachten oder nicht erbrachten Leistung.

Im hypnosystemischen Kontext werden die Momente als Ehrenrunde bezeichnet, in denen ein altes, gewohntes Verhalten sich wieder Bahn bricht und sich unwillkürlich zeigt, ohne dass dessen Auftauchen von uns verhindert werden könnte. Dieses alte Verhalten ist durch all die Wiederholungen in der Vergangenheit zuverlässig in unserem System abgespeichert und kann durch eine bestimmte Situation oder in einem bestimmten Kontext (eine Person, ein Geruch, eine Umgebung etc.) plötzlich wieder auftauchen.

Wenn wir neues Verhalten integrieren möchten bzw. altes Verhalten unterlassen wollen, werden wir damit konfrontiert, dass sich doch ab und an alte Gewohnheiten wieder zeigen. Den Schalter, den wir einfach umlegen und mit dem alles Vergangene vorbei ist, gibt es nicht.

Dieses so bezeichnete Phänomen der Ehrenrunde hat gegenüber dem neuen, gewünschten Verhalten einen Wettbewerbsvorteil, da es durch all die Wiederholungen tief in unserem Gehirn verschaltet und angelegt ist. Das Neue möchte erst oft genug geübt, mit positiven Erfahrungen belegt werden und sich wie Langlaufloipen im Schnee in uns festspuren, bevor es gegenüber dem Alten wettbewerbsfähig ist.

Von daher stellt sich die Frage, wie wir am besten mit dem Phänomen der Ehrenrunde umgehen. Wir könnten zum Beispiel interessiert feststellen, dass sich gerade ein altes Verhalten wieder zeigt. Wir könnten uns auch davon entmutigen lassen – nach dem Motto, wir wussten ja, dass es nicht funktionieren würde – und es als einen Rückfall bezeichnen.

Es stellt einen großen Unterschied dar, welche Einstellung oder Haltung wir zur Ehrenrunde haben. Da aus den oben benannten Gründen Ehrenrunden sowieso geschehen, können wir uns diese auch einfach gönnen und sie vielleicht sogar zelebrieren. Dadurch wird das Phänomen der Ehrenrunde zu etwas Positivem.

Die alte Redewendung „Ehre dem, dem Ehre gebührt“ drückt diese neue Einstellung aus. Wir können das Altehrwürdige feiern – dem alten Verhalten die entsprechende Ehre erweisen. Wenn wir erwarten, dass eine Ehrenrunde kommt, trifft uns deren Auftreten nicht mehr unvorbereitet. Oft erwischt uns die Ehrenrunde in Momenten, in denen wir es überhaupt nicht gebrauchen können. Ein Verdrängungsmechanismus ist das Regressionsverhalten. Dieses bedeutet in der Psychotherapie, dass wir auf eine frühere Entwicklungsstufe zurückweichen, obwohl wir bereits einen weitaus höheren Reifegrad in unserem Verhalten entwickelt haben. Die Regression ist ein Abwehrmechanismus und dient der Angstbewältigung. Rutschen wir in einer bestimmten Situation in das Regressionsverhalten und bemerken diese Ehrenrunde bewusst, wird es uns möglich, in unser Denken und unsere Handlungen einzugreifen.

Wenn wir bspw. am Bahnhof stehen und unseren Zug verpasst haben, reagierten wir vielleicht bisher darauf, indem wir unseren Freund anriefen und baten, den nächsten passenden Zug auszuwählen. Wir haben vermieden, uns selbst zu kümmern, die entsprechende App auf unser Handy zu laden oder am Bahnhofsschalter nachzufragen. Vielleicht haben wir beschlossen, nun selbstständiger zu werden und unsere Scheu, fremde Menschen anzusprechen, zu überwinden. Es könnte sein, dass wir erneut in diese Situation auf dem Bahnhof kommen, schon die Nummer des Freundes gewählt haben, die Schultern hochziehen und uns plötzlich auffällt, dass wir uns mitten in einer Ehrenrunde befinden. In diesem Moment können wir erst einmal loslassen und die Ehrenrunde als solche würdigen. Jetzt haben wir verschiedene Möglichkeiten zu reagieren: Wir können freundlich über uns schmunzeln, den Freund einfach nur fragen, wie es ihm geht und was es Neues gibt, und uns nach Beendigung des Telefonats selbst um die Zugverbindung kümmern. Oder aber wir bemerken die Ehrenrunde und durchleben sie erneut, weil wir uns bewusst in diesem Moment für das alte Verhalten entschieden haben.

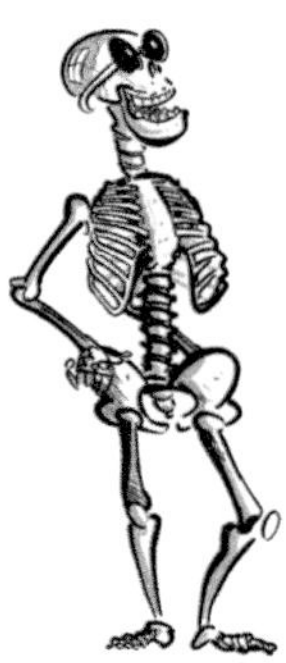

Ehrenrunden kommen nicht immer oder jedes Mal, dafür aber garantiert unerwartet. Wenn wir eine Ehrenrunde bewusst planen, ähnlich wie bei einem Ehrentag, erhöht sich durch die Extra-Beachtung die Chance, dass sich die Ehrenrunde nicht in für uns unpassenden Situationen zeigt, in denen wir sie gar nicht gebrauchen können.

Ein bewusstes Planen und Zelebrieren kann zu Selbstmitgefühl führen. Wir können in diesen Momenten beachten, was wir zu früheren Zeitpunkten immer alles geleistet haben um diese Gewohnheit herum. Oder wir betrachten es mit Humor, übertreiben vielleicht absichtlich noch ein wenig. So verliert es an Schwere und Problematik.

Wir könnten auch eine Stunde der hochgezogenen Schultern feiern, weil wir das früher immer so gemacht und gar nicht mitbekommen haben. Um dieses Alte zu vergegenwärtigen und bewusst zu feiern, wiederholen wir das Verhalten. Noch spaßiger dürfte das gemeinsam im Büro mit den Kollegen sein.

Vielleicht haben wir uns früher auch immer recht fleißig gegeben und in Beschäftigungen hineingeflüchtet, anstatt in richtiges Arbeiten zu kommen. Auch das können wir wiederholen und vergegenwärtigen. Dabei können wir gerne ein wenig übertreiben und dem Ganzen die Bedeutsamkeit nehmen und es neu pointieren. Dadurch kommt eine Leichtigkeit hinein, die das Lösen der alten Zöpfe noch einfacher macht. Besonders Spaß und Freude machen diese Zelebrierungen in einer kleinen Gruppe mit wirklich guten Freunden oder innerhalb eines Coachings.

Ein häufiges gelebtes Feiern von Altem finden wir in länger bestehenden Firmen, in denen Fotowände zum einen die alte Zeit, evtl. als Schwarz-Weiß-Fotografien, mit antiken Maschinen und längst ausgeschiedenen Mitarbeitern zeigen und andererseits die jetzige Zeit mit all den neuen Errungenschaften und dem aktuellen Personal. Wenn wir diese Gegenüberstellung betrachten, entwickelt sich eine innere Würdigung und Achtung des Vergangenen gepaart mit einem Schmunzeln über die altmodischen Zeiten und mit dem Bewusstsein, dass es das Neue ohne das Alte nicht geben würde.

6.3 Fang einfach mal an

„Auch der weiteste Weg beginnt mit einem ersten Schritt."

~Konfuzius

Was hält uns davon ab, anzufangen?

Immer wieder kommt es vor, dass Vorsätze nicht umgesetzt, neue Ideen nicht eingeführt oder Veränderungswünsche ad acta gelegt werden. Irgendein Mechanismus greift, der uns aufhält, stoppt oder demotiviert.

Meistens sind es die Vermeidungsstrategien, wie zu lange zu warten und zu überlegen, so dass die Anfangsenergie verpufft – das Anfangsfeuer erlischt. Der Zauber geht dadurch verloren. Wir haben den richtigen Moment verpasst.

Oder wir haben einen komplizierten Plan ausgearbeitet mit detailreichen Anweisungen, beginnen aber nicht aufgrund der Komplexität oder weil wir meinen, noch besser planen zu müssen. So bleiben wir einfach in der Vorbereitung stecken. Wir verkomplizieren alles durch zu viel nachdenken oder suchen zu viele Eventualitäten, die dagegensprechen.

Wir dürfen den Mut haben, ohne all dieses Vorgeplänkel zu beginnen – zu experimentieren und nach einer gewissen Zeit zu reflektieren. Dabei können wir uns klarmachen, was gut funktioniert hat, was weniger, wobei wir noch Hilfestellung brauchten oder ein anderes Setting. Dann können wir nachjustieren und auch nach einer gewissen Zeit eine neue Sache ausprobieren.

Im Umgang mit diesem Buch könnte das so aussehen, dass wir einfach entspannt durchblättern, schauen, was uns anspringt, oder die Wahl des Kapitels dem Zufall überlassen. Wir können hineinspüren, wo es eine Resonanz gibt zu uns und unserem Leben. Welche Situation passt irgendwie? – Alles andere nehmen wir bekannterweise sowieso nicht wirklich wahr. Vielleicht dann später zu einem anderen Zeitpunkt. Wir können uns fragen, was das Gelesene für uns und unsere Existenz bedeutet. Welche Auswirkungen hätte es auf unseren Alltag, den unserer Familie oder unseres Unternehmens, wenn wir das eine oder andere anwenden würden? Wir dürfen uns die Auswirkungen bewusst machen und im Anschluss abwägen, ob wir mit den Konsequenzen zufrieden wären oder nicht. Je nachdem treffen wir unsere Entscheidungen, was wir in unser Leben integrieren möchten.

Haben wir uns für einen neuen Weg entschieden, gibt es verschiedene Möglichkeiten, mit diesem Neuanfang umzugehen. Wir können das zarte Pflänzchen erst einmal schützen und niemandem etwas von unseren Ideen oder Plänen erzählen. Wir halten diese erst einmal im Geheimen, um sie vor negativen Gedanken, Gefühlen und Äußerungen von außen zu schützen.

Oder wir machen genau das Gegenteil. Wir erzählen ganz vielen Menschen davon, damit wir dadurch eine Anfangsmotivation erhalten. Da wir es doch allen schon erzählt haben, stehen wir unter einem gewissen Zugzwang.

Sowohl das Schützen als auch das Laut-Kundtun funktionieren. Je nach Situation, Persönlichkeit und Kontext passt das eine oder das andere besser und kann auch variieren.

Bei Organisationen und Individuen tauchen Veränderungswünsche auf, wenn wir ein Problem, ein Unbehagen oder eine Unstimmigkeit verspüren. Der erste Schritt ist auch hier, zuerst mit der Beobachtung zu beginnen. Das Individuum betrachtet dabei hauptsächlich sich selbst, in seinem Alltag, bei dem, was es tut. Ein Mitarbeiter im Unternehmen beobachtet auch sich selbst, vor allem aber das ganze Umfeld im Unternehmen. Welche Kulturmuster finden wir, die vielleicht zu dem Problem führen, das wir bemerkt haben? Sowohl für Individuen als auch für Organisationen gilt es, solche erkannten Gewohnheiten in Frage zu stellen. Wir dürfen überlegen, ob das bekannte Vorgehen die einzige Option ist oder ob es Möglichkeiten gibt, die vielleicht besser geeignet sind. Damit ist uns bereits der Anfang gelungen.

„Und jedem Anfang wohnt ein Zauber inne."

~Hermann Hesse

Im Unternehmen gibt es weitere Schritte, die für den Anfang sinnvoll sind. Wie bereits im vorangegangenen Teil des Buches immer wieder beschrieben, gibt es auch im Unternehmen blinde Flecken, die für Mitarbeiter oder Leitung durch das Arbeiten in diesem System gar nicht mehr wirklich sichtbar sind. Dafür sind externe Berater bestens geeignet, um diese blinden Flecken aufzudecken.

Bei den genannten Beobachtungen ist es wichtig, diese nicht nur für sich selbst zu machen, sondern auch mit anderen auszutauschen. Das kann in einer geschützten Gruppe geschehen oder gleich im Großen öffentlich gemacht werden. Auch das ist vom Kontext abhängig.

Es gilt, für eine mögliche Veränderung eine Gefolgschaft aufzubauen. Vielleicht haben andere eine ähnliche Beobachtung und Wahrnehmung wie wir selbst. Denken mehrere, dass eine Veränderung in dem bestimmten Bereich eine gute Losung wäre? Ganz kritisch haben wir die Verantwortung, zu hinterfragen, ob es nur uns so geht oder auch einem gewissen Anteil der Mitarbeiter im Unternehmen. Sind wir die Einzigen, spricht das für selbstgemachte Probleme.

Die richtigen Fragen helfen auf den Weg

Tauchen Dinge auf, die unserer Meinung nach einer Erneuerung bedürfen, hilft uns die Wofür-Frage noch vor allem anderen. Denn die Wofür-Frage klärt, wofür wir etwas tun. Wofür soll ein Problem gelöst werden? Wofür konzipieren wir diese Planung? Wofür machen wir das Projekt? Die Wofür-Frage zeigt die Auswirkung für die Zukunft auf. Sie grenzt sich von der Warum-Frage ab, die auf die Vergangenheit bezogen ist, da sie eine hypothetische Auswirkungsfrage für kommende Zeiten darstellt. Sie macht offensichtlich, welche Konsequenzen die Veränderung für kommende Systeme haben könnte. Sowohl für Personensysteme als auch für Subsysteme der Organisation. Die wunderbare Frage nach dem Wofür ist vorab zu stellen und macht bereits im Vorfeld bestimmte Ideen hinfällig, wenn wir merken, dass wir die eine oder andere Auswirkung gar nicht möchten.

Haben wir nun aber Probleme identifiziert, deren Veränderung wir mit allen möglichen Konsequenzen als notwendig erachten, beginnen wir den Prozess der Transformation. Für diesen Zweck unterscheiden wir in Wer-Fragen und Wie-Fragen. Stellen wir Wie-Fragen, führt uns die Antwort zu den bestmöglichen Methoden und Standards, um das Problem zu lösen. Stellen wir hingegen Wer-Fragen, bringt uns die Antwort zu wahren Könnern, die Ideen haben und Gefolgsleute hinter sich versammeln können, um das Problem anzugehen.

Können wir für unseren Veränderungsvorschlag keine Anhänger finden, ist es eventuell jedoch machbar, nur für uns und unseren Arbeitsplatz das Neue einzuführen. Sei es Fokuszeit, das Abschaffen von Second Screening, die Einführung von nährenden Pausen oder anderes. Gegebenenfalls ist der Tag im Homeoffice dafür bestens geeignet. Wir brauchen uns nicht vom Äußeren abhängig zu machen, sondern dürfen auch selbst ins Tun kommen.

6.4 Wenn du mein Klient wärst ...

... würde ich nun sagen: Sei wohlwollend mit dir! Versuche dich auf die Zeilen des Gelassenheitsgebets einzulassen und übe dich darin, die Balance zu finden, um dich zwischen Aktivität und Passivität, Zulassen und Loslassen, Einatmung und Ausatmung, Gelassenheit und Mut einzuschwingen.

Gib mir die Gelassenheit, Dinge zu akzeptieren, die ich nicht ändern kann,
den Mut, Dinge zu ändern, die ich ändern kann,
und die Weisheit, das eine vom anderen zu unterscheiden.

~ Gelassenheitsgebet nach Reinhold Niebuhr

So können wir einen Mut zur Demut entwickeln, wobei die Demut in diesem Kontext bedeutet, die Dinge zu akzeptieren, die sind. Demut bedeutet auch Mut zur Genügsamkeit, Zufriedenheit und Hingabe an eine Aufgabe zu entwickeln. Die Demut ist ein Tanz zwischen „sich selbst nicht zu wichtig nehmen" und gleichermaßen „sich selbst wichtig genug nehmen". Um im vollen Potenzial erblühen zu können, um sich entfalten zu können, um die eigenen Kräfte und Ressourcen wirklich ausschöpfen zu können, gilt es, mit sich selbst zu tanzen.

In diesem Buch findest du ein großes Angebotsbuffet. Probiere aus, was für dich davon passt. Nicht alles ist für deinen Magen genießbar. Nicht alles trifft deinen Geschmack. Vertraue in der Auswahl des Buffetangebotes auf deine innere Stimme. Im Zweifelsfalle, also wenn du dir nicht sicher bist, habe den Mut, auch einfach mal etwas auszuprobieren.

Verzeihe dir selbst, wenn nicht immer alles gleich funktioniert. Vielleicht merkst du selbst, dass etwas lecker ist und aber trotzdem nicht gleich klappt. Lass dich nicht entmutigen. Bleibe einfach dran und mach weiter. Rückschläge gehören zu unseren Lernerfahrungen dazu. Möglicherweise hast du dir im ersten Moment sehr viel zugemutet, wolltest mehrere Dinge gleichzeitig verändern oder hattest einfach einen schlechten Startzeitpunkt. Das alles ist normal. Nimm auch Rückschläge an, definiere sie als Ehrenrunde und denke dir: Wie schön, dass das jetzt passiert! Du kannst dafür dankbar sein, denn auch dadurch lernst du hinzu und entwickelst dich.

Es kann auch sein, dass dir etwas vom Angebotsbuffet nicht schmeckt, weil einfach der Zeitpunkt noch nicht der richtige ist. Nach einer gewissen Zeit nimmst du das Buch wieder in die Hand und plötzlich kannst du mit dem einen oder anderen Gericht auf einmal etwas anfangen oder entwickelst den nötigen Appetit. Plötzlich passt es.

Wenn du mein Kunde wärst als zu beratende Organisation …

… würde ich sagen: Sei mutig im Verändern von Strukturen – beim Rütteln an bestehenden Konstruktionen – und zaghaft im Verändernwollen von Menschen.

Die Grundannahme, dass jeder Mensch das Beste gibt, was ihm im jeweiligen Moment zur Verfügung steht und in dem Kontext und System, in dem er sich befindet, Sinn ergibt, ist sehr hilfreich.

Es geht darum, Angebote zu machen, andere einzuladen und zu inspirieren. Netzwerke! Gestalte Kooperationen und ermögliche Zusammenarbeit! Lass dich dann überraschen, was das System daraus macht!

Habe Vertrauen in dich und den Weg!

Anhang

Arbeitsblatt

Alexander-Technik-Prinzipien in Aktion

1. Situationsbeschreibung

Was ist dein Wunsch oder deine Motivation, um folgende Aktivität auszuführen? Beschreibe diese und die Aktivität, an der du arbeiten möchtest.

2. Selbstbeobachtung

Welche Mittel wählst du, um das Ziel zu erreichen? Wie gehst du mit dir selbst um?

Körper:

Gedanken:

Emotionen:

=> Dies ist dein unbewusster alter Plan, um die Aktivität auszuführen.

3. **Entscheide,** welche Gewohnheiten du unterbinden möchtest

=> Innehalten – wie möchtest du die Aktivität ausführen?
1. Wie bisher? 2. Wie bisher, mit mentalen Anweisungen? 3. Etwas völlig anderes?

4. Mentale Anweisungen – Gedanken für eine gute Körperkoordination
Trage hier die gedanklichen Anweisungen ein, die bei der Aktivität deiner Wahl angeboten werden. Wähle einen Satz aus.

Projiziere diese mentalen Anweisungen an die entsprechenden Körperbereiche und lasse nach diesen Gedanken deinen Körper folgen.
=> Dies ist dein bewusster neuer Plan, um die Aktivität auszuführen.

5. Komm ins Handeln, führe die Aktivität aus und beobachte dich erneut. Du kannst den Ablauf von 2.-5. mehrfach wiederholen. Wann immer du bemerkst, dass deine Gewohnheit aktiv werden möchte, halte bewusst inne und entscheide dich, wie du die Aktivität ausführen möchtest.

Arbeitsblatt
Kommunikations-Tool

Wahrnehmungen Daten, Fakten, ich sehe, ich höre...	**Gedanken** Ich denke, frage mich, glaube, bewerte...
	Gefühle Ich bin..., ich fühle mich..., ein Teil von mir...
	Wünsche / Ziele Ich würde gerne, will, strebe an...

Nach dem Modell von job movement® R. Möller

Handlungen
Was ich bisher getan habe, gegenwärtig tue, künftig tun werde, Was? macht Wer? Bis wann?

Bücherliste

F. M. Alexander (1985): „The Use of the Self”, first published in Great Britain 1932 by Methuen & Co. Ltd. ISBN:0-575-03720-2

Joachim Bauer (2015): „Selbststeuerung. Die Wiederentdeckung des freien Wil- lens“, Blessing Verlag, München. ISBN: 978-3-89667-539-2

Joana Breidenbach und Bettina Rollow (2019): „New Work needs Inner Work”, Verlag Franz Vahlen, München. ISBN 978-3-8006-6137-4

Michael Faschingbauer (2013): „Effectuation“, Schaäffer-Poeschel Verlag Stuttgart. ISBN 978-3-7910-3233-7

Julie Henderson (2001): „Embodying Well-Being oder Wie man sich trotz allem wohl fühlen kann”, AJZ Druck & Verlag, ISBN 3-86039-010-4.

Matthias Horx (2020): „Die Zukunft nach Corona“, Ullstein Verlag. ISBN 978-3-4302-1042-3

Susanne Kersig(2009): „Entspannt und klar“, Goldmann Arkana Verlag. ISBN 978-3-4423-3853-5

Kriz, Jürgen (2017): „Subjekt und Lebenswelt. Personenzentrierte Systemtheorie für Psychotherapie, Beratung und Coaching“, Vandenhoeck & Ruprecht Verlage, ISBN 978-3-525-49163-8.

Prof. Shane O’Mara (2020): „Das Glück des Gehens“, Rowohlt Verlag, ISBN 978-3-498-03579-2.

Stanley Rosenberg (2018): „Der Selbstheilungsnerv“, VAK Verlag, ISBN 978-3- 86731-211-0.

Schmidt, Gunther (2004): „Liebesaffären zwischen Problem und Lösung. Hypno- systemisches Arbeiten in schwierigen Kontexten“. Carl-Auer Verlag, Heidelberg, ISBN 3-89670-430-3.

Starker, Vera; Schneider, Michael (2020): „Endlich wieder konzentriert arbeiten! The Focused Company New Work-Book für Unternehmen“, Rossberg Verlag, ISBN 978-3-948612-05-4.

Wohland, Gerhard; Wiemeyer, Matthias (2012): „Denkwerkzeuge der Höchstleister“, UNIBUCH Verlag, ISBN 978-3-934900-11-0.

Links

https://www.maikelenz.de
hier findest du Angebote für Einzelpersonen mit Gratis Videos

https://www.maikelenz.de/media
hier findest du, von der Autorin gesprochene, Audiodateien und Arbeitsblätter zum Herunterladen.

https://www.lenz4business.de
hier findest du Angebote der Autorin für Firmenkunden.

https://www.alexander-technik.org/
auf der Seite des Alexander-Technik Verbandes Deutschland findest du ein Lehrerverzeichnis, um einen Lehrer für Präsenzlektionen in deiner Nähe zu finden.

https://www.deutsches-focusing-institut.de
das Ausbildungsinstitut für focusing nach Eugen Gendlin in Würzburg.

https://www.future-leadership.de
die intrinsify Ausbildung, um den Organisations- und Führungsherausforderungen des 21. Jahrhunderts zu begegnen.

https://www.flowgenomeproject.com
hier wird alles gesammelt, was es weltweit über flow zu finden gibt.

https://www.job-movement.de
das Kommunikations-Tool von Job Movement-Rüdiger Möller.

https://www.meihei.de
das Milton Erikson Institut in Heidelberg, bietet Seminare mit Gunther Schmidt und weiteren Dozenten, aus dem hypnosystemischen Bereich, an.

https://www.youngliving.com
weltweit die Nr.1 um Aroma Essenzen mit therapeutischer Wirkung zu erhalten.

https://www.zukunftsinstitut.de
Informationen und Projekte um den Zukunftsforscher und Autor Matthias Horx.

Danke

Ich danke besonders meinem Mann Frank Scheele, da er derjenige war, der mich gefragt hat, ob ich dieses Buch schreiben möchte. Danke, dass du so hinter mir stehst und wir uns auf vielen Ebenen herausfordern und gemeinsam wachsen.

Als Coach begleite ich seit vielen Jahren Menschen in ihrem persönlichen Wachstumsprozess. Als Beraterin und Prozessbegleiterin unterstütze ich Organisationen, Systeme zu erschaffen, in denen Menschen erblühen können und zur Wertschöpfung des Unternehmens beitragen. Die Verbindung von beidem ist in mir als Person ganz klar und deutlich. Diese Verknüpfung zu versprachlichen und sinnhaft für unterschiedlichste Leser darzustellen, war eine Herausforderung. Markus Coenen und sein Team von 20seconds haben mich dabei hervorragend unterstützt, meiner eigenen momentanen Wahrheit treu zu bleiben. Mein besonderer Dank geht an Susann Müller, die meine Texte und Audioaufnahmen lesbar gemacht hat, und an Jessica Böhm, bei der alle Fäden zusammengelaufen sind.

Danke, Tim Schuster, für die bereichernde Zusammenarbeit. Dein kreativer Geist ist ein großer Gewinn für dieses Buch. Dein Anteil am Buch geht weit über die Illustrationen hinaus. Deine Mitarbeit hat den Schreibprozess und das Buch sehr bereichert. Wir haben gemeinsam Ideen gesponnen, Personas kreiert und Illustrationen verfeinert.

Danke auch an alle Kollegen und Austauschpartner aus diversen Kontexten, die mit ihren Gedanken und Rückmeldungen zur Fülle des Buches beigetragen haben.

Danke an meine Klienten, Schüler, Coachees und Unternehmen, die mir ihr Vertrauen geschenkt haben. Nur im Kontakt mit all diesen Menschen konnten sich die vorliegenden Erkenntnisse herauskristallisieren und Interventionen in der Praxis erprobt werden.

Über die Autorin

Maike Lenz-Scheele begleitet als Coach und Trainerin seit vielen Jahren Menschen in persönlichen Wachstumsprozessen. Als Beraterin und Prozessbegleiterin unterstützt sie Organisationen darin, Systeme zu erschaffen, in denen Menschen erblühen können, zur Wertschöpfung des Unternehmens beitragen und einen nachhaltigen Zugewinn für die Gesellschaft leisten.

Mit ihrem zugewandten, offenen Blick hat sie ein tiefes Verständnis für menschliches Verhalten und kann in diesem auch immer den positiven Aspekt und eine große Kompetenz entdecken, selbst wenn dies im ersten Moment von den Klienten oder Dritten als störend oder kontraproduktiv bewertet wird. Ihre Klienten fühlen sich dadurch verstanden und angenommen und haben weniger Barrieren, sich auf das eigene Hinterfragen, Erkennen und Vertrauen einzulassen.

Maike Lenz-Scheele ist zertifizierte Trainerin und Coach für Alexander-Technik sowie Focusing und hypnosystemische Beraterin. Auch fließen ihr Wissen und ihr Erfahrungsschatz aus der Tanzpädagogik und der Aromatherapie ein, wodurch dieses Buch noch intensiver, umfassender und gesamtheitlicher wird.

Foto von Gregor Pfitzer